中国大宗淡水鱼
种质资源保护与利用丛书

总主编
桂建芳　戈贤平

鲫种质资源

保护与利用

主编·解绶启　王忠卫

上海科学技术出版社

图书在版编目（ＣＩＰ）数据

鲫种质资源保护与利用 / 解绶启，王忠卫主编. --
上海 ：上海科学技术出版社，2023.12
（中国大宗淡水鱼种质资源保护与利用丛书 / 桂建
芳，戈贤平总主编）
ISBN 978-7-5478-6296-4

Ⅰ．①鲫… Ⅱ．①解… ②王… Ⅲ．①鲫—种质资源
—研究—中国 Ⅳ．①S965.117

中国国家版本馆CIP数据核字(2023)第158720号

鲫种质资源保护与利用

解绶启　　王忠卫　　主编

上海世纪出版（集团）有限公司
上 海 科 学 技 术 出 版 社　出版、发行
（上海市闵行区号景路 159 弄 A 座 9F - 10F）
邮政编码 201101　　www.sstp.cn
上海雅昌艺术印刷有限公司印刷
开本 787×1092　1/16　印张 13.5
字数 300 千字
2023 年 12 月第 1 版　2023 年 12 月第 1 次印刷
ISBN 978 - 7 - 5478 - 6296 - 4/S·266
定价：120.00 元

本书如有缺页、错装或坏损等严重质量问题,请向印刷厂联系调换

内容提要

　　鲫是我国传统的餐桌水产品,因其味道鲜美深受广大消费者的喜爱。近年来,依托国家大宗淡水鱼产业技术体系项目支持,鲫新品种不断推出,养殖产量快速增加,并在营养与饲料、养殖技术、病害防控、贮运加工等方面有了系统的理论研究和技术创新。

　　本书为鲫种质资源保护与利用的综合性专著。重点介绍鲫种质资源研究进展,包括鲫形态学特征、资源分布、种质遗传多样性、重要功能基因,近年来遗传改良研究成果、种质资源保护面临的问题与保护策略,以及鲫新品种选育的关键技术、选育技术路线、新品种特性及其养殖性能表现等。另外,对鲫人工繁殖、苗种培育与成鱼养殖、营养与饲料、病害防治、贮运流通与加工技术也进行了系统总结。

　　本书内容全面、系统,技术先进、实用,适合高等院校和科研院所水产养殖等相关专业的师生使用,也可为养殖生产者、水产技术人员提供参考。

中国大宗淡水鱼种质资源保护与利用丛书

编委会

总主编

桂建芳　戈贤平

编　委

（按姓氏笔画排序）

王忠卫　李胜杰　李家乐　邹桂伟　沈玉帮　周小秋

赵永锋　高泽霞　唐永凯　梁宏伟　董在杰　解绶启

缪凌鸿

序

　　大宗淡水鱼是中国也是世界上最早的水产养殖对象。早在公元前 460 年左右写成的世界上最早的养鱼文献——《养鱼经》就详细描述了鲤的养殖技术。水产养殖是我国农耕文化的重要组成部分,也被证明是世界上最有效的动物源食品生产方式,而大宗淡水鱼在我国养殖鱼类产量中占有绝对优势。大宗淡水鱼包括青鱼、草鱼、鲢、鳙、鲤、鲫、鲂(鳊)七个种类,2022 年养殖产量占全国淡水养殖总产量的 61.6%,发展大宗淡水鱼绿色高效养殖能确保我国水产品可持续供应,对保障粮食安全、满足城乡居民消费发挥着非常重要的作用。大宗淡水鱼养殖还是节粮型渔业和环境友好型渔业的典范,鲢、鳙等对改善水域生态环境发挥着不可替代的作用。但是,由于长期的养殖,大宗淡水鱼存在种质退化、良种缺乏、种质资源保护与利用不够等问题。

　　2021 年 7 月召开的中央全面深化改革委员会第二十次会议审议通过了《种业振兴行动方案》,强调把种源安全提升到关系国家安全的战略高度,集中力量破难题、补短板、强优势、控风险,实现种业科技自立自强、种源自主可控。

　　大宗淡水鱼不仅是我国重要的经济鱼类,也是我国最为重要的水产种质资源之一。为充分了解我国大宗淡水鱼种质状况特别是鱼类远缘杂交技术、草鱼优良种质的示范推广、团头鲂肌间刺性状遗传选育研究、鲤等种质资源鉴定与评价等相关种质资源工作,国家大宗淡水鱼产业技术体系首席科学家戈贤平研究员组织编写了《中国大宗淡水鱼种质资源保护与利用丛书》。

　　本丛书从种质资源的保护和利用入手,整理、凝练了体系近年来在种质资源保护方面的研究进展,尤其是系统总结了大宗淡水鱼的种质资源及近年来研发的如合方鲫、建鲤 2 号等数十个水产养殖新品种资源,汇集了体系在种质资源保护、开发、养殖新品种研发,养殖新技术等方面的最新成果,对体系在新品种培育方面的研究和成果推广利用进行了系统的总结,同时对病害防控、饲料营养研究及加工技术也进行了展示。在写作方式上,本丛书也不同于以往的传统书籍,强调了技术的前沿性和系统性,将最新的研究成果贯穿始终。

本丛书具有系统性、权威性、科学性、指导性和可操作性等特点,是对中国大宗淡水鱼目前种质资源与养殖状况的全面总结,也是对未来大宗淡水鱼发展的导向,还可以为开展水生生物种质资源开发利用、生态环境保护与修复及渔业的可持续发展工作提供科技支撑,为种业振兴行动增添助力。

中国科学院院士

中国科学院水生生物研究所研究员

2023 年 10 月 28 日于武汉水果湖

前　言

我国大宗淡水鱼主要包括青鱼、草鱼、鲢、鳙、鲤、鲫、团头鲂。这七大品种是我国主要的水产养殖鱼类,也是淡水养殖产量的主体,其养殖产量占内陆水产养殖产量较大比重,产业地位十分重要。据统计,2021 年全国淡水养殖总产量 3 183.27 万吨,其中大宗淡水鱼总产量达 1 986.50 万吨、占总产量 62.40%。湖北、江苏、湖南、广东、江西、安徽、四川、山东、广西、河南、辽宁、浙江是我国大宗淡水鱼养殖的主产省份,养殖历史悠久,且技术先进。

我国大宗淡水鱼产业地位十分重要,主要体现为"两保四促"。

两保:一是保护了水域生态环境。大宗淡水鱼多采用多品种混养的综合生态养殖模式,通过搭配鲢、鳙等以浮游生物为食的鱼类,可有效消耗水体中过剩的藻类和氮、磷等营养元素,千岛湖、查干湖等大湖渔业通过开展以渔净水、以渔养水,水体水质显著改善,生态保护和产业发展相得益彰。二是保障了优质蛋白供给。大宗淡水鱼是我国食品安全的重要组成部分,也是主要的动物蛋白来源之一,为国民提供了优质、价廉、充足的蛋白质,为保障我国粮食安全、满足城乡市场水产品有效供给起到了关键作用,对提高国民的营养水平、增强国民身体素质做出了重要贡献。

四促:一是促进了乡村渔村振兴。大宗淡水鱼养殖业是农村经济的重要产业和农民增收的重要增长点,在调整农业产业结构、扩大农村就业、增加农民收入、带动相关产业发展等方面都发挥了重要的作用,有效助力乡村振兴的实施。二是促进了渔业高质量发展。进一步完善了良种、良法、良饵为核心的大宗淡水鱼模式化生产系统。三是促进了渔业精准扶贫。充分发挥大宗淡水鱼的资源优势,以研发推广"稻渔综合种养"等先进技术为抓手,在特困连片区域开展精准扶贫工作,为贫困地区渔民增收、脱贫摘帽做出了重要贡献。四是促进了渔业转型升级。

改革开放以来,我国确立了"以养为主"的渔业发展方针,培育出了建鲤、异育银鲫、团头鲂"浦江1号"等一批新品种,促进了水产养殖向良种化方向发展,再加上配合饲料、渔业机械的广泛应用,使我国大宗淡水鱼养殖业取得显著成绩。2008年农业部和财政部联合启动设立国家大宗淡水鱼类产业技术体系(以下简称体系),其研发中心依托单位为中国水产科学研究院淡水渔业研究中心。体系在大宗淡水鱼优良新品种培育、扩繁及示范推广方面取得了显著成效。通过群体选育、家系选育、雌核发育、杂交选育和分子标记辅助等育种技术,培育出了异育银鲫"中科5号"、福瑞鲤、长丰鲢、团头鲂"华海1号"等数十个通过国家审定的水产养殖新品种,并培育了草鱼等新品系,这些良种已在中国大部分地区进行了推广养殖,并且构建了完善、配套的新品种苗种大规模人工扩繁技术体系。此外,体系还突破了大宗淡水鱼主要病害防控的技术瓶颈,开展主要病害流行病学调查与防控,建立病害远程诊断系统。在养殖环境方面,这些年体系开发了池塘养殖环境调控技术,研发了很多新的养殖模式,比如建立池塘循环水养殖模式;创制数字化信息设备,建立区域化科学健康养殖技术体系。

当前我国大宗淡水鱼产业发展虽然取得了一定成绩,但还存在健康养殖技术有待完善、鱼病防治技术有待提高、良种缺乏等制约大宗淡水鱼产业持续健康发展等问题。

2021年7月召开的中央全面深化改革委员会第二十次会议,审议通过了《种业振兴行动方案》,强调把种源安全提升到关系国家安全的战略高度,集中力量破难题、补短板、强优势、控风险,实现种业科技自立自强、种源自主可控。

中央下发种业振兴行动方案。这是继 1962 年出台加强种子工作的决定后,再次对种业发展做出重要部署。该行动方案明确了实现种业科技自立自强、种源自主可控的总目标,提出了种业振兴的指导思想、基本原则、重点任务和保障措施等一揽子安排,为打好种业翻身仗、推动我国由种业大国向种业强国迈进提供了路线图、任务书。此次方案强调要大力推进种业创新攻关,国家将启动种源关键核心技术攻关,实施生物育种重大项目,有序推进产业化应用;各地要组建一批育种攻关联合体,推进科企合作,加快突破一批重大新品种。

由于大宗淡水鱼不仅是我国重要的经济鱼类,还是我国重要的水产种质资源。目前,国内还没有系统介绍大宗淡水鱼种质资源保护与利用方面的专著。为此,体系专家学者经与上海科学技术出版社共同策划,拟基于草鱼优良种质的示范推广、团头鲂肌间刺性状遗传选育研究、鲤等种质资源鉴定与评价等相关科研项目成果,以学术专著的形式,系统总结近些年我国大宗淡水鱼的种质资源与养殖状况。依托国家大宗淡水鱼产业技术体系,组织专家撰写了"中国大宗淡水鱼种质资源保护与利用丛书",包括《青鱼种质资源保护与利用》《草鱼种质资源保护与利用》《鲢种质资源保护与利用》《鳙种质资源保护与利用》《鲤种质资源保护与利用》《鲫种质资源保护与利用》《团头鲂种质资源保护与利用》7 个分册。

本套丛书从种质资源的保护和利用入手,提炼、集成了体系近年来在种质资源保护方面的研究进展,对体系在新品种培育方面的研究成果推广利用进行系统总结,同时对养殖技术、病害防控、饲料营养及加工技术也进行了展示。在写作方式上,本套丛书更加强调技术的前沿性和系统性,将最新的研究成果贯穿始终。

本套丛书可供广大水产科研人员、教学人员学习使用,也适用于从事水产养殖的技术人员、管理人员和专业户参考。衷心希望丛书的出版，能引领未来我国大宗淡水鱼发展导向，为开展水生生物种质资源开发利用、生态保护与修复及渔业的可持续发展等提供科技支撑，为种业振兴行动增添助力。

中国水产科学研究院淡水渔业研究中心党委书记

国家大宗淡水鱼产业技术体系首席科学家 戈贤平

2023 年 5 月

目　录

3 鲫繁殖技术

4 鲫苗种培育与成鱼养殖

1

鲫种质资源研究进展

鲫（*Carassius auratus*）属硬骨鱼纲（Osteichthyes）、鲤形目（Cypriniformes）、鲤科（Cyprinidae）、鲫属（*Carassius*）。鲫是我国最常见的淡水鱼类之一，生活在除青藏高原以外的各大水系。鲫体色主要是灰色，如灰黑色的体背、银灰色的体腹和灰白色的鳍条（饶发祥，1996）。鲫是杂食性鱼类，便于养殖，食性广、适应性强、繁殖力强、抗病力强、生长快、对水温要求不高。鲫是我国重要的养殖鱼类，具有较高的经济价值。鲫的变种金鱼（*Carassius auratus*）是我国主要的观赏鱼品种，其体态多样、色彩绚丽，深受人们喜爱。除食用和观赏价值外，鲫还具有重要的研究价值：鲫多倍化现象严重，且银鲫具有独特的生殖方式（桂建芳，1997），这些特性使其成为研究进化遗传学（肖俊，2010）、繁殖生物学的重要物种（杨兴棋等，1992）。

鲫适应环境的能力强，分布广泛，具有众多的地方群体，且不同地理分布的群体在形态、倍性等方面有明显差异（刘良国等，2005）。用传统形态学方法对鲫进行分析所获得的信息较少，且容易受环境影响，具有较大的局限性。随着细胞标记、生化标记、分子标记等技术的发展和应用，对于鲫的遗传多样性及起源进化研究也越来越多，但相关内容大多针对部分水域或少数群体，缺乏全面和系统的研究。因此，出现了众多不同甚至互相矛盾的研究结果，给鲫资源保护、遗传育种以及水产养殖等领域的发展带来了一定阻碍（樊冀蓉等，2011）。本部分通过对我国的鲫种质资源研究进展进行归纳总结，以厘清鲫不同地理群体的遗传多样性，并对存在的问题进行分析和展望，旨在保护鲫种质资源、促进鲫养殖产业的高效和可持续发展。

鲫种质资源概况

1.1.1 · 形态学特征

鲫从形态学上可分为欧鲫（*C. carassius*）、白鲫（*C. cuvieri*）和鲫（*C. auratus*）三类，鲫又可分为鲫亚种（*C. auratus auratus*）和银鲫亚种（*C. auratus gibelio*）（汪留全和胡王，1997；伍献文等，1982）。欧鲫主要分布在欧洲及我国新疆境内的额尔齐斯河等水系；白鲫原产于日本；鲫广泛分布在从北欧到西伯利亚乃至亚洲各地，在我国广为分布。银鲫亚种分布于欧亚大陆的温带水域，我国盛产于新疆地区和东北的黑龙江流域，但在其他地区也时有发现（董仕等，2003）。

鲫呈灰黑色，体高而侧扁，腹部圆形，背鳍最后 1 枚鳍棘较强，尾鳍深叉形，体型较小,生长缓慢;背部暗淡,腹部发白、色浅,因产地不同体色呈现一定差异,但多呈黑色并带有金属光泽。鲫嘴上无须,鱼鳞较小。银鲫与普通鲫在外形上很难区分,但前者生长更快,身体也比普通鲫显著的高且宽。银鲫具有特殊的孤雌生殖方式,以不同精子刺激卵子则后代产生不同的雌雄比例(蒋一珪等,1983)。在染色体数目及组型上,普通鲫为二倍体(2n = 100)(昝瑞光和宋峥,1980),银鲫多为三倍体(3n = 156 或 3n = 162)。表1-1列出了我国主要养殖鲫品种的形态特征(汪留全和胡王,1997),从中可看出鲫的侧线鳞平均值最低、为28.7,这也是几种鲫形态学上的重要差异。

1.1.2 · 种质资源分布状况

鲫在全国(除青藏高原)广泛分布,常栖息在湖泊、江河、河渠、沼泽中,尤以水草茂盛的浅水湖和池塘较多。鲫繁殖能力极强,是一种适应性很强的鱼类。

（1）鲫不同地方品系

不同地域分布的鲫在形态上已出现明显的差异,形成了一些独特的地方品系,如云南滇池高背鲫、广东缩骨鲫、江西彭泽鲫、河南淇河鲫、黑龙江方正银鲫等(俞豪祥等,1987;王阅雯,2010)。滇池高背鲫自发现以来种群数量不断扩增,目前成为滇池的主要渔业对象,其体较高、体色银灰、头部尖。广东缩骨鲫的典型特征是,体后部脊椎呈萎缩状,躯体较短。彭泽鲫原产于彭泽县丁家湖、芳湖和太白湖等自然水体,后经江西省水产研究所对其进行驯养选育,具有生长快、个体大、抗病性和适应性强等优点,是当时农业部向全国重点推广的 5 种淡水鱼类之一。淇河鲫分布于河南省淇河流域,其肉质鲜美、背色浅褐、腹部银色、脊背宽厚、体型丰满,故又称"双脊鲫"。方正银鲫产于黑龙江省方正县双凤水库,是一个天然雌核发育种群,因而所产生的后代与母本相似。方正银鲫与日本银鲫和东欧银鲫不同的是,在自然群体中方正银鲫雄鱼约占 15%(王永杰等,1997),而日本银鲫和东欧银鲫自然群体中却没有雄性个体(周嘉申等,1983)。

（2）鲫引进种及新品种

白鲫又称大阪鲫,原产于日本琵琶湖,1897 年移养于内河和池塘。我国台湾和香港地区分别于 1959 年和 1973 年引进。1976 年由中山大学生物系和广东省水产研究所(现称珠江水产研究所)共同引进后驯化繁殖,先后在江苏、浙江、安徽、湖北、广东(中山、顺德)、海南等省的养殖场和科研单位等进行试养。因其体色银白且食性与鲢(*Hypophthalmichthys molitrix*)相近,所以称为白鲫(陈玉琳等,1986)。白鲫体型大,背部隆起明显(似驼背),其性成熟早、繁殖率高、生长速率较快。近年来研究发现,雌核发育

表1-1 鲫主要养殖品种的形态特征比较

项目	鲫 幅度	鲫 平均值	彭泽鲫 幅度	彭泽鲫 平均值	银鲫 幅度	银鲫 平均值	异育银鲫 幅度	异育银鲫 平均值	白鲫 幅度	白鲫 平均值
体长(mm)	86~256				71~280		120~150	141		
背鳍条	ⅲ,15~19	ⅲ,7	4,16~19		ⅲ,16.5~19	ⅲ,16.9			ⅲ,16~18	
臀鳍条	ⅲ,5	ⅲ,5	ⅲ,5		ⅲ,5	ⅲ,5				
侧线鳞数	27~30	28.7	30.5±0.67	30.5	29~32	30.4	29~32	30.8	31~32	
鳃耙数	41~52	44.50	36~54		43~53	48.20				
体高/体长	0.3650~0.4465	0.4016	0.3236~0.4329	0.3704	0.4081~0.5263	0.4629	0.450~0.493	0.47	0.42~0.43	
头长/体长	0.2571~0.3030	0.2770	0.2053~0.3378	0.2597	0.25~0.3076	0.2793			0.25~0.27	
尾柄长/体长	0.148~0.182	0.165			0.1086~0.1470	0.1256	0.123~0.150	0.136		
尾柄高/体高	0.1538~0.1302	0.1669	0.1205~0.1972	0.1577	0.1626~0.1960	0.1727	0.166~0.185	0.175		

的白鲫全为雌性,比普通白鲫长得更快、抗病能力更强(孙远东等,2006)。

　　除了人工引种外,我国科研工作者也对鲫进行了遗传育种改良研究,选育出一批优良品种,如湘云鲫、湘云鲫 2 号、黄金鲫、异育银鲫、异育银鲫"中科 3 号"、异育银鲫"中科 5 号"、兴淮鲫、杂交鲫、丰产鲫、长丰鲫等。这些鲫品种都具有一定的养殖优势,推动了我国淡水养殖业的快速发展(张大中和黄爱华,2012)。例如,在红鲫(♀)×湘江野鲤(*Cyprinus carpio*)(♂)的杂交后代中发现两性可育的异源四倍体鲫鲤,用不同倍性四倍体鲫鲤与雌性二倍体白鲫交配产生了具有多种优势的不育三倍体湘云鲫(陶敏等,2007)。异育银鲫是我国重要的大宗淡水养殖鱼类之一,是利用方正银鲫为母本、兴国红鲤为父本经人工授精选育的子代。丰产鲫是华南师范大学与肇庆学院水产研究所合作,利用尖鳍鲤(*C. acutidorsalis*)的精子异精激发彭泽鲫雌核发育产生的子一代(刘良国等,2004)。长丰鲫以异育银鲫 D 系(方正银鲫为母本、兴国红鲤为父本,经人工授精得到的雌核发育系)为母本、鲤鲫移核鱼为父本进行雌核生殖发育,并选育出的性状稳定、生长性能优良的异育银鲫新品系。该品系为四倍体类型,但保留了典型的三倍体银鲫的可数和可量性状。

　　截至 2021 年,已获批的鲫新品种为 17 个(表 1-2)。其中,二倍体鲫品种 7 个,分别为红白长尾鲫、蓝花长尾鲫、萍乡红鲫、黄金鲫(鲤鲫杂交种)、芙蓉鲤鲫、赣昌鲤鲫和合方鲫;三倍体鲫品种 9 个,分别为彭泽鲫、松浦银鲫、异育银鲫、湘云鲫、异育银鲫"中科 3 号"、湘云鲫 2 号、津新乌鲫、白金丰产鲫和异育银鲫"中科 5 号";四倍体鲫品种 1 个,为长丰鲫(李忠等,2016)。这些鲫新品种的成功培育和推广应用对我国鲫产量的提高做出了重大贡献,全国鲫产量从 1983 年的 4.8 万吨增至 2018 年的 275.6 万吨(农业农村部渔业渔政管理局,2019)。

表 1-2·我国审定通过的鲫新品种

序号	品种名称	年份	登 记 号	类别	亲 本 来 源
1	彭泽鲫	1996	GS-01-003-1996	选育种	野生彭泽鲫
2	松浦银鲫	1996	GS-01-005-1996	选育种	方正银鲫
3	异育银鲫	1996	GS-02-009-1996	杂交种	方正银鲫(♀)×兴国红鲤(♂)
4	湘云鲫	2001	GS-02-002-2001	杂交种	日本白鲫(♀)×改良四倍体鲫鲤(♂)
5	红白长尾鲫	2002	GS-02-001-2002	杂交种	红鲫、白鲫
6	蓝花长尾鲫	2002	GS-02-002-2002	杂交种	金鱼、彩鲫
7	萍乡红鲫	2007	GS-01-001-2007	选育种	红鲫

序号	品种名称	年份	登记号	类别	亲本来源
8	异育银鲫"中科3号"	2007	GS－01－002－2007	选育种	异育银鲫
9	黄金鲫	2007	GS－02－001－2007	杂交种	散鳞镜鲤（♀）×红鲫（♂）
10	湘云鲫2号	2008	GS－02－001－2008	杂交种	改良二倍体红鲫（♀）×改良四倍体鲫鲤（♂）
11	芙蓉鲤鲫	2009	GS－02－001－2009	杂交种	芙蓉鲤（♀）×红鲫（♂）
12	津新乌鲫	2013	GS－02－002－2013	杂交种	红鲫（♀）×［白化红鲫（♀）×墨龙鲤（♂）F2筛选可育四倍体］（♂）
13	白金丰产鲫	2015	GS－01－001－2015	选育种	彭泽鲫、野生尖鳍鲤
14	赣昌鲤鲫	2015	GS－02－001－2015	杂交种	日本白鲫（♀）×兴国红鲤（♂）
15	长丰鲫	2015	GS－04－001－2015	其他种	异育银鲫D系、鲤鲫移核鱼
16	合方鲫	2016	GS－02－001－2016	杂交种	日本白鲫（♀）×红鲫（♂）
17	异育银鲫"中科5号"	2017	GS－01－001－2017	杂交种	银鲫E系、团头鲂、兴国红鲤

1.1.3 · 种质遗传多样性

遗传多样性的丰富程度反映了物种的适应能力和进化潜力。物种的遗传多样性越丰富，其对环境的适应能力越强，育种和遗传改良的潜力也越大（闫华超等，2004）。我国幅员辽阔，广域的地理分布、复杂的气候特征、多样的生态环境，孕育了鲫丰富的遗传多样性。鲫分布广泛、遗传背景复杂，通过对其遗传多样性进行分析可以了解我国鲫资源的现状，对合理开发、保护鲫资源和鲫优良品种选育都具有重要意义。

（1）不同倍型鲫遗传多样性比较

我国鲫地方种群众多，且多倍化现象普遍，很多水域都是不同种、不同倍型的鲫相互混杂。例如，在洞庭湖中就报道了二倍体、三倍体和四倍体鲫的稳定共生现象（Xiao等，2011）。目前，对于鲫不同地理群体之间遗传多样性的研究较多。张辉等（1998）对3个三倍体鲫及野生鲫线粒体DNA进行限制性内切酶片段长度多态性分析发现，银鲫的核苷酸多样性高于彭泽鲫，但野生鲫的核苷酸多样性最为丰富。这一研究结果与刘良国等（2007）采用随机扩增多态性DNA标记技术（random amplified polymorphic DNA，RAPD）

对洞庭湖的彭泽鲫及野生鲫的遗传多样性分析结论一致。田燚(2004)对野生鲫、彭泽鲫、红鲫、金鲫、高背鲫和黑龙睛6种鲫和金鱼进行微卫星遗传多样性分析,结果显示,野生鲫的平均多态信息含量最高,而彭泽鲫的平均多态信息含量最低。莫赛军等(2004)对野生鲫和方正银鲫的生长激素Ⅰ(GHⅠ)基因的内含子2进行单倍型分析,发现野生鲫有15种单倍型,而方正银鲫只有4种,表明野生鲫的遗传多样性明显高于方正银鲫。邓朝阳(2015)通过线粒体D-loop序列分析长江水系不同鲫的遗传多样性,发现分布于长江水系的野生鲫遗传多样性同样较高,且下游群体的遗传多样性明显高于上游群体,推测水利工程的大量兴建为导致这一现象的重要原因。匡天旭等(2018)利用COⅠ基因研究了珠江水系干流之一的西江的8个鲫地理群体的遗传多样性和群体结构,结果表明,野生鲫的遗传多样性水平相对较高。

安苗等(2016)通过对贵州喀斯特山区两个地理群体鲫的线粒体D-loop序列分析发现,普安鲫及其指名亚种群体的遗传多样性水平中等,草海鲫及其指名亚种群体的遗传多样性水平偏低,普安银鲫群体的遗传多样性水平极低。普安银鲫个体间同质化严重、单倍型多态性贫乏、群体遗传多样性较低等现象的出现,可能是其亲体数量较少造成的繁育中瓶颈效应和遗传漂变等原因导致。高丽霞等(2011)通过对河南鹤壁淇河鲫原种场、安阳金堤河和济源沁河的鲫遗传多样性进行分子标记分析发现,金堤河鲫和沁河鲫两野生群体遗传多样性更为丰富;淇河鲫相对于两野生群体鲫有一定的遗传分化,遗传多样性的丰富度降低,形成了趋于稳定的、较独立的遗传结构。

鲁翠云等(2006)连续2年对黑龙江双龙水库的鲫采样并进行微卫星分析发现,二倍体鲫的平均杂合度要高于三倍体银鲫的平均杂合度。因此,在同一水域生活的鲫混合群体中,二倍体比三倍体的遗传多样性要丰富(罗静等,1999),且三倍体的雄性和雌性之间具有相同的遗传背景(Jiang等,2013)。但贾智英等(2008)通过对黑龙江方正县双凤水库、呼伦湖、乌苏里江抓吉江段、松花江哈尔滨江段、嫩江新荒泡和月亮湾两个支流的不同倍型鲫进行微卫星分析发现,同水体二倍体与多倍体鲫遗传结构相似性高,群体遗传多样性均比较丰富;群体内2种倍性鲫和各采集群体间的遗传多样性虽有差异,但差异不显著。通过线粒体DNA和转铁蛋白基因对全国26个鲫地理种群进行遗传多样性分析发现,三倍体银鲫具有较高的遗传多样性,且与二倍体鲫不相上下(蒋芳芳,2012)。

上述研究表明,我国野生鲫种质资源丰富,不同野生鲫地方群体的遗传变异度较大,遗传多样性处于比较丰富的状态,具有较大的育种潜力。在大多数研究中,二倍体野生鲫的遗传多样性远高于三倍体银鲫和人工养殖群体,原因可能是二倍体野生鲫主要为两性生殖方式,增加了基因重组的概率;银鲫主要为雌核发育,即单性生殖方式,精子起到刺激卵子发育的作用,大部分遗传物质来源于母本,因而表现出遗传同质性;养殖群体由于瓶颈作用、近亲繁殖、原始构建种群小等原因导致遗传多样性进一步降低。

（2）银鲫间的遗传多样性比较

银鲫拥有2套生殖方式:雌核发育生殖和拟两性融合生殖(桂建芳等,1992)。在经历了连续的两轮多倍化历程后,目前正处在二倍化进程之中,且生殖方式也正在由单性雌核生殖向两性有性生殖转变(Lu等,2016)。目前,银鲫中已鉴别出5个野生雌核发育系(A、B、C、D、E系)并获得一个人工雌核发育系F系(周莉等,2001)。朱蓝菲(1990)利用血清蛋白区分出A、B、C、D系4个雌核发育系,且各系间在体型和生长性能上存在差异,之后又通过组织移植进一步证明不同雌核发育系的存在。组织移植只有在基因型相同的个体之间进行才能存活,不同雌核发育系具有遗传异质性,因而出现排异现象。

Yang等(2001)利用转铁蛋白和同工酶区分银鲫的不同发育系,发现同一系内表现出高度均一性,而不同系间则表现出丰富的遗传异质性。周莉和桂建芳(2001)运用RAPD技术鉴定出88个可区分A、D、E、F、P系(彭泽鲫)的分子标记,不同雌核发育系表现出遗传异质性,而同一雌核发育系表现出遗传同质性,随后运用微卫星标记也得到了同样的结果。但是,用F系作母本、D系作父本,对子代及亲本进行RAPD分析发现,子代中存在丰富的DNA多态片段,远远高于异精刺激子代间的遗传距离,且子代中新表型的产生来自两性生殖的重组,并证明银鲫在同源精子刺激时进行两性生殖(周莉等,2001)。

周秋白等(2009)和杨林(2002)分别对西北地区野生鲫进行倍型及转铁蛋白多态性分析发现,新疆伊犁河现存野生鲫均为三倍体银鲫两性种群,具有两性融合生殖能力且有丰富的遗传多样性;天山养殖场人工养殖群体中也发现有雄性个体,但表现出单态性。新疆伊犁河鲫三倍化可能是多次历史事件演化的结果,三倍体鲫是其对该地区特殊寒冷环境的一种适应结果(Yang和Gui,2004)。李凤波(2007)从4个银鲫养殖场选取有代表性的样本用于线粒体D-loop序列分析发现,遗传多样性水平在不同群体之间呈现显著差异,武汉群体和彭泽群体几乎没有遗传变异,而方正群体和淇河群体的遗传多样性水平最高。蒋芳芳(2012)通过对全国26个鲫地理种群研究发现,银鲫各地理种群间没有明显的遗传结构差异,表明它们之间的基因交流比较频繁。

银鲫具有雌核发育单性和两性两种生殖方式。在单性生殖过程中,异源精子起到刺激卵子的作用,子代不发生性状分离,故银鲫同一雌核发育系表现出高度的遗传同质性。两性生殖方式使其群体产生了丰富的遗传变异,从而表现出较高的遗传多样性。这种变异也有利于银鲫适应环境的变化,而三倍体银鲫恰是对自然环境的一种特殊适应结果,所以大多数银鲫能够在新的生存环境中迅速繁殖。研究银鲫的遗传多样性对于银鲫的进一步育种具有重要意义:可以利用同源精子使银鲫进行两性生殖来获得优良性状的重组,再通过异源精子刺激雌核发育使优良性状能够在子代中稳定遗传,进而获得具有稳定优良性状的养殖新品种。

(3) 不同品种金鱼的遗传多样性研究

经过长期的自然演化及人工选育,金鱼的新品种越来越多,对于金鱼的遗传多样性研究也越来越多。陈桢(1954)记载了金鱼外部形态上的 10 种变异,并和梁前进等(1998)根据金鱼的 17 个外部形态差异来区分金鱼的不同品种,发现金鱼不同品种差异显著。王长城和王春元(1991)对 3 种珍珠金鱼(五花珍珠、透明珍珠和青珍珠)的肌浆蛋白和血清蛋白进行分析,发现各自都有特异的条带。牟希东等(2007a)对天津塘沽、江苏苏州和福建福州的金鱼养殖群体进行 RAPD 分析,发现 3 个群体内遗传多样性偏低,且群体间遗传分化程度不高。之后又运用 RAPD 技术对 5 个金鱼代表种(草金、红龙睛、鹤顶红、水泡、黑寿)进行遗传多样性分析,发现所有金鱼代表种的遗传多样性都偏低(牟希东等,2007b)。

吴滟等(2007)对红白龙睛蝶尾、狮头、黑龙睛、红白高头珍珠鳞 4 个品种进行 RAPD分析发现,4 个群体的平均遗传距离为 0.078 4~0.220 9,已达到种群的分化标准。目前,我国金鱼品种已达数百种,且外部形态差异较大,因此不能仅以形态标记来研究品种间的遗传分化水平。遗传标记的开发在充分利用和改造金鱼遗传变异的同时,可以培育出具有优良形态和体色性状的金鱼新品种。在金鱼的选育中,人类为了追求更好的品质,如观赏价值和经济价值等,往往会出现瓶颈效应和建群者效应,进而导致群体间的基因交流能力降低、基因缺失,使遗传多样性降低(骆小年等,2015)。

1.1.4 · 重要功能基因

功能基因组学往往被称为后基因组学,是指利用结构基因组所提供的信息和产物,通过在基因组或系统水平上全面分析基因的功能,使得生物学研究从对单一基因或蛋白质的研究转向多个基因或蛋白质同时进行系统研究。这是在基因组静态的碱基序列弄清楚之后转入对基因组动态的生物学功能的研究,内容包括基因功能挖掘、基因表达分析及突变检测等。随着测序及基因组学持续发展,不少学者对鲫的代谢调节、免疫、性别调控、抗病和生长等性状相关的重要功能基因进行了研究。

（1）与代谢调节相关基因

在代谢调节方面,金属硫蛋白和硬化蛋白研究得比较多。金属硫蛋白为高金属含量的小分子蛋白质,由 61 个氨基酸组成(其中含 20 个半胱氨酸)。大量的实验已证明,金属硫蛋白参与体内微量元素锌和铜的储存、运输及生理代谢,在抗重金属毒性、清除活性氧自由基引起的损伤方面也起重要的作用。任宏伟等(2000)采用抑性 RACE 方法克隆出白鲫金属硫蛋白两种亚型的全长,应用封闭式充氮层析系统纯化得到天然白鲫蛋白的两种亚型,进而根据氨基酸测序结果确定了其基因的亚型分类。硬化蛋白(sclerostin, SOST)是一种由骨细胞特异性分泌、用于负调节骨形成的因子。为探究 SOST 在鲫肌间刺形成中的调控作用,杨敏璇等(2019)对鲫 SOST 基因进行了克隆及表达研究,结果显示,鲫 SOST 基因序列为 636 bp,蛋白质分子量约为 38 kDa。随着时间的递增,蛋白表达量逐渐增大,诱导时间 4 h 左右表达量达到最高。王良炎等(2016)对 SOST 基因在淇河鲫成鱼不同肌间骨相邻肌组织的表达差异进行了研究,结果表明,SOST 基因在淇河鲫肌间骨的背部和尾部肌肉中存在差异性表达,从而影响肌隔组织中肌间骨的骨化,对背部和尾部肌间骨形态发生产生影响。田雪等(2016)以淇河鲫仔稚鱼为研究对象,利用整体骨骼染色法对肌间骨的形态发生进行观察,并采用 qRT - PCR、Western Blot 和免疫组织化学技术检测 SOST 基因在肌间骨不同骨化阶段的 mRNA 和蛋白表达变化情况,推测 SOST 基因与淇河鲫肌间骨骨化具有一定的相关性,可调控肌间骨的分化和形成。

随着转录组测序技术的发展,其他代谢相关功能基因也有报道。葡萄糖激酶(glucokinase, GK)是糖代谢的关键酶,催化葡萄糖磷酸化生成 6 -磷酸葡萄糖。这是糖原合成和糖酵解反应的第一步。GK 属己糖激酶家族成员之一。程汉良等(2011)对彭泽鲫 GK 基因全长 cDNA 进行了克隆及表达分析,结果表明,GK 基因主要在肝胰脏中表达;在脾脏、肠系膜脂肪和大脑中也检测到 GK 基因微量表达,但表达量显著低于肝胰脏($P<0.05$);在白肌中没有检测到 GK 基因表达。apelin 是一种参与哺乳动物和鱼类摄食调控的重要神经肽。为了更好地研究 apelin 在银鲫上的摄食调控作用,邓星星等(2020)对银鲫 apelin 基因的克隆、组织表达谱和摄食关系进行研究,结果显示,银鲫 apelin 基因全长 cDNA 序列长度为 1 082 bp;apelin 基因在银鲫 21 个组织中普遍表达,特别是在下丘脑中表达量最高。进而推测,apelin 基因可能是银鲫的诱食因子,在其摄食调控中起一定的作用。冬方(2015)利用转录组测序技术对鲫耐盐碱基因进行了筛选及验证,识别出已知的与应激反应和极端环境适应相关联的基因功能类别,以及信号传导途径显著富集基因,包括氧化还原酶活性、转移酶活性、转运活性、催化活性、酶调节活性等。基因富集分析找到显著富集的基因,研究识别了包括碳酸酐酶、转氨酶、超氧化物歧化酶、谷胱甘肽 S -

转移酶、氨肽酶 N 等差异显著基因在压力适应和耐受性中起重要作用,研究结果可为筛选耐盐碱相关的候选基因提供理论依据。

（2）与免疫调节相关基因

在免疫调节方面,研究得比较多的是 DNA 重组激活基因（recombination activating genes，RAG）、B 细胞活化因子（B-cell activating factor of the TNF family，BAFF）和 Toll 样受体（toll-like receptors，TLR）。DNA 重组激活基因是脊椎动物特异性免疫反应的关键基因,也是脊椎动物进化分析的标记基因之一。范嗣刚等（2009）用 PCR 方法扩增,克隆了鲫 RAG,并用 RT－PCR 方法进行了组织特异性表达分析,结果表明,*RAG 1* 在鲫成体的头肾和精巢都能检测到表达,提示 RAG 不仅主导了免疫组织中的 DNA 重组,也可能参与了生殖细胞的 DNA 重组。B 细胞活化因子是一种新型的肿瘤坏死因子家族的配体,属于肿瘤坏死因子家族成员。裴丽丽等（2016）成功克隆了鲫 BAFF 基因的全长 cDNA 序列,构建了重组表达载体,获得可溶性 Nus－His－CasBAFF 蛋白。体外实验证明,可溶性 Nus－His－CasBAFF 蛋白能够促进鲫 B 淋巴细胞的存活,为研究鲫免疫系统奠定了基础。Toll 样受体是广泛存在于从蠕虫、线虫到高等哺乳动物的一类保守性 PRRs,属于 I 型跨膜蛋白,在病原识别、启动和调控机体的免疫应答中发挥极其重要的作用。王俊丽等（2014）对鲫 *TLR9* 基因进行了克隆及其在肠道表达的研究,结果表明,*Ca－TLR9* 基因在鲫脾中表达量最高,其次为肾和鳃,在其他组织的表达量均较低。

（3）与性别调控相关基因

在鲫性别调控相关基因方面,报道了 DMRT（dsx and mab-3 related transcription）转录因子和卵黄蛋白原（vitellogenin，Vtg）基因。DMRT 转录因子是一个被认为与性别决定和胚胎发育过程相关的转录因子家族。刘沙和桂建芳（2011）对银鲫 *dmrt2b* 基因的分子特征及功能进行了分析,结果表明,银鲫 *dmrt2b* 和斑马鱼 *dmrt2b* 有相似的基因组结构。在银鲫胚胎发育过程中 *dmrt2b* 主要在体节中表达,在成体中主要分布于肌肉中。王佳和罗琛（2014）克隆了鲫 *Dmrt3* 基因的 cDNA 全长,并对 *Dmrt3* 基因在鲫发育早期和不同组织中的表达进行了分析,结果显示,鲫 *Dmrt3* 基因的 cDNA 全长为2 182 bp,开放阅读框为 1 347 bp,编码 448 个氨基酸。李青等（2021）对鲫 Vtg 基因进行了克隆与组织表达分析,推测鲫 Vtg 来源主要是肝脏外源性合成,但依然保留卵巢内源性合成 Vtg 的古老方式,*Ca－VtgAo1* 基因可作为分子标记应用于鲫性别鉴定。

（4）与抗病相关基因

在抗病功能基因研究方面,发现γ-氨基丁酸受体、NUB1蛋白、Ⅰ型干扰素在鲫的抗病毒防御中发挥了重要作用。

γ-氨基丁酸受体基因是研究得比较多的。γ-氨基丁酸受体(γ-aminobutyric acid receptor, GABAR)主要存在于脊椎动物和非脊椎动物的中枢神经系统,是氟虫腈、阿维菌素、硫丹和林丹等杀虫剂的作用靶标。为了阐明GABAR拮抗剂类农药影响鱼类安全性的分子作用机理,并研究其与农药分子的亲和作用,秦波等(2014)通过RT-PCR和RACE-PCR技术,成功地克隆了鲫GABAR-β3亚基基因的全长cDNA序列,该基因长2 767 bp,开放阅读框(ORF)为1 506 bp,编码502个氨基酸,与已知的其他物种β3亚基具有高度的保守性。应用qRT-PCR扩增,检测到该基因在鲫不同组织器官的差异性表达。

Nub1(nedd8 ultimate buster-1)是一种由干扰素诱导表达的蛋白,由于过量表达该蛋白能抑制细胞生长,因此被认为在干扰素的抗肿瘤作用中发挥重要作用。甘力等(2010)对鲫Nub1基因进行了克隆和分析,结果表明,鲫Nub1基因全长cDNA为2 298 bp,编码一个由589个氨基酸残基组成的蛋白,与已知的哺乳类包括人、小鼠、鸟类和两栖类的同源蛋白具有41%~45%的相似性。

Ⅰ型干扰素(type Ⅰ interferon, IFN-Ⅰ)是一类具有抗病毒、抗细菌及抗肿瘤等功能的细胞因子,在临床上常被用于治疗肿瘤和病毒感染等。吴慧等(2021)对三倍体湘云鲫2号 *IFNa3* 基因的克隆及功能进行了研究,结果表明,三倍体IFNa3为可分泌的细胞因子,在宿主抗病毒天然免疫反应中发挥作用。

（5）与生长相关基因

在与生长性状相关功能基因研究方面,报道比较多的是肌肉生长抑制素和胰岛素样生长因子。

肌肉生长抑制素(MSTN)是动物肌肉发育和生长过程中的负调控因子。为了明确淇河鲫MSTN基因序列及其在肌肉生长发育中的调控功能,田雪等(2011)对淇河鲫肌肉生长抑制素基因进行了克隆与表达分析,结果显示,淇河鲫MSTN基因的cDNA全长为2 094 bp,蛋白同源分析发现淇河鲫MSTN基因与鲤形目鱼类的相似性较高,与哺乳动物和鸟类的相似性最低。MSTN基因在淇河鲫各个组织中均有表达,其中在脑中表达量最高,其次为肌肉和肝脏,在肠道表达量最低,推测MSTN基因与淇河鲫肌肉发育生长具有一定的相关性,且可能参与"双背鲫"特征的形成。张颖(2014)对两种异育银鲫的生长性状和基因型进行相关性分析,检测到异育银鲫"中科三号"品系 MSTN 基因外显子 2 和外显子 3 上两个多态位点产生的两种基因型与体重及体长呈显著相关,且 GC 基因型个体比 AT 基因型个体体重增加了 14.4%;而自繁异育银鲫 MSTN 基因外显子 2 上的位点形成的两种基因型与生长性状无显著性相关。

胰岛素样生长因子(insulin-like growth factors, IGF)是一类具有促生长和有丝分裂的多肽。目前,已发现广泛存在的同源多肽有两种,包括 IGF－1 和 IGF－2。陶敏等(2012)对日本白鲫 *IGF－1* 基因全长 cDNA 克隆及组织表达进行了分析,结果表明,*IGF－1* 在日本白鲫中广泛表达于多个组织,尤其在肝脏中表达量最高,在垂体、心脏、肾脏和肌肉中有较高的表达,而在脑、脾脏、精巢和卵巢中的表达量较低。

鲫遗传改良研究

1.2.1 · 群体选育

群体选育又称混合选择,是一种传统的选育方法,实质是按改良目标进行表型选择,即选择优良或目标表现型,淘汰不良或非目标表现型。就鱼类来说,通常是将待选的全部个体混养在一个池塘里养殖,从中挑选表现型优良的一群鱼作为亲本用,对其繁殖的后代不依亲本分开,仍然混养在一起,再从中选择优良个体,经连续几代选育就可能育成一个新的品种(楼允东和李元善,1989)。群体选育的特点是操作简单、费用低、容易实行、效果明显,在水产动物选育上得到广泛应用。

鲫群体选育主要在自然品种或地方品种中进行,如江西九江的彭泽鲫和萍乡红鲫、云南的滇池高背鲫、贵州的普安鲫、广东的缩骨鲫、河南的淇河鲫、黑龙江的方正银鲫等,这些都是良好的遗传育种种质资源。在这些自然品种或地方品种中,彭泽鲫和萍乡红鲫经过多年群体选育,已通过全国水产原良种审定委员会审定为鲫新品种。

彭泽鲫(品种登记号:GS－01－003－1996),又名芦花鲫或彭泽大鲫,原产于江西省彭泽县丁家湖、太泊湖、芳湖、芸湖等天然水域(张瑞雪,1994),为天然三倍体鲫种群。因其常栖于湖中的芦苇丛中,也被称为芦花鲫;因以个体大(已知最大个体体重达 6.5 kg)著称,又被称为彭泽大鲫。江西省水产研究所和九江市水产研究所自 1983 年起从野生彭泽鲫中开展了系统选育研究,经过多年人工定向选育,选育后的 F$_6$ 代遗传性状更稳定,具有繁殖和苗种培育方法简易、生长快、个体大、营养价值高和抗逆性强等优良特性,比选育前生长速度快 50%,较普通鲫快 249.8%(张为,2012)。

萍乡红鲫(品种登记号:GS - 01 - 001 - 2007),又名萍乡肉红鲫,是继彭泽鲫之后江西省自主选育的第二个水产良种。萍乡红鲫主要分布在江西萍乡地区天然水域,萍乡周边地区如江西宜春、湖南醴陵也有零星分布(楼允东,2017)。其体型与普通鲫基本相似,成鱼头部和背部橘红色,腹部肉红色。幼鱼阶段通体透明,能看到鳃丝和内脏轮廓,成鱼阶段鳃盖、鳞片透明,能看到鳃丝。长期以来,由于不注意品种选育和提纯,品种混杂和退化现象十分严重,以至体色不纯、个体变小、生长缓慢、品质下降。为了挽救这一地方种质资源、改良萍乡红鲫的种质,从 1998 年开始,江西省萍乡市水产科学研究所、南昌大学和江西省水产科学研究所对其进行人工选育。以江西省萍乡市赤山镇自然水域采集的 860 尾变异的野生红鲫为基础群体,以体色、体重和生长速度为选育指标,采用群体选育方法,经过 7 年 6 代的提纯选育,达到了选育目标,2007 年通过全国水产原良种审定委员会审定。新品种具有体色纯正、个体生长快、肉质鲜美、易繁易养、观赏价值高等优点。

1.2.2 · 家系选育

家系选育是指通过一对一配组繁殖建立家系,再以家系为单位进行的选择育种。家系选育强调的是以家系为选择单位,而不是以家系的个别个体为选择单位,在选育过程中不仅要观察同一家系的不同个体的表现型,而且还要观察其亲本和后代的表现型,如果亲本和后代的表现型都突出,那么所选的个体就符合选育条件(楼允东和李元善,1989)。家系选育是近年来应用比较多的一种选育方法。由于其具有系谱清晰、可延缓近交衰退、缩短育种年限、选育效果好等优点,受到了国内外育种专家和学者的广泛关注。家系选育实际是对基因型的选择。通过一对一交配建立家系,累计繁殖,逐代对优势基因型富集,选育出的目标性状相关基因就具有较高的纯合度(孙效文,2010),同时也能使一些隐性基因纯合体出现的百分率增加,从而增加隐性性状的表现概率,这样可以加速淘汰一些不良基因,大大增加了优良性状相关基因的累计频率,最终获得优良的经济性状(李学军等,2016)。目前,水产上已建立大规模家系选育技术,即利用不同种群建立数量众多的家系,从所构建的家系中选取亲本进行分组繁殖,子代进行 PIT 个体标记,经标记后放入同一培育池进行培育以消除环境差异对遗传方差的影响,子代再经过经济性状测量,建立经济性状优势的家系,再进行下一轮的大规模家系选育(李鸿鸣和孙效文,2002)。如此重复利用众多的家系进行连续不断的家系内筛选和家系间杂交,可明显提高选择效率和抑制遗传衰退。

在鲫育种工作中,家系选育在松浦银鲫选育的初期起到关键性作用。1983 年,中国水产科学研究院黑龙江水产研究所在以纯种方正鲫作母本,以方正鲫(♀)与鳞鲤(♂)

交配获得的雌性后代经性反转的生理雄性个体作父本,组建了 3 个配组,结果发现,其中一个配组后代的表现型与亲本以及其他配组后代的表现型性状明显不同,特别在侧线上鳞和侧线下鳞这个性状上有明显不同,鉴定为基因突变的新银鲫品系,且该新品系遗传性状稳定、生产性能良好。随后再利用该新品系通过与原亲本性反转雄鱼交配,经连续多代选育获得了一个新的鲫品种——松浦银鲫(品种登记号:GS - 01 - 005 - 1996)(沈俊宝等,1991)。松浦银鲫由于其侧线上鳞和侧线下鳞各为 7 个,因此易与其他鲫(普通鲫侧线上鳞和侧线下鳞一般各为 6 个)区别。松浦银鲫生长比银鲫快,含肉率、肥满度也均高于同龄方正鲫。

1.2.3 · 分子标记辅助选育

分子标记辅助选育是借助与性状紧密相关的分子标记对具有性状优势的等位基因或基因型的个体进行直接选择育种,是分子生物学和基因组学的研究结果应用到品种选育的技术。由于基因/标记代表性状的遗传基础,因此这项技术被誉为从传统表型选择亲本提升到根据基因型选择亲本的革命性的技术进步(鲁翠云等,2019)。分子标记辅助选择不易受环境的影响,且没有性别、年龄的限制,因而允许进行早期选种,可缩短世代间隔、提高选择强度,从而提高选种的效率和准确性,尤其对于隐性性状、低遗传力性状及难以测量的性状,其优越性更为明显(Lande 和 Thompson,1990)。相对于农作物和陆生动物,水产动物分子标记辅助育种研究开展较晚。在过去的十多年中,中国水产动物的分子标记辅助育种逐渐开展,大多数养殖品种的选育都不同程度地使用了分子标记,有的用在了种质创建阶段,有的用在了品种选育阶段。根据孙效文在《鱼类分子育种学》中对鱼类分子育种的定义,在群体、家系或个体选择中全部或者部分使用了基因和标记都属分子育种范畴。目前,国内水产动物分子标记辅助育种主要集中在指导家系选育和群体选育,计算的亲本间的遗传距离用于控制亲本的近交和远交,以及基于性状连锁的标记建立的育种技术,如抗病、品质、性别控制等育种技术方案。

朱蓝菲和蒋一珪(1993)利用血清蛋白和肝脏脂酶表型作为分子遗传标记,在银鲫种内区分出 A、B、C、D 系 4 个不同而又各自遗传的雌核发育系,表明在天然雌核发育银鲫的遗传性并不完全一致,同时还发现这 4 种不同表型的鱼具有不同的生长能力,无论是平均体重或平均空壳体重均是 D 组最好、B 组最差,银鲫不同雌核发育系与该系的生长性状相关,这就为以银鲫为亲本进行新品系/品种选育提供了生产实践意义。目前,银鲫中已鉴别出 5 个野生雌核发育系(A、B、C、D、E 系)并获得一个人工雌核发育系——F 系(周莉等,2001)。在通过全国水产原良种审定委员会审定的鲫新品种中,异育银鲫“中科3 号”(品种登记号:GS - 01 - 002 - 2007)就是先从高体型(D 系)异育银鲫(♀)与平背型(A系)异育银鲫(♂)交配所产后代中选育,再经异精雌核生殖培育而来的异育银鲫新品种;长丰鲫(品种登记号:GS-04-001-2015)母本来源于异育银鲫D系,父本为鲤鲫移核鱼F_8(细胞核来源于兴国红鲤,细胞质为鲫)品系;异育银鲫"中科5号"(品种登记号:GS-01-001-2017)育种的原始母本是经遗传标记鉴别的银鲫E系,原始父本是团头鲂和兴国红鲤杂交后代。

1.2.4 · 雌核发育选育

雌核发育是指卵子只依靠雌性原核进行发育的一种特殊的发育方式。在雌核发育过程中,卵子发育基本上不发生第一次成熟分裂或者成熟分裂后不排出第二极体,并且胚胎第一次卵裂为核内有丝分裂用来维持其倍性(俞豪祥,1982)。此外,天然雌核发育鱼类卵子在近缘种甚至远缘种精子的激活下启动发育,但并未发生雌、雄原核的融合,精子只起激活作用,后代均为母系遗传,形成单性的雌性群体(葛伟等,1992)。鱼类中一些自然群体几乎全部由雌性组成,如亚马孙花鳉、银鲫、彭泽鲫等。研究证实,这些天然全雌群体以天然雌核发育的方式繁殖(符文等,2022)。水产动物雌核发育选育,主要是指在雌核发育研究的基础上,人们探索鱼类人工诱导雌核发育技术。目前,人工雌核生殖已经发展成为鱼类遗传改良的有效途径,在鱼类种质提纯复壮、良种选育等方面发挥重要作用(徐康等,2014)。银鲫是天然雌核发育的两性或单性种群,是良好的遗传育种材料。随着育种工作的不断深入,以银鲫为育种材料,采用人工诱导雌核发育技术选育出了一系列优良品种,如松浦银鲫、异育银鲫、异育银鲫"中科3号"、长丰鲫、异育银鲫"中科5号"等。

异育银鲫(品种登记号:GS-02-009-1996)是中国科学院水生生物研究所的鱼类育种专家于1976—1981年研制成功的一种鲫养殖新对象。它是利用天然雌核发育的方正银鲫为母本,以兴国红鲤为父本,经人工授精繁育的子代(王军,1982)。从广义上讲,在生产上凡银鲫卵子与异源精子人工授精所产的雌核发育后代,统称为异育银鲫。不过在生产异育银鲫时,父本的选择应予以重视,因为父本的不同会影响子代的质量,从而影响养殖的产量和效益。异育银鲫具有良好的杂种优势,增产效果明显,且肉质细嫩、营养丰富、离水存活时间长,可在低温、无水条件下中短途运输活鱼。

异育银鲫"中科3号"(品种登记号:GS-01-002-2007)是中国科学院水生生物研究所淡水生态与生物技术国家重点实验室鱼类发育遗传学研究团队研发的异育银鲫第三代新品种,于2008年通过全国水产原良种审定委员会审定。育种团队在鉴定出可区分银鲫不同克隆系的分子标记,证实银鲫同时存在雌核生殖和有性生殖双重生殖方式的基础上,利用银鲫双重生殖方式,先从高体型(D系)异育银鲫(♀)与平背型(A系)异育银鲫(♂)交配所产后代中选育,再经异精雌核发育培育而来的异育银鲫新品种(桂建芳等,2008)。异育银鲫"中科 3 号"生长速度比高背鲫快 13.7%~34.4%、出肉率高 6%以上,且遗传性状稳定。

异育银鲫"中科 5 号"(品种登记号:GS-01-001-2017)是由中国科学院水生生物研究所和黄石市富尔水产苗种有限责任公司选育。异育银鲫"中科 5 号"的原始母本是经遗传标记鉴别的银鲫 E 系,原始父本是团头鲂和兴国红鲤的杂交后代。1995 年利用团头鲂精子经人工授精激活银鲫 E 系的卵子,再经冷休克处理而创制雌核生殖核心群体,以生长优势和隆背性状为选育指标,用兴国红鲤精子刺激进行 10 代雌核生殖扩群,到2013 年培育出异育银鲫"中科 5 号"(桂建芳等,2018)。2014—2017 年,遗传稳定的异育银鲫"中科 5 号"又进行了连续 4 代雌核生殖,开展中试和生产性对比试验,同时开展遗传特征分析、分子模块标记鉴定和开发,以及抗病能力测试等试验。与其他养殖鲫品种相比,异育银鲫"中科 5 号"具有生长速度快和抗病能力强的优点。在相同的养殖条件下,与异育银鲫"中科 3 号"相比,生长速度平均提高 18.20%,抗鲫疱疹病毒的能力提高 12.59%,抗体表黏孢子虫病的能力提高 20.98%。另外,异育银鲫"中科 5 号"依然保持雌核生殖特性,利用兴国红鲤作父本进行新品种扩繁,后代性状稳定、不分化。

1.2.5 · 多倍体选育

多倍体是指体内含有 3 套及以上染色体组的生物个体。在生物育种生产过程中,通过人工干预的形式使生物体中的染色体组增加来改造生物的遗传基础的技术称为多倍体育种技术(楼允东,1994)。该方法已成为培育优良品种的一个重要途径。多倍体育种方法简单、技术可行、易于操作,与性别控制、选育等技术结合可以生产具有生长速度快、抗病力强、成活率高和饲养管理方便的新品种。目前,水产养殖品种多倍体研究主要集中在促进鱼类生长、控制鱼类过度繁殖、延长生长周期等方面。多倍体育种的研究进展较快,许多品种已应用于生产,取得了明显的经济效益。日本应用静水压技术大规模诱导生产苏大马哈鱼全雌三倍体和牙鲆四倍体;俄罗斯已进行了工业化大规模培育鲤三倍体;全雌三倍体虹鳟由于其不受性成熟影响而提高了商品规格,在加拿大已商品化生产;美国在天然水域中放养三倍体草鱼,既可以除草,又能阻止草鱼大量繁殖而破坏生态平衡。我国鱼类多倍体育种研究始于 20 世纪 70 年代中期,已成功进行诱导草鱼、鳙、鲤、鲫、鲢、罗非鱼、胡子鲶、虹鳟、大黄鱼、真鲷、牙鲆等 20 多种鱼类的多倍体试验鱼(朱传忠和邹桂伟,2004)。

我国目前通过全国水产原良种审定委员会审定的鲫新品种中,三倍体鲫品种有 9个,分别为彭泽鲫、松浦银鲫、异育银鲫、湘云鲫、异育银鲫"中科 3 号"、湘云鲫 2 号、津新乌鲫、白金丰产鲫和异育银鲫"中科 5 号";四倍体鲫品种有 1 个,为长丰鲫(董传举等,2020)。这些多倍体鲫品种,除彭泽鲫外,其他都是通过人工干预获得的多倍体品种。这些鲫品种的成功培育和推广应用对我国鲫养殖产量的提高做出了重大贡献。

湘云鲫(品种登记号:GS－02－002－2001),原名工程鲫,是湖南师范大学生物研究所应用细胞工程、染色体工程及有性杂交技术,经过十余年的研究后获得的三倍体鲫。

湖南师范大学生命科学学院与湖南湘阴县东湖渔场合作,研制成功两性可育的异源四倍体鲫鲤(原始亲本为雌性红鲫和雄性鲤,4n＝200)群体。该四倍体鱼群体已连续繁育了 13 代,形成了一个遗传性状稳定的四倍体鱼新种群。四倍体鲫鲤精子与二倍体日本白鲫卵子受精形成了三倍体湘云鲫(3n＝150)。湘云鲫具有自身不育、生长速度快、食性广、抗病能力强、耐低氧、耐低温、易起捕等优良性状,且具有肉质细嫩、肉味鲜美等特点,已在我国 28 个省份大规模养殖(申佳珉等,2006)。

湘云鲫 2 号(品种登记号:GS－02－001－2008)是利用远缘杂交技术与雌核发育技术相结合的方法,以改良四倍体鲫鲤为父本、改良二倍体红鲫为母本通过倍间杂交而获得的三倍体新品种。具体制作过程:利用湘江野鲤(2n＝100)为原始父本,红鲫(2n＝100)为原始母本,通过远缘杂交获得了异源四倍体鲫鲤群体。在此基础上,再对异源四倍体鲫鲤产生的二倍体卵子进行雌核发育,获得雌核发育二倍体鲫鲤克隆体系。该体系具有独特的繁殖特性,即能大量产生二倍体卵子。将雌核发育二倍体鲫鲤产生的二倍体卵子与普通四倍体鲫鲤产生的二倍体精子受精,形成了新型两性可育的改良四倍体鲫鲤群体(4n＝200)。在改良四倍体鲫鲤群体中有 2%的高背型四倍体鲫鲤。通过高背型四倍体鲫鲤自交产生了 3 种类型的二倍体后代:高背型红鲫、高背型双尾金鱼和青灰色鲤。分离出来的高背型红鲫的体高/体长平均值明显比普通红鲫的体高/体长平均值要高,在体型上具有显著的改良特征,而且这种高背型红鲫两性可育、一年性成熟,可通过自交不断扩大群体规模。利用雌性二倍体高背型红鲫与雄性改良四倍体鲫鲤交配得到了具有显著改良性状的湘云鲫 2 号。湘云鲫 2 号具有生长速度快、抗逆性强、肉质好的特性,性腺发育与湘云鲫相似,是一种不育三倍体鱼,保证它们在任何水域中都不会与其他鱼交配,消除了它们对鱼类种质资源产生干扰作用的隐患。目前,湘云鲫 2 号已在全国各地推广养殖,取得了很好的养殖成果(刘少军等,2010)。

长丰四倍体异育银鲫简称"长丰鲫"(品种登记号:GS－04－001－2015)的母本来源于异育银鲫 D 系,1991 年从中国科学院水生生物研究所引进;父本鲤鲫移核鱼 F_8(细胞核来源于兴国红鲤,细胞质为鲫)是由中国水产科学研究院长江水产研究所于 1994 年培育的遗传稳定品系。利用鲤鲫移核鱼 F_8 的精子来刺激异育银鲫 D 系的卵子进行雌核发育,自 2008 年起以生长性能为主要选育指标,经过 3 代异精雌核生殖选育后,获得了遗传稳定的复合四倍体群体(含有 3 套鲫染色体和 1 套鲤染色体,4n = 208),后经细胞学、分子生物学手段,经过 4 代异精雌核生殖选育成遗传稳定的四倍体异育银鲫。与异育银鲫 D 系相比,长丰鲫鳞片紧密、不易脱落,在相同养殖条件下,1 龄长丰鲫平均体重增长比异育银鲫 D 系快 25.06%~42.02%,2 龄快 16.77%~32.1%;高度不饱和脂肪酸(n≥3)比异育银鲫 D 系提高 115.16%,DHA 含量较异育银鲫 D 系提高 255.17%(李忠等,2017)。

津新乌鲫(品种登记号:GS-02-002-2013),母本是以 1997 年引进的红鲫为基础群体经 7 代以上群体选育的子代(二倍体),父本是白化红鲫(♀)×墨龙鲤(♂)杂交 F_1 代中出现的黑体色个体自交后获得的 F_2 子代(四倍体),经杂交后获得三倍体津新乌鲫(金万昆,2016)。该鱼通体乌黑,性情温和,肌肉中含有丰富的小肽,还具有三倍体不育、生长快、适应性强、食性广、饲料系数低等优良生产特性。

1.2.6 · 基因编辑选育

基因编辑技术是对生物体基因组 DNA 进行特异性修饰的技术。该技术对 DNA 的修饰有精确敲除、定点插入或诱导突变等,可以使被编辑的生物体性状发生定向改变,并且能够稳定遗传给后代,被广泛应用于生物医药、动物遗传育种、基因工程和植物分子育种等领域(邹菊红等,2021)。基因编辑技术不仅可以突破传统育种难以解决的遗传障碍,而且能实现特定性状的精准改变,颠覆了已有动物遗传改良技术路径和选育效率(顾鸢,2021)。

中国水产科学研究院黑龙江水产研究所鲤科鱼类基因组学创新团队利用基因编辑技术创制了无肌间刺鲫新种质。该成果通过了由桂建芳院士、陈松林院士领衔的专家组验收,成为世界首例鲤科鱼类无肌间刺基因编辑新种质。2009 年在农业行业专项中设立鲤科鱼类肌间刺研究课题,课题组成员开始了漫长的鱼类肌间刺发育机制研究。团队从与肌间刺发育相关的 1 600 多个候选基因中鉴定到 1 个调控肌间刺发育的关键基因,进一步利用建立的无肌间刺鲫基因编辑技术于 2019 年构建了鲫 F_0 代肌间刺突变群体,2020 年获得 F_1 代无肌间刺鲫突变体,2021 年获得正常发育的 F_2 代无肌间刺鲫可遗传群体。无肌间刺鲫生长良好,形态发育正常,与正常鲫无差异。

从 2020 年开始,中国水产科学研究院淡水渔业研究中心利用鲫卵受精时导入抗鲫鳃出血病相关基因,该基因随着胚胎发育整合到鲫基因组中,转基因胚胎能正常发育生长,由此获得了抗鲫鳃出血病群体。攻毒实验结果表明,该鲫群体抗鲫鳃出血病能力明显加强。目前,研究团队继续开展基础研究,完善抗出血病鲫生产技术,已形成大规模产业化生产,推动鲫养殖产业发展。

1.3

鲫种质资源保护面临的问题与保护策略

1.3.1 · 种质资源保护面临的问题

（1）种质资源本底不清

虽然我国拥有丰富的水产种质资源,但由于多年没有开展过全国性、系统性、全面性的水产种质资源普查工作,所以我国一直缺乏全面、科学、权威的水产种质资源统计数据。全国许多水体的水产种质资源本底现状不清,对不少重要的水产种质资源的生物学、生态学和遗传学等方面的信息还缺乏科学了解;国家层面全域性的水产种质资源基础数据信息还相对比较匮乏,区域性的种质资源信息也没有形成长期、稳定的数据积累,全国水产种质资源本底情况还未完全掌握。

同样,鲫种类繁多、分布水域广泛、种质资源丰富,但相关研究基础薄弱,家底不清,缺乏对鲫种质资源的全面了解。现有的研究和资料对鲫种质资源的描述大部分还停留在分类地位、形态特征、生活和生态习性、经济性状等基本生物学性状描述上,对其种群遗传结构、遗传多样性、重要功能基因及基因与性状的相关性等方面的研究较少,鲫种质资源本底资料欠缺。

（2）原生境被破坏,种质资源退化

原生境是生物生长、繁衍的最佳场所。水产种质资源的数量和质量与其栖息生境的健康状况有着直接的关系。水产种质资源的产卵场、索饵场、越冬场、洄游通道等重要栖息地被破坏,是水产种质资源数量减少的主要原因之一。据初步统计,中国已建水电站4.67万余座、水库9.8万余座,其中绝大部分位于我国的重点流域。水利、水电工程的建设和运行,影响了江河湖泊的自然连通性,阻隔了洄游性鱼类的洄游通道,对水生生物的栖息环境和繁殖场所造成危害。鲫为产黏性卵的小型底层鱼类,喜欢在有流水的、水草丰富的地方产卵,卵会黏附在水草上孵化。在不少地方,由于水利工程建设、河道清淤、河岸硬化、挖沙采石、滩涂开发、湿地围垦等人类活动严重破坏了鲫的栖息原生境,加速了鲫种质资源多样性的降低,导致其种质资源退化。

（3）地理隔离、人工选择、近亲繁殖等导致遗传多样性降低

相关研究表明,地理隔离、人工选择、近亲繁殖等也是造成鲫遗传多样性明显降低的主要原因。地理隔离会导致群体间基因交流困难,基因丰富度降低,单一化现象严重;在人工养殖过程中,养殖群体生存环境更加单一,其遗传多样性较野生群体更低;在人工选择过程中,人类长期有目的地选择某些优良基因,使鲫向人类期望的方向发展(如金鱼的演变),也会导致某些基因的缺失,进而使其遗传多样性降低(王姝妍,2013)。人工选择也对鲫遗传分化有很大影响。为了获得最佳的性状、品质(如观赏价值和经济价值等),人工选择往往会导致瓶颈效应和建群者效应,群体间的基因交流能力降低、稀有等位基因丢失,使其遗传多样性降低(骆小年等,2015)。

人工养殖过程中存在的近亲交配问题,也会使基因丢失,导致物种遗传多样性降低。例如,为了提高鲫的抗逆性、生长速率、经济产出等,研究人员采用细胞工程、雌核发育等技术培育出新的鲫品种,如湘云鲫、湘云鲫2号、黄金鲫、异育银鲫"中科3号"和异育银鲫"中科5号"等。这些鲫品种具有某些优良性状,但累代选育后代的变异率低,对环境变化的适应性降低,基因缺失现象时有发生,或将导致种质资源衰退,物种的遗传多样性降低,并可能丢失其他优良性状,降低种质资源的丰富度,不利于种质资源的改良和选育。

（4）种质混杂现象严重

研究发现,近亲繁殖在降低鲫种群的遗传多样性、对人工繁殖群体有严重影响的同时,也给我国野生鲫种质资源带来了严重损害。因此,为了保护鲫的遗传多样性,应该尽可能避免近亲交配,并选取遗传多样性丰富的亲本来繁育子代。鲫种群混杂的原因很多,可能是水系混合或不合理的增殖放流等原因导致个别群体逃逸到其他水系造成。20世纪70—80年代,我国大量杂交鲫进入天然水体中,造成基因渗入和种质混杂。此外,杂交育成的品种,如异育银鲫、芙蓉鲤鲫、松浦鲫等,在回交的过程中也会出现基因渗透现象,导致鲫品系混杂。

在人工养殖过程中,常存在养殖群体逃逸到天然水系中与野生群体杂交,导致天然基因库混杂的现象。另外,普通的形态学标记易受环境等外部条件及变异等内在因素的影响,具有一定的局限性,无法科学、准确地分辨这些杂交混生的鲫群体,因此亟须应用更加科学、准确的分子遗传标记方法对不同鲫进行有效鉴定。减少逃逸现象发生、防止鲫不同群体混杂、明确鉴别不同群体鲫的方法,对不同群体鲫的分类、种质保护和遗传育种具有重要作用。庄怡(2012)基于形态学和分子生物学对浙江地区自然水域鲫样本的

对比分析结果表明,5 个采样地区均存在三倍体鲫,其中杭州千岛湖三倍体鲫高达采样总数的 50%;在 5 个采样地区三倍体鲫中,湘云鲫占 83.9%。这些三倍体为全雌,繁殖能力大大高于本地野生鲫,所以养殖群体对本地野生鲫种质资源生存的胁迫作用不容忽视。

此外,在鲫种质资源保护中缺乏对其种苗质量的有效监督,也是导致其种质混杂的原因之一。水产种质标准制订工作进展缓慢,目前,国家公布的只有团头鲂、方正银鲫、兴国红鲤等几个种质标准,影响了种质质量监督检验工作的正常开展。

1.3.2 · 种质资源保护策略

(1)加强相关基础研究

虽然对鲫起源的研究常有报道,例如有学者绘制了金鱼的基因组图谱并对全基因组复制后基因的演化进行了分析,甚至有学者提供了鲫和金鱼可能是锦鲤与团头鲂杂交起源的证据。但是,鲫究竟起源于什么物种? 不同地区的鲫是否都具有独立的起源? 起源的类型和多倍体产生的机制又是什么? 目前,对于这些问题的解析还存在较大分歧。因此,应当加强不同群体鲫起源与进化的研究,尤其是对鲫不同地域分布、不同水系和养殖品种(系)进行广泛采集,以及详细、具体而又统一的系统发育关系研究。上述问题的解决,可以为鲫的进化历史、品系(群体)划分、优良品种选育等方面研究提供更加科学、有效的依据,进而推动我国鲫产业迈向更高的台阶。因此,应该加强上述相关问题的基础研究。

近亲繁殖等因素造成鲫的遗传多样性降低。考虑到银鲫兼具雌核生殖和两性生殖的双重生殖方式,在育种实践中,可通过银鲫克隆之间的有性重组来筛选和集中具有优良性状的个体,并且通过雌核发育的方式将优良性状稳定地遗传下去(李凤波等,2009)。分子标记技术在不同鲫群体的研究中运用广泛,但大多数研究只限于一种方法,往往具有一定局限性。因此,建议将来可结合多种遗传分析方法对鲫遗传多样性和系统发育关系进行研究。两种或者多种不同研究方法结合使用,会使得研究结论更加准确,且更具有说服力。

(2)加强种质资源保护区管理

为有效保护我国重要水产种质资源及其产卵场、索饵场、越冬场和洄游通道,2007—2017 年,农业部先后划定公布了 11 批、共计 535 处国家级水产种质资源保护区,总面积达 15.6 万 km²,主要保护对象超过 400 种,涵盖了《国家重点保护经济水生动植物资源名录》中的 99 种重要水产种质资源,占名录物种总数的近 60%。同时,有关省(自治区、直辖市)也公布了一定数量的省级水产种质资源保护区。农业部先后出台了《水产种质资源保护区管理暂行办法》《关于进一步加强水生生物资源保护严格环境影响评价管理的通知》(农业部和环境保护部联合印发)和《农业部办公厅关于印发〈建设项目对国家级水产种质资源保护区影响专题论证报告编制指南〉的通知》等管理文件,对于加强水产种质资源保护区管理、规范涉及保护区工程项目影响评价发挥了重要作用。

据初步统计,目前公布的国家级水产种质资源保护区中,保护物种包含鲫的有 24 个(表 1-3)。为了更好地保护和利用鲫种质资源,应该严格按照上述系列文件加强对鲫种质资源保护区的管理。

表 1-3 国家级水产种质资源保护区名录

序号	保护区名称	所属省份	面积(hm²)	保护物种
1	黄河黑山峡段国家级水产种质资源保护区	甘肃	4 150	兰州鲇、黄河雅罗鱼、北方铜鱼、赤眼鳟、黄河鲤、鲫、芦苇、蒲草
2	榕江特有鱼类国家级水产种质资源保护区	广东	220	黄颡鱼、斑鳢、日本鳗鲡、青鱼、草鱼、赤眼鳟、翘嘴红鲌、三角鲂、团头鲂、鳊、光倒刺鲃、鲮、鲤、鲫、鳙
3	芙蓉江特有鱼类国家级水产种质资源保护区	贵州	220	四川裂腹鱼、鲈鲤、中华倒刺鲃、大口鲇、青鱼、草鱼、鲢、鳙、鲤、鲫、黄颡鱼、白甲鱼、白条鱼、云南光唇鱼、大鳍鳠
4	衡水湖国家级水产种质资源保护区	河北	2 125	红鳍原鲌、鲫、日本沼虾、秀丽白虾
5	滦河特有鱼类国家级水产种质资源保护区	河北	1 800	细鳞鱼、棒花鱼、麦穗鱼、鲫、北方花鳅、泥鳅
6	南大港国家级水产种质资源保护区	河北	4 824	鲫、乌鳢
7	沽源闪电河水系坝上高背鲫国家级水产种质资源保护区	河北	2 213.5	高背鲫
8	淇河鲫国家级水产种质资源保护区	河南	6 719	淇河鲫
9	洛河鲤鱼国家级水产种质资源保护区	河南	3 025	河鲤、草鱼、青鱼、鲢、鳙、鲫、鳊、鲂、中华鳖、中华绒螯蟹
10	淇河鹤壁段淇河鲫国家级水产种质资源保护区	河南	7 500	淇河鲫
11	牤牛河国家级水产种质资源保护区	黑龙江	55 500	银鲫、黄颡鱼
12	黄泥河方正银鲫国家级水产种质资源保护区	黑龙江	690	方正银鲫

序号	保护区名称	所属省份	面积（hm²）	保护物种
13	东洞庭湖鲤鲫黄颡国家级水产种质资源保护区	湖南	132 800	鲤、鲫、黄颡鱼、鲶
14	湘江湘潭段野鲤国家级水产种质资源保护区	湖南	5 330	鲤、青鱼、草鱼、鲢、鳙、鲫、鳊、鲌
15	滆湖国家级水产种质资源保护区	江苏	2 700	黄颡鱼、蒙古鲌、翘嘴鲌、鲫、乌鳢
16	骆马湖国家级水产种质资源保护区	江苏	3 160	鲤、鲫
17	鄱阳湖鳜鱼翘嘴红鲌国家级水产种质资源保护区	江西	59 520	鳜、翘嘴红鲌、鲤、鲫、短颌鲚、长颌鲚、青鱼、草鱼、鲢、鳙
18	太泊湖彭泽鲫国家级水产种质资源保护区	江西	2 134	彭泽鲫
19	潋水特有鱼类国家级水产种质资源保护区	江西	1 030	兴国红鲤、鲤、鲫、刺鲃、鲂、黄颡鱼、草鱼、黄鳝、乌鳢、鰕虎鱼、吻鮈、鲌
20	南四湖乌鳢青虾国家级水产种质资源保护区	山东	66 660	乌鳢、日本沼虾、鲫、宽体金线蛭、鲤、黄颡鱼、长春鳊
21	渭河国家级水产种质资源保护区	陕西	14 972	鲤、鮎、黄颡鱼、乌鳢、鲫
22	沮河上游国家级水产种质资源保护区	陕西	2 542	鲤、鲫、赤眼鳟、鮎
23	千河国家级水产种质资源保护区	陕西	3 272	青虾、鲤、鲫、鮎、黄颡鱼
24	李家河鲫国家级水产种质资源保护区	四川	492	鲫、中华鳖

（3）加强原（良）种场建设

水产种质资源主要以活体保护为主，成本高，需要大量资金持续投入，而且易因小群体近亲繁殖导致种质退化。

水产种苗生产要做到三场配套，即原种场、良种场、苗种场三级配套；在技术上要做到三级配套，即祖代、父母代、商品代三级配套。健全和完善水产种苗体系建设，当前首要的工作就是加快原种场和良种场的建设。

目前，已建立的水产种质资源保护场受限于设计水平和经济实力，整体设施配备水平仅能够维持保种场的日常运转；水质监测、饲养管理等日常工作仍需人工操作，导致日常开销中人员经费所占比例过高。现有国家级水产种质资源保护区由所在地县级以上渔业行政主管部门管理，部分原种场和良种场依托企业运营，缺乏长期稳定的经费支持，部分保存场科研条件不足、技术力量薄弱，仅能够开展数量有限的种质资源收集、饲养和繁育工作;因为缺乏系统的遗传资源保护利用方案和科学规划,繁育过程中时常发生杂交、回交等状况,导致所保存遗传资源的优良性状出现退化。

据初步统计,目前公布的鲫国家级原(良)种场有8个(表1-4),为了防止遗传渐渗和种质混杂的发生,应该在加强对原(良)种场的资金投入、设施改造和科研投入的同时,对鲫的原(良)种场、种质资源人工库实行严格的种质管理制度,在没有完善的隔离设施的情况下,不宜养殖两种以上的鲫。杂种制种单位,杂种鱼必须在苗种阶段销售完毕,不允许杂种鱼的养成生产,更不能杂种多代利用,以消除种质混杂和种质退化隐患。

表1-4 · 鲫国家级水产原(良)种场名录

序号	名 称	属性	省份	类别	品 种 或 新 品 种
1	黑龙江方正银鲫原种场	原种场	黑龙江	淡水鱼类	方正银鲫
2	天津换新水产良种场	良种场	天津	淡水鱼类	鲤鲫、红白长尾鲫、蓝花长尾鲫、墨龙鲤、津新鲤、杂交黄金鲫、津鲢、津新乌鲫
3	江西九江彭泽鲫良种场	良种场	江西	淡水鱼类	彭泽鲫
4	江苏洪泽水产良种场	良种场	江苏	淡水鱼类	方正银鲫、兴国红鲤(异育银鲫)
5	山西太原水产良种场	良种场	山西	淡水鱼类	建鲤、彭泽鲫、团头鲂
6	湖南洞庭鱼类良种场	良种场	湖南	淡水鱼类	青鲫
7	湖北鄂州长丰鲫良种场	良种场	湖北	淡水鱼类	长丰鲫
8	湖北黄冈异育银鲫良种场	良种场	湖北	淡水鱼类	异育银鲫

(撰稿:唐永凯、李建林)

2

鲫新品种选育

鲫属(*Carassius*)隶属鲤形目(Cypriniformes)、鲤科(Cyprinidae),是一类广泛分布于欧亚大陆及邻近岛屿的淡水鱼类。在天然群体中,已经形成了有性生殖的鲫(*Carassius auratus*)和单性雌核生殖的银鲫(*Carassius gibelio*)共存的生态分布格局。经基因组比较分析,已揭示有性生殖的鲫为双二倍体(amphidiploid),单性雌核生殖的银鲫为双三倍体(amphitriploid)(Wang 等,2022)。我国具有丰富的鲫种质资源,如方正银鲫、彭泽鲫、淇河鲫、滁州鲫、普安鲫、滇池高背鲫和额尔齐斯银鲫等代表性地理群体,还有其他广泛分布在全国各大江河湖泊中的野生鲫群体等。研究人员对我国鲫种质资源进行了系统调查,采集了基本覆盖我国主要江河湖泊的鲫群体,49 个采样点 4 900 多个鲫复合种个体中双三倍体银鲫的比例显著高于双二倍体鲫,通过地理分布海拔、维度和降水量与分布关联分析表明,在高海拔、高纬度和年降水量低的地区,双三倍体银鲫的地理分布比双二倍体鲫更为广泛。同时,线粒体单倍型和转铁蛋白等位基因比较分析表明,双三倍体银鲫的遗传多样性也高于双二倍体鲫。因此,与双二倍体鲫相比,双三倍体银鲫具有更强的环境适应性和创新性(Liu 等,2017a、b;Jiang 等,2013)。除此之外,无论是野生群体,还是人工养殖群体,双三倍体银鲫的生长和抗病、抗逆等重要经济性状显著优于双二倍体鲫,因此,鲫种质资源保护和利用基本是围绕双三倍体银鲫展开的。研究人员利用这些鉴定的代表性优良种质资源作为选育基础群体,建立不同的育种技术路线,开展新品种选育,先后成功选育了多个银鲫新品种。

异育银鲫是蒋一珪等(1983)在发现银鲫异精雌核发育的生殖方式和异精效应现象的基础上培育出来的第一代鲫养殖新品种。由于这些后代由异源的兴国红鲤的精子刺激方正银鲫卵子雌核生殖而来,具有促进生长等异精效应,因而将其称为异育银鲫。自 20 世纪 80 年代起,异育银鲫作为一个新的养殖品种,以其独特的育苗方式在全国开始推广养殖,带动了鲫养殖产业的发展。

在培育异育银鲫的基础上,中国科学院水生生物研究所科研人员进一步采用生化遗传标记和组织移植亲和性检测方法,从天然雌核发育银鲫 4 个不同的雌核发育品系中选育出高体型异育银鲫(D 系异育银鲫,简称高背鲫)(朱蓝菲和蒋一珪,1987)。在已鉴定的 4 个雌核发育系中,D 系的生长速度最快,其次为 A 系(平背鲫)。因此,生产上养殖以 D 系异育银鲫为母本人工繁殖的高体型异育银鲫,其养殖产量比未经选育的异育银鲫混合品系的养殖产量要高 10%~20%,是拥有较大养殖规模的第二代异育银鲫养殖品种。

20 世纪 90 年代以来,中国科学院水生生物研究所科研人员采用分子生物学技术对银鲫生殖方式的遗传基础及其育种价值进行了系统研究,取得了一系列新发现和新认识。建立了适于银鲫遗传多样性研究,可用于区分不同品系的转铁蛋白、RAPD 和 SCAR 标记等多种生化和分子遗传标记(朱蓝菲和蒋一珪,1987;Zhou 等,2000),揭示了克隆内的高度遗传同质性和克隆间的高度遗传异质性,阐述了银鲫克隆多样性的遗传基础和克隆间的相互关系(Zhou 等,2000;Yang 等,2001;Zhou 等,2001;Yang 等,2004;Yang 和 Gui,2004),揭示出不同克隆在染色体数和核型上的差异(Yang 和 Gui,2004)。更为重要的是,首次系统剖析了银鲫的遗传多样性与生殖方式的关系(周莉和桂建芳,2001;杨林和桂建芳,2002),提供了克隆间染色体转移和克隆内染色体片段整入的证据(Yi 等,2003;Zhou 等,2000);首次发现银鲫的少数卵子不但具有雌核生殖保持自身全部染色体的能力,而且还有融合外源精子,将精子的染色体并入协同发育的能力(桂建芳和梁绍昌,1992;Lu 等,2018、2021);提出了银鲫的克隆多样性为银鲫提供了丰富的遗传变异、雄性个体的存在为种群创造了更为丰富的遗传多样性的观点(周莉和桂建芳,2001);揭示了银鲫额外微小染色体在银鲫性别决定的作用、银鲫雄性个体在遗传多样性创制种质的作用,以及性别决定相关基因在银鲫性别分化中的作用(Li 等,2017、2018;Li 和 Gui,2018;Ding 等,2021;Zhao 等,2021;Gan 等,2021;Gui 等,2022);首次提出了双三倍体概念,解析的银鲫基因组是第一个双三倍体基因组,为单性多倍体脊椎动物生殖成功的演化机制提供了创新性见解,同时也为促进银鲫精准遗传育种提供了宝贵资源(Wang 等,2022);基于这些基础研究的研究成果,建立了异育银鲫独特的育种技术路线,连续培育了异育银鲫"中科 3 号"、长丰鲫和异育银鲫"中科 5 号"等三代异育银鲫新品种。

鲫新品种选育技术路线

2.1.1 · 异育银鲫"中科 3 号"

银鲫高度的克隆多样性特性使其特别适于创制养殖新品种,因此研究人员确立了利用分子标记技术和克隆系间杂交建立培育快速生长银鲫新品系的技术路线,即选择优良的两个银鲫克隆系,通过一次杂交的方式获得大量遗传重组的后代,有可能从中选择出性状优良的个体;而雌核生殖方式可以克服两性生殖后代性状分离的缺陷,能将包括生长在内的优良性状稳定遗传下去,由此快速建立稳定的优良品系。异育银鲫"中科 3 号"就是利用该育种路线培育出的水产新品种。

D 系异育银鲫与 A 系异育银鲫是从方正银鲫中鉴定出来的两个银鲫克隆系。D 系异育银鲫背部较高,也称为高背鲫;A 系异育银鲫背部较平,常被称为平背鲫。D 系异育银鲫的生长优于 A 系异育银鲫。雌性 D 系异育银鲫和雄性 A 系异育银鲫交配后发现,因两个异育银鲫克隆系染色体数量不同,分别为 162 条和 156 条,导致只有 8.73% 的受精卵正常发育成存活后代。经养殖和表型鉴定发现,获得的后代中存在 3 种不同体型的个体,其中 80.6% 的后代体型与母本 D 系异育银鲫相似;4.7 的后代与父本 A 系异育银鲫体型相似,生长速度显著优于父母本;还有 14.7% 的个体与父母本体型都不相同,且生长速度显著差于父母本。因此,挑选出生长快、体型好的类似 A 系异育银鲫的优良个体用作亲本,再用兴国红鲤精子刺激雌核生殖,经 6 代以上异精雌核生殖扩群,成功选育出异育银鲫"中科 3 号"。经生长性状测试和中试养殖后,与高背鲫相比,该新品种表现出明显的生长和抗肝脏碘孢子虫优势,2007 年通过水产新品种审定(GS01 - 002 - 2007),并开始在全国推广养殖。

品种选育成功后,利用核质分子标记对异育银鲫"中科 3 号"的形成机制进行了研究。染色体计数发现,异育银鲫"中科 3 号"与父本 A 系异育银鲫具有相同的染色体数;微卫星和 AFLP 等分子标记结果显示,异育银鲫"中科 3 号"与父本 A 系异育银鲫具有相同的电泳图谱;线粒体全基因组结果显示,异育银鲫"中科 3 号"与母本 D 系异育银鲫完全相同,而与 A 系异育银鲫不同,揭示了异育银鲫"中科 3 号"是 A 系异育银鲫精子在 D 系异育银鲫卵子中经雄核发育产生的核质杂种(Wang 等,2011)。

2.1.2 · 长丰鲫

在异育银鲫苗种繁殖的生产实践中,苗种繁育单位一般采用兴国红鲤精子诱导雌核生殖,从而获得与母本完全相同的后代。但是,在全雌性后代中也检测到极少量的个体,其生长速度显著优于银鲫母本,尽管在体型上偏向于银鲫,但也具有鲤的一些性状。经 DNA 含量测定和其他遗传鉴定,这些个体是比母本银鲫具有更高倍性的双四倍体。因此,银鲫的少数卵子不但具有雌核生殖保持自身全部染色体的能力,而且还具有可以融合外源精子,将精子的染色体并入协同发育成新多倍体的能力(桂建芳等,1992)。长丰鲫就是利用该技术路线培育的银鲫新品种。

长丰鲫原始亲本为 D 系异育银鲫,以生长性状为主要选育目标进行系统选育。选育过程分两次进行,第一次为苗种阶段,留种率为 0.1%;第二次为亲本繁殖阶段,留种率为 10%,综合选择率为大约 0.01%。留种亲本放养密度较低,一般每 667 m^2 放养 300 尾左右,尽可能发挥其生长潜能,实现一年性成熟。

2008 年开始进行第一代选育,在随后的每一代选育过程中,亲本及选育后代进行流式细胞仪 DNA 含量检测,并进行倍性判断。发现第一代四倍体比例比较低,只有 5.56%,选育到第二代时显著提高(已经达到 79%),选育到第三代时生长优势个体全部为四倍体个体。再经 4 代雌核生殖扩群,后代全部为四倍体。经生长性状测试和中试养殖后,该新品种表现出明显的生长和抗病优势,尤其是不感染银鲫通常易感染的孢子虫病。2015 年通过水产新品种审定(GS－04－001－2015)。

长丰鲫选育成功后,研究人员同样利用核质分子标记对长丰鲫进行了遗传鉴定和形成机制研究。经染色体制片检查发现,长丰鲫染色体观察众数为 208 条,较 D 系异育银鲫多了 50 条染色体;ITS1 和转铁蛋白序列分析显示,其后代中都有来自父本兴国红鲤的特异序列。因此,长丰鲫整入的染色体来自兴国红鲤,是兴国红鲤一套完整的染色体整入 D 系异育银鲫中形成的双四倍体银鲫(Li 等,2016)。

2.1.3 · 异育银鲫"中科 5 号"

研究人员对来源于黑龙江方正县双凤水库、鄱阳湖等水系的不同银鲫克隆系以及彭泽鲫进行血清转铁蛋白、RAPD、SCAR、线粒体 DNA 和微卫星 DNA 等分子标记鉴定,从中鉴定出 A、B、C、D、E 系等十几个银鲫克隆系。其中,E 系银鲫是一个具有优良生长性状的克隆系,因此将 E 系银鲫作为选育亲本进行新品种选育。

1995 年研究人员首先利用团头鲂精子刺激 E 系银鲫的卵子进行雌核生殖,人工授精后进行了冷休克(1~2℃持续冷处理 20 min)处理,获得了一个银鲫育种核心群体。选择 120 尾体型正常的雌核生殖和冷休克处理后的后代进行养殖,同年 12 月进行生长统计,共计成活个体 37 尾,个体之间分化明显,其中最大个体重 236 g,最小个体重 79 g,平均体重 169 g±36.5 g。其中,少量个体具有明显隆背性状和生长优势,并以此为选育指标开展银鲫新品种选育。转铁蛋白和 SCAR 等分子标记分析表明,该新克隆系来源于 E 系,具有与 E 系相同的转铁蛋白表型、SCAR 和微卫星 DNA 等分子标记,而与 D 系和 A 系的遗传背景不同;核型和染色体荧光原位杂交结果表明,核心育种群体除了含有母本 E 系的 156 条染色体外,还含有来自团头鲂的超数微染色体片段,是一个融入团头鲂精子 DNA、性状发生改变且具有养殖潜力的新品系,因此进一步开展新品种选育。

1996 年用 8 尾体重超过 200 g、具有明显隆背性状的个体作为育种核心群体进行第一代雌核生殖。

1997—2007 年进行了连续 3 代雌核生殖,每一代都从雌核生殖扩群养殖的 3 000~5 000 尾成鱼中选择 20~50 尾具有明显隆背性状和生长优势的个体作为选育亲本,进行雌核生殖扩繁、保种和选育。

2008—2009 年,每年从 3 000 尾成鱼中选择 1 尾具有明显隆背性状的最大个体进行 2 代单尾雌核生殖强化选育,并于 2009 年将第 6 代雌核生殖后代与异育银鲫"中科 3 号"进行同池养殖。结果显示,它们的平均体重低于异育银鲫"中科 3 号",但正态分布分析表明,新品系后代中存在少量明显具有生长优势的个体。

2010—2013 年又进行了连续 4 代优势群体雌核生殖强化选育,从养殖的 650 ~ 1 500 尾成鱼中选择 4 ~ 200 尾具有明显隆背性状和生长优势的个体,用兴国红鲤作为父本进行雌核生殖扩群选育,并与异育银鲫"中科 3 号"进行同池养殖。2013 年繁殖的第 10 代雌核生殖后代个体表型趋于一致,平均体重明显高于异育银鲫"中科 3 号",且遗传性状稳定,成功选育出异育银鲫"中科 5 号"。

2014—2016 年,遗传稳定的异育银鲫"中科 5 号"又进行了连续 3 代雌核生殖,开展中试和生产性对比试验,同时开展遗传特征分析、标记开发和鉴定,以及抗病能力测试等试验。2017 年通过水产新品种审定(GS − 01 − 001 − 2017)。

选育成功后,研究人员利用高通量基因组方法对异育银鲫"中科 5 号"进行了遗传鉴定,从异育银鲫"中科 5 号"中筛选到 12 个特异片段并通过测序分析证明这些片段来自团头鲂。对这些团头鲂渗入片段在异育银鲫"中科 5 号"雌核生殖 G_6、G_7、G_{10} 和 G_{13} 世代个体的分析表明,它们并不能在早期的雌核生殖世代所有个体中被检测到,但能在经过人工选择后的 G_{13} 世代中所有个体中被检测到,表明这些片段已经稳定地整入异育银鲫"中科 5 号"基因组中。染色体定位和序列特征分析表明,其中插入的最大片段来自团头鲂 non − LTR 型反转座子,已随机整入银鲫 3 条同源染色体中的 1 条。以上研究结果表明,通过异精雌核生殖,父本渗入的 DNA 片段可以增加单性动物的遗传多样性,帮助它们越过有害突变的障碍(Chen 等,2020)。异育银鲫"中科 5 号"新品种的形成方式与异育银鲫"中科 3 号"和长丰鲫完全不同,是银鲫育种方法的重要创新。

鲫新品种的特性

2.2.1 · 异育银鲫"中科 3 号"

（1）形态学性状

异育银鲫"中科 3 号"具有与银鲫类似的形态学特征,但体色为银黑色,与野生鲫相似。与 D 系银鲫相比,异育银鲫"中科 3 号"肝脏更为致密,呈鲜红色,几乎覆盖整个肠部;鳞片也更为紧密,侧线鳞 30 ~ 32 枚。异育银鲫"中科 3 号"可量形态学性状见表 2 − 1。

表 2 - 1 · 异育银鲫"中科 3 号"形态学指标值

指　　　标	数　　　值
体长/体高	2.60±0.06
体长/头长	4.30±0.19
体长/吻长	4.46±0.50
头长/眼径	4.22±0.18
头长/眼间距	2.01±0.10
体长/尾柄长	8.68±0.47
尾柄长/尾柄高	0.74±0.04

（2）繁殖生物学特性

异育银鲫"中科 3 号"具有异精雌核生殖的繁殖特性,即用兴国红鲤精子刺激诱导雌核生殖以保持自身的优良性状。每年 3—6 月为繁殖期,4 月为繁殖盛期。当水温上升到 16℃左右时开始产卵,水温升至 20℃左右时为繁殖最佳时期。异育银鲫"中科 3 号"是银鲫中产卵时间最早的品种,但易受气温变化以及水流的影响而导致自然流产。

（3）生态习性

异育银鲫"中科 3 号"为典型的底层鱼类,既可生活在静水或有一定流水的江河湖泊和水库等大水面水体中,又适于在池塘中养殖。对水温的适应范围广,在全国各地均可安全越冬。最佳生长水温为 25~30℃,在此温度范围内摄食旺盛、生长速度快。生长期在长江流域为 3—11 月,其中 7—9 月生长速度最快。对环境有较强的适应能力,对水体的 pH、低溶解氧等理化因子也有较强的忍受力。养殖推广试验证明,异育银鲫"中科 3 号"适宜在各种水体养殖,尤其适应在底质肥沃、底栖生物丰富的水体中生长。

异育银鲫"中科 3 号"为杂食性,对食物的要求不太严格,既能以浮游动植物为食物,又能摄食底栖动植物以及有机碎屑等。食物的种类随个体大小、季节、环境条件、水体中优势生物种群的不同而相应有所改变。体长 1.5 cm 以下的鱼苗以轮虫为主;幼小的个体摄食藻类、轮虫、枝角类、桡足类、摇蚊幼虫及其他昆虫幼虫等,这个时期是以动物性食料为主;3.0 cm 以上的个体(包括成鱼)以植物性食料为主,如附生藻类、浮萍及水生维管束植物的嫩叶、嫩芽等。在人工养殖条件下喜食大麦、小麦、豆饼、玉米和配合饲料等,同时还兼食水体中的天然饵料。

（4）遗传学特征

利用染色体计数和核质分子标记对异育银鲫"中科 3 号"的遗传特征进行分析。染色体计数分析表明，异育银鲫"中科 3 号"的染色体众数与 A 系异育银鲫的染色体数相同，都为 156 条。进而分别采用转铁蛋白、微卫星 DNA 和 AFLP 分子标记分析了 A 系银鲫、D 系银鲫和异育银鲫"中科 3 号"3 个银鲫品系的遗传特征，结果表明：每个品系内所有个体转铁蛋白表型相同，品系间 A 系银鲫和异育银鲫"中科 3 号"转铁蛋白表型也完全相同，而和 D 系银鲫转铁蛋白表型不同，检测到的 2 个等位基因中只有 1 个相同的等位基因。10 对微卫星引物在 3 个克隆系中共鉴定得到 46 个等位基因。其中，A 系银鲫共有 27 个等位基因，与异育银鲫"中科 3 号"所有的等位基因完全相同；D 系银鲫共有 25 个等位基因，与 A 系银鲫和异育银鲫"中科 3 号"只有 3 个相同的等位基因。AFLP 分析的 10 对引物在 3 个品系内扩增条带也显示出克隆内高度同质性，异育银鲫"中科 3 号"和 A 系银鲫扩增带型完全相同，而与 D 系银鲫不同。因此，异育银鲫"中科 3 号"具有与 A 系银鲫相同的核基因组，而与 D 系银鲫不同。另外，还测定了 A 系银鲫、D 系银鲫和异育银鲫"中科 3 号"3 个银鲫品系的线粒体全基因组序列，序列比较发现，异育银鲫"中科 3 号"的线粒体基因组与 D 系银鲫相同，而与 A 系银鲫有 4 个碱基的差异。

（5）优良性状

① 生长速度快：异育银鲫"中科 3 号"比高背鲫生长快 13.7%～34.4%，出肉率高 6% 以上。

② 遗传性状稳定：利用微卫星 DNA 和 AFLP 等分子标记对异育银鲫"中科 3 号"进行遗传鉴定，连续多代雌核生殖个体均保持高度的一致性，遗传性状稳定。

③ 商品性状更优：与高背鲫相比，异育银鲫"中科 3 号"体色银黑，接近野生鲫的体色，更受消费者欢迎。另外，鳞片紧密、不易脱鳞，便于运输。

④ 肝脏碘泡虫病发病率低：与高背鲫相比，异育银鲫"中科 3 号"对肝脏碘泡虫病有很强的抗性，存活率高（Zhai 等，2014）。

2.2.2 · 长丰鲫

（1）形态性状

长丰鲫整合了一套完整的鲤染色体，异源遗传物质的稳定遗传和表达通常会造成形态学的改变。通过对长丰鲫、D 系银鲫、方正银鲫、兴国红鲤以及建鲤可数性状进行比较分析,结果表明,11 项可数性状及腹膜颜色,长丰鲫均类似于 D 系银鲫和方正银鲫。而在典型的区分鲤、鲫的 3 个明显性状(胡须、咽齿式、腹膜)上均与鲤不同,显示出鲫的典型性状。

长丰鲫可量性状也呈现典型的鲫性状,对长丰鲫、D 系银鲫进行可量性状比较,结果表明,与 D 系银鲫相比,长丰鲫与体高相关的比例性状变异最大。其中,体长/体高长丰鲫为 2.416±0.056,D 系银鲫为 2.308±0.057,F 值为 946.174。经过选育,长丰鲫较 D 系银鲫有了显著提高。

(2)繁殖生物学特性

长丰鲫新品种具有雌核生殖的繁殖特性,一般采用兴国红鲤精子刺激进行雌核生殖以保持自身的优良性状。在长江流域,每年 3—6 月为繁殖期,4 月为繁殖盛期。水温上升到 18℃左右时开始产卵,水温升至 20℃左右时为繁殖最佳时期。性成熟个体性腺每年成熟一次,分批产卵,为黏性卵。2 龄 650 g 以上的亲本绝对怀卵量为 45 000~75 000 粒,相对怀卵量为 70~80 粒/g。

(3)生态习性

长丰鲫与异育银鲫"中科 3 号"等银鲫具有相同的生态习性,为典型的底层、杂食性鱼类,既可生活在静水或有一定流水的江河湖泊和水库中,又适于在池塘中养殖。对环境有较强的适应能力,对水体的 pH、低溶解氧、低温等理化因子也有较强的忍受力。多年的养殖推广表明,长丰鲫适宜在各种水体中养殖,尤其适应在底质肥沃、底栖生物丰富的水体中生长。

(4)遗传学特征

长丰鲫为雌核生殖类型,从理论上讲,子代的遗传物质完全来自雌核,因此雌核生殖产生的后代全部具有母本的性状,以及稳定的染色体一致性和遗传性。利用 22 对多态性引物 SSR 对长丰鲫的 30 个随机个体遗传一致性进行分析,结果显示,在 660 个扩增位点中,仅有 1 对微卫星引物检测到 2 个突变位点,另外 21 对 SSR 引物未检测到变异位点,表明后代个体的基因型一致性达 99%以上。这是在雌核生殖过程中,由于卵细胞减数分裂染色体交换和重组所致,因此,形成的个体基因型并非全部一致。

构建了 50 尾个体的雌核生殖系,检测长丰鲫染色体遗传稳定性和遗传一致性。对其中 30 个家系进行了检测,每个家系抽取 10 尾个体进行倍性分析,结果表明,30 个家系 DNA 含量均为金鱼(2n = 100)的 2 倍,表示长丰鲫的染色体数为 200 条左右。同时,随机抽取 20 个家系的 20 尾个体进行染色体计数统计,结果表明,染色体观察数在 204～208 之间。因此认为,长丰鲫是具有 200 多条染色体、遗传稳定的四倍体银鲫新品种。

（5）优良性状

① 生长速度快:1 龄长丰鲫的体重增长平均比异育银鲫 D 系快 25.06%～42.02%;2 龄长丰鲫的体重增长平均比异育银鲫 D 系快 16.77%～32.1%。

② 食用性状优良:肉质细,单位面积肌纤维数为（184±24）Fibre/mm^2,肌纤维分别较彭泽鲫和普通银鲫细 23% 和 37%。有益脂肪酸含量高,长丰鲫高度不饱和脂肪酸（n≥3）含量为 24.2%、DHA（二十二碳六烯酸）含量为 10.3%。

③ 遗传性状稳定:长丰鲫采用异精雌核生殖,遗传纯度高,子代性状不分离,遗传性状稳定。

2.2.3 · 异育银鲫“中科 5 号”

（1）形态特征

异育银鲫“中科 5 号”具有典型的银鲫形态特征,但与异育银鲫“中科 3 号”相比,背高而侧扁。鱼体背部较厚,呈灰黑色。头小,吻短钝,口端位,口裂斜,唇较厚,口角无须,下颌部至胸鳍基部呈平缓的弧形。头顶往后的背部前段有一轻微隆起。鼻孔距眼较距吻端为近。眼较大,侧上位。背鳍基部长,鳍缘平直,最后 1 根硬刺粗大、后缘有锯齿。背鳍起点与腹鳍起点相对。胸鳍不达腹鳍,腹鳍不达臀鳍。臀鳍基短,第三根硬刺粗大、有锯齿。尾鳍叉形。体被大圆鳞,鳞片后缘颜色较深,使鱼体呈灰黑色。侧线完全,略弯。异育银鲫“中科 5 号”可数性状具体见表 2 - 2。

表 2 - 2 · 异育银鲫“中科 5 号”可数性状

性 状 名 称	性 状 描 述
侧线上鳞（枚）	6～7
侧线下鳞（枚）	6～7
背鳍式	D. IV - 17～20
臀鳍	A. III - 5～6
侧线鳞（枚）	30～33
第一鳃弓鳃耙数（个）	46～52
咽齿式	1111/1111

异育银鲫"中科 5 号"表型特征与异育银鲫"中科 3 号"略有差异。通过体长、全长、体高和头长等可量性状的比较，异育银鲫"中科 5 号"比"中科 3 号"背部更高，头更小。异育银鲫"中科 5 号"的可测可量性状比值见表 2－3。

表 2－3 异育银鲫"中科 5 号"可测可量性状比值

项 目	标 准 值
全长/体长	1.06~1.21
体长/体高	2.48~2.79
体长/头长	3.93~5.49
头长/吻长	3.19~4.38
头长/眼径	2.26~4.92
头长/眼间距	1.96~2.19
体长/尾柄高	6.24~7.97

（2）繁殖生物学特性

异育银鲫"中科 5 号"具有异精雌核生殖的繁殖特性，在繁殖中一般也用兴国红鲤作为父本。用兴国红鲤的精子刺激诱导雌核生殖以保持其优良的生长和抗病性状。每年 3—6 月为繁殖期，4 月下旬为繁殖盛期。水温上升到 16℃左右时开始产卵，水温升至 20℃左右时为繁殖最佳时期。与异育银鲫"中科 3 号"相比，异育银鲫"中科 5 号"性腺发育要晚一些，因此繁殖时间一般要晚 2 周左右，且怀卵量相对较少。

（3）生态习性

异育银鲫"中科 5 号"与长丰鲫、异育银鲫"中科 3 号"等银鲫新品种具有相同的生态习性，也为典型的底层杂食性鱼类。但是，由于整入了团头鲂基因，其生活水层高于长丰鲫和异育银鲫"中科 3 号"，因此易捕捞，且更适合垂钓。异育银鲫"中科 5 号"有较强的抗病、抗逆和生长能力，适宜在各种水体中养殖。

（4）遗传学特征

染色体分析结果表明，异育银鲫"中科 5 号"的染色体众数为 156 条，与其亲本银鲫 E 系染色体数目一致。血清转铁蛋白 10% PAGE 凝胶电泳显示，异育银鲫"中科 5 号"和

"中科3号"具有不同的转铁蛋白表型,雌核生殖产生的后代所有个体具有相同的转铁蛋白表型。转铁蛋白基因序列鉴定结果表明,异育银鲫"中科5号"和"中科3号"分别具有1个特异的等位基因。

(5) 优良性状

① 投喂低蛋白、低鱼粉含量饲料时生长速度快:异育银鲫"中科5号"在投喂低蛋白(27%)、低鱼粉(5%)含量饲料时,生长速度比异育银鲫"中科3号"平均提高18.20%。

② 抗鲫疱疹病毒和黏孢子虫病的能力更强:采用浸泡或腹腔注射鲫疱疹病毒的方法使异育银鲫"中科5号"和"中科3号"人工感染鲫疱疹病毒,统计两个品系的累计死亡率,结果表明,感染鲫疱疹病毒时,异育银鲫"中科5号"比异育银鲫"中科3号"成活率平均提高12.59%(Gao等,2017)。在小试、生产对比和中试养殖中,异育银鲫"中科5号"对体表孢子虫病有一定的抗性,异育银鲫"中科5号"的平均成活率比异育银鲫"中科3号"提高20.98%。

③ 异育银鲫"中科5号"肌间刺数量少:采用常规测量法和解剖法,并结合CT透视比较分析了异育银鲫"中科3号"和"中科5号"肌间刺的数目、形态和分布,结果表明,6月龄和18月龄异育银鲫"中科5号"平均总肌间刺数分别为71.8±2.9和83.3±1.4,均极显著少于相应月龄异育银鲫"中科3号"总肌间刺数(78.6±3.9和87.0±1.5)。6月龄和18月龄异育银鲫"中科5号"髓弓小骨的平均数为48.2±1.1和55.8±0.52,均极显著少于相应月龄异育银鲫"中科3号"的髓弓小骨的平均数(53.7±1.6和58.7±0.5)。上述结果表明,6月龄和18月龄时异育银鲫"中科5号"肌间刺总数分别比"中科3号"减少9.47%和4.45%,表现出一种有利于食用的优势(李志等,2017)。

2.3

鲫新品种养殖性能分析

异育银鲫一般采用两年养成模式,即第一年从水花培育成夏花,再从夏花鱼种养成大规格冬片鱼种;第二年从冬片鱼种养成上市规格的商品鱼。培育的异育银鲫"中科3号"等新品种都具有优良的生长性状,在较低的养殖密度下,也可以当年就养成大规格商品鱼,但通常仍采用两年养成模式。

2.3.1 · 新品种鱼种养殖性能分析

（1）异育银鲫"中科 3 号"

异育银鲫"中科 3 号"因其优良的生长性状,在全国各地得到了很好的应用。养殖单位通过引进湖北、江苏等地苗种繁育基地生产的水花苗种。通常采用投喂豆浆和粉料方法培育夏花苗种,投喂密度根据池塘养殖条件有所变化,夏花分塘后培育成大规格鱼种。夏花和鱼种培育成活率较高,均在 50% 以上,最高将近 90%,经济效益显著。

蒋明健等(2015)在重庆地区利用豆浆和苗种粉料相结合的方法培育异育银鲫"中科 3 号"夏花,成活率达 75%,夏花苗种再经 166 天养殖,成活率 71%,尾重近 200 g,平均每 667 m² 效益 3 900 多元,可以作为休闲渔业垂钓的理想品种。

高宏伟等(2015)开展基于不同密度的异育银鲫"中科 3 号"苗种培育成活率及生长效果评估,分别开展了 10 万尾/667 m²、15 万尾/667 m² 和 20 万尾/667 m² 等 3 个繁养密度的苗种培育试验。结果表明,培育密度对苗种成活率的影响较大,放养密度相对越大苗种的成活率相对越低,而且特定生长率也随着放养密度的增加而减小,因此需要适时分塘;另外还发现,使用发酵好的沼液培肥水质对促进苗种的生长具有积极作用。

郭水荣等(2018)在浙江杭州开展异育银鲫"中科 3 号"夏花鱼种高产培育试验,异育银鲫"中科 3 号"水花平均放养密度为 41.54 万尾/667 m²,采用"豆浆+配合饲料"的方式进行培育。随着鱼体长大,逐渐减少豆浆并相应增加配合饲料,经 30 天左右培育,共捕获夏花鱼种 234 万尾,培育成活率 86.67%。

孙宝柱等(2013)在江苏洪泽开展异育银鲫"中科 3 号"夏花苗种培育试验,采用早期投喂水花粉状料、中期投喂饼状料和后期投喂破碎料的方法,放养密度为 15 万尾/667 m²,夏花培育成活率高达 83.22%,说明高品质饲料是夏花培育成功的关键因素之一。

上述都是采用传统的池塘培育方法。薛凌展等(2017)对异育银鲫"中科 3 号"夏花培育方法进行了改良,开展池塘网箱气提循环水培育夏花苗种。在池塘中增设了 6 m×1 m×1 m 聚乙烯网片,网目为 60 目。在气泵的带动下,气提水装置将网箱外面的水体抽入网箱中,连同水体中的浮游生物一起带入网箱内,加快了网箱内外的水体交换,同时也起到了实时收集生物饵料的作用。水花放养密度为 10 000 尾/m²,单位面积的苗种产量提升了 16 倍,苗种培育成活率提高 40%,平均生长速度提高 16% 左右,且便于集中管理和起捕,在土地和水资源匮乏的地区具有很好的应用前景。

综上所述,养殖密度、高品质饲料和水质等是影响夏花苗种培育成活率的关键因素。

水花苗种培育成夏花后需要及时分塘养殖,投放合适的夏花苗种,再经半年左右的养殖,培育成大规格冬片鱼种。

方旭等(2017)在天津开展异育银鲫"中科3号"夏花和鱼种培育,采用泼洒豆浆和EM原液的方法,异育银鲫"中科3号"夏花成活率达55%以上,1龄鱼种30~40尾/kg,成活率80%以上,生长速度比普通鲫快约2倍,具有明显的生长优势。在养殖过程中,通过定期投喂孢虫杀星、地克珠利预混剂及10%聚维酮碘可有效预防孢子虫病的发生。

王跃红(2012)在江苏东台开展异育银鲫"中科3号"夏花鱼种与南美白对虾混养试验,平均每667 m²放养异育银鲫"中科3号"夏花5 000尾,搭配放养鲢夏花550尾、鳙夏花200尾;南美白对虾选用已淡化7天的虾苗,平均规格为0.8 cm,平均每667 m²放养虾苗1万尾。9月中旬陆续起捕南美白对虾,到10月20日南美白对虾放网捕毕。10月开始捕捞异育银鲫鱼种,2.2 hm²池塘共起捕规格100 g/尾的异育银鲫"中科3号"鱼种14 030 kg,平均产鱼种6 377.3 kg/hm²。异育银鲫"中科3号"鱼种的培育成活率达86.5%,南美白对虾的成活率达52%,比纯鱼种培育和纯虾养殖的成活率都要高。

冯杰等(2014)在上海嘉定开展淡水白鲳塘套养异育银鲫"中科3号"试验,总结形成了淡水白鲳塘的放养模式,即30尾/kg淡水白鲳鱼种每667 m²水面放养2 000~2 200尾,套养"中科3号"异育银鲫火片2 000~4 000尾、鲢火片2 000~2 500尾、鳙火片800~1 000尾、草鱼火片1 000尾左右,可以实现每667 m²水面总产淡水鱼1 800 kg左右,其中异育银鲫"中科3号"150~200 kg。该养殖模式中,淡水白鲳上市时间早,通过套养异育银鲫"中科3号"、鲢、鳙等苗种可以提高池塘的利用率。

✖ (2)长丰鲫

长丰鲫的夏花苗种和冬片鱼种培育方法在投喂密度、投喂方法等方面都与其他银鲫类似,培育成活率高。

雷晓中等(2017)在湖北洪湖开展四倍体异育银鲫(长丰鲫)池塘大规格鱼种培育试验,采用二级培育方法,获得规格整齐的大规格优质鱼种,养殖过程显示长丰鲫食性呈多样化,鲫专用人工配合饲料、花生麸、豆粕、米糠、麦麸等均可投喂。本次试验一级培育历时20天,共获苗75.8万尾,成活率为75.8%;二级培育历时21天,获得5.8~6.5 cm大规格鱼种30.6万尾,成活率为62.9%,取得较好的培育效果。

杨希等(2017)在陕西西安开展培育密度对四倍体异育银鲫新品种长丰鲫苗种生长及成活率的影响试验,研究了较低密度(300尾/m²)、中间密度(600尾/m²)和高密度(1 200尾/m²)不同培育密度下鱼苗的生长及成活情况,较低密度和中间密度的池塘苗种生长效果显著高于高密度池塘,苗种成活率随着密度的增大而下降。因此,控制好苗种放养密度,合理利用池塘容纳量,才能最大化提升养殖经济效益。

陆建平等(2017)在上海崇明开展长丰鲫鱼种培育试验,试验塘每 667 m² 投放长丰鲫夏花 8 000 尾、鲢夏花 2 000 尾、鳙夏花 500 尾,全程投喂 0.5~1.5 mm 的颗粒破碎料,每半月全池施用芽孢杆菌等微生态制剂改善水质。试验塘每 667 m² 产长丰鲫鱼种 468 kg,平均规格 65 g/尾,养殖成活率 90%,饲养过程中没有发生大的病害,色泽、体型、生长速度均较为理想,得到养殖户的认可。

(3) 异育银鲫"中科 5 号"

异育银鲫"中科 5 号"夏花苗种和冬片鱼种培育方法与其他新品种类似,夏花苗种培育一般每 667 m² 投放 10 万~15 万尾水花,冬片鱼种培育一般每 667 m² 投放 5 000~12 000 尾夏花,并搭配一定数量的鲢、鳙,投喂蛋白质含量 27%~30% 的颗粒饲料,经半年培育后获得大规格冬片鱼种。

郭海燕等(2022)在重庆开展异育银鲫"中科 5 号"的规模化繁育和养殖推广。夏花苗种培育的放养密度为 7 万~12 万尾/667 m²,培育前期按 0.75 kg/667 m² 黄豆打浆均匀泼洒,同时每天每 667 m² 投喂 3 个蛋黄,鱼苗 2 cm 后投喂人工配合粉状饲料,培育成活率在 57.5%~62%。大规格鱼种培育每 667 m² 放养 0.7 万~1.2 万尾夏花,搭配少量鲢、鳙,平均每 667 m² 产量达 1 176~1 488 kg,取得了较好的养殖效益。

邓际华等(2022)在黑龙江鹤北开展异育银鲫"中科 5 号"养殖试验,两个采金坑面积为 2 500 m² 和 3 100 m²,投放规格为 200 尾/kg 的异育银鲫"中科 5 号"夏花鱼苗 300~400 尾/667 m²,配套放养地产品种柳根鱼、本地鲫和白鲢。经过 4~5 个月的精心养殖,平均成活率达 80% 以上,当年放养的异育银鲫"中科 5 号"生长速度是本地鲫的 1.5 倍以上。

白海锋等(2021)在陕西眉县开展异育银鲫"中科 5 号"苗种培育试验,投放异育银鲫"中科 5 号"乌仔 15 万/667 m²,投喂 2~3 天的豆浆后使用鲫鱼专用配合饲料(细粉料)进行驯化,外用生石灰消毒和微生态制剂调节水质,内服 0.2~0.5 g/kg 大蒜素,经过 20 天的集中培育,异育银鲫"中科 5 号"乌仔发育到了夏花,鱼苗体重特定生长率大于 16.4%/天,培育成活率高于 78.2%。

沈丽红等(2019)在上海浦东新区开展异育银鲫"中科 5 号"鱼种养殖试验,投放异育银鲫"中科 5 号"夏花 1 万尾、鲢 200 尾、鳙 30 尾、鳊 20 尾,规格都在 150 g/尾左右。投喂粗蛋白含量 30% 以上的颗粒沉性饲料,每月用败毒散、三黄散搅拌饲料投喂 7 天可有效预防疾病。经过 4 个多月的养殖,异育银鲫"中科 5 号"平均体重为 120 g/尾,平均产量达 840 kg/667 m²,成活率达到 70%,其寄生虫病抗病力高于异育银鲫"中科 3 号"。

周慧(2018)在湖北开展异育银鲫"中科 5 号"冬片鱼种池塘培育试验,平均每 667 m²

投放 1.2 万尾异育银鲫"中科 5 号"夏花,投喂粗蛋白含量 27% 的鲫专用料,在养殖过程中采用施肥和微生态制剂调节水质。经过 7 个多月的养殖,异育银鲫"中科 5 号"鱼种规格为 40~60 g/尾,成活率 78%,平均产量达 514.8 kg/667 m²。

异育银鲫"中科 5 号"除了在淡水池塘开展鱼种培育以外,还适合在盐碱地养殖。徐丽等(2020)在甘肃景泰开展盐碱水异育银鲫"中科 5 号"鱼种培育试验,将南美白对虾虾苗淡化、标粗至体长 2 cm 放入池塘,放养密度 3 万尾/667 m²,再放入体长 1 cm 的异育银鲫"中科 5 号"夏花鱼苗,放养密度 0.5 万尾 667 m²。南美白对虾全程使用人工配合饲料,进行日常饲养管理;异育银鲫"中科 5 号"不单独投喂饲料。经过 4 个月养殖,鱼种平均规格 30.7 g/尾,平均体长 11 cm,每 667 m² 产量达 122.7 kg,成活率 80%。异育银鲫"中科 5 号"可以适应盐度 2.07~3.56 和 pH 7.62~8.66 的盐碱水,在盐碱水中可以耐受亚硝酸盐含量为 0.03~0.401 mg/L,体现出异育银鲫"中科 5 号"耐受性强的特点。

2.3.2 · 新品种成鱼养殖性能分析

异育银鲫池塘主养是最普遍的养殖模式,适当搭配少量的鲢、鳙可起到清除池塘中浮游生物和净化水质的作用,也就是常见的 80∶20 模式。淡水池塘 80∶20 养鱼模式是指利用淡水池塘养鱼,其产量中的 80% 左右是由一种摄食人工颗粒饲料的主养鱼组成,其余 20% 左右的产量是由"服务性鱼"(也称搭配鱼)组成。混养是指根据鱼类的不同食性和栖息习性,在同一水体中按一定比例搭配放养几种鱼类的养殖方式。混养是异育银鲫池塘养殖的常用养殖模式。

(1)异育银鲫"中科 3 号"

在主养模式中,养殖单位根据池塘条件和鱼种规格等投放不同密度的异育银鲫"中科 3 号"鱼种,均达到了高产、高效的目标。

谢义元等(2014)在江西南昌开展异育银鲫"中科 3 号"成鱼池塘 80∶20 精养模式试验,每 667 m² 投放 50 g/尾的异育银鲫"中科 3 号"2 200 尾,同时每 667 m² 搭配 150 g/尾的鲢 150 尾、200 g/尾的鳙 50 尾。经过 300 天的养殖,取得平均产量 765 kg/667 m²、出塘规格 400 g/尾、成活率 88% 以上、平均利润 2 353.2 元/667 m² 的良好效益,达到高产高效的目的。邱文斌(2017)在 6 670 m² 池塘中投放育银鲫"中科 3 号"鱼种 2.3 万尾、鳙 500 尾、鲢 800 尾、团头鲂 5 000 尾,经过 10 个月养殖,异育银鲫"中科 3 号"平均规格 450 g/尾,利润达到 5 300 元/667 m²,高产的重要因素包括养殖鱼类的合理搭配、驯化时大蒜素的适量添加、微生态制剂的合理使用、饲料选择及科学投喂。陈豫华等(2016)在宁夏贺兰开展异育银鲫"中科 3 号"主养高产模式试验,投放 5 000~8 000 尾/667 m² 的鱼种,投喂粗蛋白含量 30%~34% 的颗粒饲料,采取捕大留小的轮捕销售方式,每 667 m² 产量超过 1 500 kg、效益近 4 000 元,表明在宁夏地区主养有推广前景。张芹等(2015)在河南洛阳开展异育银鲫"中科 3 号"高产高收益养殖模式试验,"中科 3 号"主养密度 6 000 尾/667 m²,套养鲢 200 尾/667 m²、鳙 50 尾/667 m²,结果表明,主养池塘 667 m² 产量在 1 500~2 000 kg 比较合适,年底出池时规格可达 300 g/尾以上;如果产量过高,会导致生长缓慢,出池时规格偏小,价格反而低。谢秀芳(2014)在福建顺昌县开展异育银鲫"中科 3 号"池塘主养试验,每 667 m² 投放 25 g/尾的异育银鲫"中科 3 号"鱼种 6 000 尾,搭配 50 g/尾的鲢 650 尾、66 g/尾的鳙 450 尾,经 7 个多月的养殖,收获异育银鲫"中科 3 号" 2 750 kg,最大个体重 600 g,最小个体重 410 g,平均规格 509 g/尾,成活率 90%,每 667 m² 利润超 4 000 元,表明在闽北山区有很好的推广养殖前景。王健等(2015)在上海崇明开展异育银鲫"中科 3 号"与普通异育银鲫生长对比试验,每 667 m² 投放 55 g/尾的鱼种 1 600 尾,出塘平均规格 480 g/尾;与普通异育银鲫相比,每 667 m² 产量提高 89.8 kg、产值增加 1 000 余元。

在混养养殖模式中,养殖户根据当地的实际条件和市场需求,将异育银鲫"中科 3 号"与多种鱼类进行养殖,增产效果明显。

姚桂桂等(2014)开展异育银鲫"中科 3 号"和黄颡鱼的高效混养试验,投喂粗蛋白质含量为 32% 的颗粒饲料,日投饲率为 1.2%~3%,每 10~15 天加注新水 1 次,每次加水量为 20 cm,每月用生石灰 20 kg/667 m² 全池泼洒 1 次,每 10~15 天用光合细菌或芽孢杆菌改良水质 1 次。在每 667 m² 投放 10 000 尾黄颡鱼养殖池塘中分别投放异育银鲫"中科 3 号"夏花苗种 400 尾和 200 尾,年收获规格为 406~417 g/尾,生长速度较快;在每 667 m² 投放 15 000 尾黄颡鱼养殖池塘中分别投放异育银鲫"中科 3 号"夏花苗种 600 尾和 300 尾,年收获规格为 436~561 g/尾,增产效果更加明显,异育银鲫"中科 3 号"在该养殖模式中起到了"清道夫"的作用。丁文岭等(2015)在江苏江都开展异育银鲫"中科 3 号"成鱼池混养鳜健康高效养殖技术试验,将异育银鲫"中科 3 号"和鳜鱼种混养,并对放养模式、健康养殖技术进行了探索试验,每 667 m² 放异育银鲫"中科 3 号"鱼种 1 250 尾,产出商品规格成鱼 468 g/尾以上,每 667 m² 放鳜鱼种 500 尾,产出商品规格鳜 219 g/尾以上,每 667 m² 平均效益 5 000 元以上。利用两个品种的不同苗种放养时间和不同饲(饵)料品种,在成鱼养殖池中合理降低两个养殖品种的苗种放养数量,有效控制了异育银鲫"中科 3 号"和鳜暴发性疾病的发生、流行,降低了池塘药物使用量,提高了成鱼养殖成活率,达到了健康和高效养殖的目的。顾兆俊等(2015)开展了异育银鲫"中科 3 号"、长丰鲢、松浦镜鲤分隔式高效混养模式试验,按照 80∶20 的池塘养殖技术构建了一种分隔式养殖功能池塘,放养密度为松浦镜鲤 200 尾/667 m²、异育银鲫 1 200 尾/667 m²、长丰鲢 100

尾/667 m²。松浦镜鲤和异育银鲫分别投喂膨化料和颗粒沉性料,经 7 个月养殖,异育银鲫"中科 3 号"的平均规格达到 465 g/尾。该养殖模式是混养模式的拓展,可以将不同鱼类的立体混养按生态位分隔开来,既达到混养效果又有利于不同鱼类生长,提高生态效益和养殖效益,同时也有利于集中管理。肖华根(2013)在江西泰和开展山塘水库异育银鲫"中科 3 号"和草鱼高效混养试验,在 3.3 hm² 塘中投放异育银鲫"中科 3 号"鱼种 25 000 尾(40 g/尾)和草鱼 30 000 尾(100 g/尾),投喂以淡水鱼混合配合颗粒饲料为主,适当搭配苏丹草等青饲料。经 306 天养殖,收获异育银鲫"中科 3 号"4.25 万尾,平均个体重 600 g/尾,加上草鱼,效益达 3 920 元/667 m²,经济效益显著。

除了主养和混养模式以外,套养也是异育银鲫"中科 3 号"常用的养殖模式。该养殖模式不需要专门投喂鲫饲料,可以提高池塘产量,增加经济效益。

冯杰和许金华(2016)在上海连续两年开展主养鲢亲鱼塘套养异育银鲫"中科 3 号"养殖试验,第一年每一个 2 000 m² 水面主养鲢亲鱼 900 kg,套养异育银鲫"中科 3 号"800 尾(20 尾/kg),第二年每一个 2 000 m² 水面主养鲢亲鱼 1 000 kg 左右,套养异育银鲫"中科 3 号"900 尾(16.5 尾/kg),两年净产异育银鲫"中科 3 号"分别为 76.2 kg 和 99.4 kg。该养殖模式通过主养鲢亲鱼,主要通过投放豆粕、菜饼混合浆来肥水,培育浮游生物,套养适量的异育银鲫"中科 3 号"鱼种,在不增加饲料投入的情况下,有利于实现增产增收;在增投少量颗粒饲料的情况下,进一步提高养殖单产,增加经济效益。樊海平等(2015)在福建顺昌开展草鱼苗种培育池套养异育银鲫"中科 3 号"养殖试验,放养 2~3 cm 草鱼 10 万尾、3~4 cm 异育银鲫"中科 3 号"1 000 尾、3~4 cm 长丰鲢 8 万尾,投喂优质淡水鱼粉料和 0 号草鱼夏花浮性料(粗蛋白含量分别为 35%、30%),比例为 1:2,之后逐步过渡到全部投喂不同规格草鱼浮性料。经过 190 天养殖,池塘收获规格为 0.6~1.05 kg/尾的异育银鲫"中科 3 号"553 kg。该养殖模式放养的鱼类有草食性的草鱼、杂食性的异育银鲫"中科 3 号"和滤食性的长丰鲢。养殖期间,仅投喂草鱼料,混养的异育银鲫"中科 3 号"主要摄食残饵、草鱼粪便和池塘生物饵料;而混养的长丰鲢则可控制池塘藻类过度繁殖,平衡池塘藻相,调节水质,进而促进鱼类的生长。异育银鲫"中科 3 号"具有耐盐碱特性。柳鹏等(2016)在吉林前郭县查干湖旅游区进行异育银鲫"中科 3 号"盐碱池塘健康养殖试验,试验池塘的碱度最高达 160.3 mg/L,盐度最高达到 5.04、pH 最高达 9.2,结果表明,在此水质条件下,除通过定期加水换水之外,还应用生物絮团技术调节水质,异育银鲫"中科 3 号"的健康养殖不受影响。

除了池塘养殖,稻田养殖也是近年来主推的养殖模式。邓志武和樊海平(2015)在福建开展莲田养殖异育银鲫"中科 3 号"试验,5%~10% 的面积用于养鱼,每 667 m² 莲田放养草鱼夏花 50 尾、异育银鲫"中科 3 号"夏花 400 尾、福瑞鲤夏花 50 尾。经 4 个多月的养殖,收获异育银鲫"中科 3 号"最大个体重达 0.37 kg,平均产量为 11 kg/667 m²。该养殖模式通过养鱼与种莲相结合,鱼类为莲吃虫除草,而且鱼类的粪便对莲又起着施肥的作用,减少了农药的用量,降低了种植莲的成本。莲田能为鱼类提供丰富而新鲜的饵料,同时莲还具有吸收肥分、净化水质的作用,大大降低鱼类发病的机会,有效提升了鱼和莲的品质。

（2）长丰鲫

主养、混养和套养等养殖模式在长丰鲫成鱼养殖中都有应用,且长丰鲫表现出生长速度快、抗病能力强的优点。

主养模式中,徐文彪等(2019)在吉林舒兰开展池塘养殖长丰鲫试验示范,长丰鲫夏花苗种放养量为 8 000 尾/667 m²,搭配品种为鳙 1 000 尾/667 m² 和鲢 1 500 尾/667 m²,长丰鲫养殖成活率为 76.7%,平均规格为 189.4 g/尾,平均产量为 1 162 kg/667 m²,是近年来引进的鲫新品种中生长速度最快的。长丰鲫在北方地区完全有可能当年养殖成达到上市规格的商品鱼。吴会民等(2020)在天津开展长丰鲫和彭泽鲫池塘养殖对比试验,投放鲫苗种规格在 60 g/尾左右,放养密度为 1 500 尾/667 m²,套养规格 100 g/尾的鲢 90 尾/667 m² 和鳙 30 尾/667 m²。长丰鲫的平均规格为 605 g/尾、产量为 871 kg/667 m²,彭泽鲫的平均规格为 585 g/尾、产量为 842 kg/667 m²,长丰鲫表现出更好的生长优势。

混养模式中,杨洁等(2018)在上海崇明开展长丰鲫混养试验,投放长丰鲫 1 400 尾/667 m²,均重 45 g/尾,草鱼、鲢和鳙分别为 160 尾/667 m²、100 尾/667 m² 和 60 尾/667 m²,均重都为 850 g/尾。经 8 个多月的养殖,收获长丰鲫 644.84 kg,总体规格 0.49 kg/尾,养殖成活率 94%,长丰鲫生长速度快、抗病能力强、不感染孢子虫。池塘主养长丰鲫搭配中上层草食性鱼类草鱼和滤食性鱼类鲢和鳙,最大化利用了水体空间。

套养模式中,梁克(2019)在广西崇左开展主养加州鲈、黄颡鱼和草鱼的池塘中套养长丰鲫试验。主养加州鲈池塘中投放加州鲈 3 500 尾/667 m²,主养黄颡鱼池塘投放黄颡鱼 25 000 尾/667 m²,主养草鱼池塘投放草鱼 1 800 尾/667 m²,分别套养长丰鲫 300 尾/667 m²,并搭配鲢 50 尾/667 m² 和鳙 30 尾/667 m²,分别全程对应投喂加州鲈、黄颡鱼和草鱼膨化配合饲料。经 1 年养殖,长丰鲫出塘平均规格分别为 560 g/尾、490 g/尾和 225 g/尾,平均每 667 m² 产量分别为 132 kg、113 kg 和 57 kg,在投喂高质高价饲料的加州鲈、黄颡鱼主养池塘里,长丰鲫生长比较快,产量也比较高。

（3）异育银鲫"中科 5 号"

主养模式仍是异育银鲫"中科 5 号"最常见的养殖方式。丁华静等(2022)在上海崇明开展异育银鲫"中科 5 号"池塘主养试验,667 m² 放养异育银鲫"中科 5 号"2 034 尾(33.5 g/尾)、草鱼 101 尾、鲢 38 尾、鳙 72 尾。6 月以蛋白质水平 30%的饲料为主,且添加了含钙类产品,以满足其对蛋白质和钙元素的需求,7 月后再逐步过渡到蛋白质水平 26%的饲料至养殖周期结束。异育银鲫"中科 5 号"的收获规格为 0.41 kg/尾,成活率超过 90%,能适应低蛋白质饲料,抗病方面也较前几代有明显的提升。黄志平(2021)在福建光泽开展异育银鲫"中科 5 号"池塘主养试验,放养异育银鲫"中科 5 号"夏花 3 000 尾/667 m²,套养鳙、鲢和青鱼鱼种。养殖 378 天,异育银鲫"中科 5 号"成活率为 85.0%,平均规格为 457 g/尾。养殖过程中增设了微孔增氧系统,定期使用光合细菌等有益微生物,并在饲料中定期添加"肠道元",显著提高了生长和抗病能力,提升了饲料利用率。

混养模式中,潘洪强等(2021)在江苏常州采用混养模式开展异育银鲫"中科 5 号"亲本培育试验,每 667 m² 放养 30 g/尾以上异育银鲫"中科 5 号"1 260 尾、30 g/尾的鲢 65 尾、50 g/尾的鳙 45 尾、50 g/尾的草鱼 212 尾。从当年 4 月 1 日至翌年 7 月 30 日,历时 15 个月,收获商品异育银鲫"中科 5 号"1 209 尾/667 m²,成活率为 96%,成鱼规格抽样为 465 g/尾。

除了主养和混养模式外,稻田养殖异育银鲫"中科 5 号"也是重要的尝试,也将是未来绿色养殖的重要养殖模式。樊海平等(2020)在福建武夷山开展异育银鲫"中科 5 号"稻田养殖试验,667 m² 投放 72 g/尾的异育银鲫"中科 5 号"鱼种 174 尾,分为投饵组和不投饵组进行试验。经过 62 天稻田养殖,投饵组平均体重为 203.6 g,不投饵组平均体重为 138.5 g,稻田投饵养殖模式异育银鲫"中科 5 号"的产量、成活率、增重率和体重特定生长率分别为稻田不投饵养殖模式的 2.17 倍、1.47 倍、1.98 倍和 1.60 倍,且平均规格和肥满度系数显著高于稻田不投饵养殖模式组。

(撰稿:桂建芳、王忠卫)

3

鲫繁殖技术

3.1

人工繁育生物学

　　鲫也称鲫瓜子、鲫拐子、鲫壳子、河鲫鱼,为我国重要食用鱼类之一。鲫体型似鲤,头小,体较高,无须。鲫属底层鱼类,适应性很强。鲫属杂食性鱼类,主食植物性食物,鱼苗期食浮游生物及底栖动物。鲫一般两冬龄成熟,是中小型鱼类。鲫生长较慢,成鱼体重一般为 250 g 以下,大的可达 1 250 g 左右。经过人工选育的鲫优良品种主要有异育银鲫"中科 3 号"(图 3 - 1)、湘云鲫(图 3 - 2)等。

图 3 - 1 · 异育银鲫"中科 3 号"

图 3 - 2 · 湘云鲫

　　鱼类人工繁殖的成败主要取决于亲鱼的性腺发育状况,而性腺发育不仅受内分泌激素的控制,也受营养和环境条件的直接影响。因此,亲鱼培育要遵守亲鱼性腺发育的基本规律,尽可能创造良好的营养生态条件,以促使其性腺正常生长发育。

3.1.1 · 精子和卵子的发育

（1）精子的发育

鱼类精子的形成过程可分为繁殖生长期、成熟期和变态期 3 个时期。

① 繁殖生长期：原始生殖细胞经过无数次分裂，形成大量的精原细胞，直至分裂停止。核内染色体变成粗线状或细线状，形成初级精母细胞。

② 成熟期：初级精母细胞同源染色体配对进行两次成熟分裂。第一次分裂为减数分裂，每个初级精母细胞（双倍体）分裂成 2 个次级精母细胞（单倍体）；第二次分裂为有丝分裂，每个初级精母细胞各形成 2 个精子细胞。精子细胞比次级精母细胞小得多。

③ 变态期：精子细胞经过一系列复杂的过程变成精子。精子是一种高度特化的细胞，由头、颈、尾三部分组成，体型小，能运动。头部是激发卵子和传递遗传物质的部分。有些鱼类精子的前端有顶体结构，又名穿孔器，被认为与精子钻入孔内有关。

（2）卵子的发育

家鱼卵原细胞发育成为成熟卵子一般要经过 3 个时期，即卵原细胞增殖期、卵原细胞生长期和卵原细胞成熟期。

① 卵原细胞增殖期：此期卵原细胞反复进行有丝分裂，细胞数目不断增加。经过若干次分裂后，卵原细胞停止分裂，开始长大，向初级卵母细胞过渡。此阶段的卵细胞为第 Ⅰ 时相卵原细胞。以第 Ⅰ 时相卵原细胞为主的卵巢属于第 Ⅰ 期。

② 卵原细胞生长期：此期可分为小生长期和大生长期两个阶段。该期的生殖细胞即称为卵母细胞。

小生长期：从成熟分裂前期的核变化和染色体的配对开始，以真正的核仁出现及卵细胞质的增加为特征，又称无卵黄期。以此时相卵母细胞为主的卵巢属于第 Ⅱ 期卵巢。主要养殖鱼类性成熟以前的个体，卵巢均停留在第 Ⅱ 期。

大生长期：此期的最大特征是卵黄的积累，卵母细胞的细胞质内逐渐蓄积卵黄直至充满细胞质。根据卵黄积累状况和程度，又可分为卵黄积累和卵黄充满两个阶段。前者主要特征是初级卵母细胞的体积增大，卵黄开始积累，此时的卵巢属于第 Ⅲ 期。后者的主要特征是卵黄在初级卵母细胞内不断积累，并充满整个细胞质部分，此时卵黄生长即告完成，初级卵母细胞长到最终大小，这时的卵巢属于第 Ⅳ 期。

③ 卵原细胞成熟期：初级卵母细胞生长完成后，其体积不再增大，这时卵黄开始融合成块状，细胞核极化，核膜溶解，初级卵母细胞进行第一次成熟分裂并放出第一极体。

紧接着进行第二次成熟分裂,并停留在分裂中期等待受精。

　　成熟期进行得很快,仅数小时或十几小时便可完成,这时的卵巢属于第Ⅴ期。家鱼卵子停留在第二次成熟分裂中期的时间不长,一般只有 $1 \sim 2$ h。此时,如果条件适宜,卵子能及时产出体外,完成受精并放出第二极体,称为受精卵;如果条件不适宜,就将成为过熟卵而失去受精能力。

　　成熟的卵子呈圆球形,微黄而带青色,半浮性,吸水前直径为 $1.4 \sim 1.8$ mm。

3.1.2 · 性腺分期和性周期

（1）性腺分期

　　为了便于观察鉴别鱼类性腺生长、发育和成熟的程度,通常将主要养殖鱼类的性腺发育过程分为 6 期,各期特征见表 3-1。

表 3-1 · 性腺发育的分期特征

分期	雄 性	雌 性
I	性腺呈细线状,灰白色,紧贴在鳔下两侧的腹膜上;肉眼不能区分雌雄	性腺呈细线状,灰白色,紧贴在鳔下两侧的腹膜上;肉眼不能区分雌雄
II	性腺呈细带状,白色,半透明;精巢表面血管不明显;肉眼已可区分出雌或雄	性腺呈扁带状,宽度为同体重雄性精巢宽的 5～10 倍;肉白色,半透明;卵巢表面血管不明显;撕开卵巢膜可见花瓣状纹理;肉眼看不见卵粒
III	精巢白色,表面光滑,外形似柱状;挤压腹部,不能挤出精液	卵巢的体积增大,呈青灰色或褐灰色;肉眼可见小卵粒,但不易分离、脱落
IV	精巢已不再是光滑的柱状,宽大而出现皱褶,乳白色;早期仍挤不出精液,但后期能挤出精液	卵巢体积显著增大,充满体腔;鲫卵巢呈橙黄色;表面血管粗大可见,卵粒大而明显,较易分离
V	精巢体积已膨大,呈乳白色,内部充满精液;轻压腹部,有大量较稠的精液流出	卵粒由不透明转为透明,在卵巢腔内呈游离状,故卵巢也具轻度流动状态;提起亲鱼,有卵从生殖孔流出
VI	排精后,精巢萎缩,体积缩小,由乳白色变成粉红色,局部有充血现象;精巢内可残留一些精子	大部分卵已产出体外,卵巢体积显著缩小;卵巢膜松软,表面充血;残存的、未排出的部分卵处于退化吸收的萎缩状态

（2）性周期

　　各种鱼类都必须生长到一定年龄才能达到性成熟,此年龄称为性成熟年龄。达性成熟的鱼第一次产卵、排精后,性腺即随季节、温度和环境条件等发生周期性变化,称为性周期。

3.1.3 · 性腺成熟系数与繁殖力

（1）性腺成熟系数

性腺成熟系数是衡量性腺发育好坏程度的指标,用性腺重占体重的百分数表示。性腺成熟系数越大,说明亲鱼的怀卵量越多。性腺成熟系数按下列公式计算。

$$成熟系数 = \frac{性腺重}{鱼体重} \times 100\%$$

$$成熟系数 = \frac{性腺重}{去内脏鱼体重} \times 100\%$$

上述两公式可任选一种,但应注明是采用哪种方法计算的。

（2）怀卵量

怀卵量分绝对怀卵量和相对怀卵量。亲鱼卵巢中的怀卵数称绝对怀卵量;绝对怀卵量与体重（g）之比为相对怀卵量。

$$相对怀卵量 = \frac{绝对怀卵量}{体重}$$

3.1.4 · 排卵、产卵和过熟的概念

（1）排卵与产卵

排卵即指卵细胞在进行成熟变化的同时,成熟的卵子被排出滤泡、掉入卵巢腔的过程。此时的卵子在卵巢腔中呈滑动状态。在适合的环境条件下,游离在卵巢腔中的成熟卵子从生殖孔产出体外,叫产卵。

排卵和产卵是一先一后的两个不同的生理过程。在正常情况下,排卵和产卵是紧密衔接的,排卵以后卵子很快就可产出。

（2）过熟

过熟的概念通常包括两个方面,即卵巢发育过熟和卵过熟。前者指卵的生长过熟,后者为卵的生理过熟。

当卵巢发育至第Ⅳ期中期或末期时,卵母细胞已生长成熟,卵核已偏位或极化,等待条件进行成熟分裂,这时的亲鱼已达到可以催产的程度。在这"等待期"内催产都能获得

较好的效果。但等待的时间是有限的,过了"等待期",卵巢对催产剂不敏感,不能引起亲鱼正常排卵。这种由于催产不及时而形成的性腺发育过期现象,称卵巢发育过熟。卵巢过熟或尚未成熟的亲鱼,多是催而不产,即或有个别亲鱼产卵,其卵的数量极少、质量低劣甚至完全不能受精。

卵的过熟是指排出滤泡的卵由于未及时产出体外而失去受精能力。一般排卵后,在卵巢腔中 1~2 h 为卵的适当成熟时间,这时的卵称为"成熟卵";未到这时间的卵称"未成熟卵";超过这时间的卵即为"过熟卵"。

亲 鱼 培 育

亲鱼培育是指在人工饲养条件下促使亲鱼性腺发育至成熟的过程。亲鱼性腺发育的好坏直接影响催产效果,是鲫人工繁殖成败的关键,因此要切实抓好。

3.2.1 · 生态条件对鱼类性腺发育的影响

鱼类性腺发育与所处的环境关系密切。生态条件通过鱼的感觉器官和神经系统影响鱼的内分泌腺(主要是脑下垂体)的分泌活动,而内分泌腺分泌的激素又控制着性腺的发育。因此,在一般情况下,生态条件是性腺发育的决定因素。

常作用于鱼类性腺发育的生态因素有营养、温度、光照、水流等,这些因素都是综合地、持续地作用于鱼类。

(1)营养

营养是鱼类性腺发育的物质基础。当卵巢发育到第Ⅲ期以后(即卵母细胞进入大生长期),卵母细胞要沉积大量的营养物质——卵黄,以供胚胎发育的需要。卵巢发育成熟时的重量约占鱼体重的20%。因此,亲鱼需要从外界摄取大量的营养物质,特别是蛋白质和脂肪供其性腺发育。

卵巢的发育主要靠外界食物供应蛋白质和脂肪原料。因此,应重视抓好夏、秋季节亲鱼的培育。开春后,亲鱼卵巢进入大生长期,需要更多的蛋白质转化为卵巢蛋白质,仅体内储存的蛋白质不足以供应转化所需,必须从外界提供,所以春季培育需投喂蛋白质含量高的饲料。但是,应防止单纯给予营养丰富的饲料而忽视了其他生态条件。否则,亲鱼会长得很肥,而性腺发育却受到抑制。可见,营养条件是性腺发育的重要因素,但不是决定因素,必须与其他条件密切配合才能使性腺发育成熟。

(2)温度

温度是影响鱼类成熟和产卵的重要因素。鱼类是变温动物,通过温度的变化可以改变鱼体的代谢强度,加速或抑制性腺发育和成熟的过程。对鲫等温水性鱼类而言,水温越高,卵巢重量增加越显著,精子的形成速度也越快。

(3)光照

光照对鱼类的生殖活动具有相当大的影响,且影响的生理机制也比较复杂。一般认为,光周期、光照强度和光的有效波长对鱼类性腺发育均有影响作用。光照除了影响性腺发育和成熟外,对产卵活动也有很大影响。通常,鱼类一般在黎明前后产卵,如果人为地将昼夜倒置数天之后,产卵活动也可在鱼类"认为"的黎明产卵。这或许是昼夜人为倒置后,脑垂体分泌周期也随之进行调整所致。

(4)水流

鲫在性腺发育的不同阶段要求不同的生态条件。第Ⅱ~第Ⅳ期卵巢,营养和水质等条件是影响性腺发育的主要因素,流水刺激不是主要因素。因此,栖息在江河湖泊和饲养在池塘内的亲鱼性腺都可以发育到第Ⅳ期。但是,栖息在天然条件下的家鱼缺乏水流刺激或饲养在池塘里的家鱼不经人工催产,性腺就不能过渡到第Ⅴ期,也不能产卵。因此,当性腺发育到第Ⅳ期,流水刺激对性腺进一步发育成熟很重要。在人工催产条件下,亲鱼饲养期间常年流水或产前适当加以流水刺激,对性腺发育、成熟和产卵以及提高受精率都具有促进作用。

3.2.2 · 亲鱼的来源与选择

鲫应选用人工培育的新品种。

要得到产卵量大、受精率高、出苗多、质量好的鱼苗,保持养殖鱼类生长快、肉质好、抗逆性强、经济性状稳定的特性,必须认真挑选合格的亲鱼。挑选时,应注意以下几点。

第一,所选用的亲鱼,外部形态一定要符合鱼类分类学上的外形特征,这是保证该亲鱼确属良种的最简单方法。

第二,由于温度、光照、食物等生态条件对个体的影响,以及种间差异,鱼类性成熟的年龄和体重有所不同,有时甚至差异很大。

第三,为了杜绝个体小、早熟的近亲繁殖后代被选作亲鱼,一定要根据国家和行业已颁布的标准选择亲鱼(表3-2)。

表3-2·鲫的成熟年龄和体重

开始用于繁殖的年龄 (足龄)		开始用于繁殖的 最小体重(kg)		用于人工繁殖的 最高年龄(足龄)
雌 性	雄 性	雌 性	雄 性	
2	2	0.3	0.25	

注:我国幅员辽阔,南北各地的鱼类成熟年龄和体重并不一样。南方成熟早,个体小;北方成熟晚,个体较大。表中数据是长江流域的标准,南方或北方可酌情增减。

第四,雌雄鉴别。总的来说,养殖鱼类两性的外形差异不大,细小的差别有的终身保持、有的只在繁殖季节才出现,所以雌雄不易分辨。目前,主要根据追星(也叫珠星,是由表皮特化形成的小突起)、胸鳍和生殖孔的外形特征来鉴别雌雄(表3-3)。

表3-3·鲫雌雄特征比较

生 殖 季 节		非 生 殖 季 节	
雄 性	雌 性	雄 性	雌 性
头背部、尾柄部及鳃盖两侧有追星,手感粗糙;泄殖孔内陷,呈三角形	无追星,手感光滑;泄殖孔呈圆形,稍凸出	泄殖孔形状同生殖季节	泄殖孔形状同生殖季节

第五,亲鱼必须健壮无病,无畸形缺陷。鱼体光滑,体色正常,鳞片、鳍条完整无损,因捕捞、运输等原因造成的擦伤面积越小越好。

第六,根据生产鱼苗的任务确定亲鱼的数量,常按产卵5万~10万粒/kg亲鱼估计所需雌亲鱼数量,再以1∶(1~1.5)的雌雄比得出雄亲鱼数。亲鱼不要留养过多,以节约成本。

3.2.3 · 亲鱼培育池的条件与清整

亲鱼培育池应靠近产卵池,环境安静,便于管理,有充足的水源,排灌方便,水质良好、无污染,池底平坦,水深1.5~2.5 m,面积1 333~3 333 m²。鲫的亲鱼培育池底也可有少许淤泥。

鱼池清整是改善池鱼生活环境和改良池水水质的一项重要措施。每年在人工繁殖生产结束前抓紧时间干池 1 次,清除过多的淤泥并进行整修,然后再用生石灰彻底清塘,以便再次使用。

培育产黏性卵鱼类的亲鱼池,开春后应彻底清除岸边和池中杂草,以免存在鱼卵附着物而发生漏产。注水会带入较多野杂鱼的塘,可运用混养少量肉食性鱼类的方法进行除野。

清塘后,鲫培育池可酌施基肥,施肥量由鱼池情况、肥料种类和质量决定。

3.2.4 · 亲鱼的培育方法

（1）放养方式和放养密度

亲鱼培育多采用以 1~2 种鱼为主养鱼的混养方式,少数种类使用单养方式。混养时,不宜套养同种鱼种或配养相似食性的鱼类、后备亲鱼,以免因争食而影响主养亲鱼的性腺发育。搭配混养鱼的数量为主养鱼的 20%~30%,它们的食性和习性与主养鱼不同,利用种间互利促进亲鱼性腺的正常发育。混养肉食性鱼类时,应注意放养规格,避免危害。通常 667 m² 放养量为 150~200 kg。鲫亲鱼的放养情况如表 3-4。

表 3-4 · 鲫亲鱼的放养密度和放养方式

水深（m）	放 养 量		放 养 方 式
	重量（kg/667 m²）	数量（尾/667 m²）	
1.5~2.0	150 以内		以单养为好;不同来源的亲鱼不可混合放养,以保持品种纯正;雌雄比要求为 1∶1,早春应雌雄分养

注:表中的放养量已到上限,不得超过。如适当降低,培养效果更佳。

（2）亲鱼培育要点

① 产后及秋季培育(产后到 11 月中下旬):无论是雌鱼还是雄鱼,生殖后的体力都损耗很大。因此,生殖结束后,亲鱼在清水水质中暂养几天后,应立即给予充足和较好的营养,使其体力迅速恢复。如能抓住产后培育这个阶段的饲养管理,对亲鱼性腺后阶段的发育甚为有利。越冬前使亲鱼有较多的脂肪贮存对性腺发育很有好处,故入冬前仍要抓紧培育。有些苗种场往往忽视产后和秋季培育,平时放松饲养管理,只在临产前 1~2 个月抓一下,形成"产后松、产前紧"的现象,结果亲鱼成熟率低、催产效果不理想。

② 冬季培育和越冬管理(11 月中下旬至翌年 2 月):当水温 5℃ 以上时,鱼还摄食,应适量投喂饵料和施以肥料,以维持亲鱼体质健壮而不落膘。

③ 春季和产前培育：亲鱼越冬后，体内积累的脂肪已大部分转化到性腺。春季水温日渐上升，鱼类摄食逐渐旺盛，同时又是性腺迅速发育时期，此时亲鱼所需的食物在数量和质量上都超过其他季节，故此时是亲鱼培育至关重要的季节。

④ 亲鱼整理和放养：在亲鱼产卵后，应抓紧亲鱼整理和放养工作，这有利于亲鱼的产后恢复和性腺发育。亲鱼池不宜套养鱼种。

（3）鲫亲鱼培育

鲫亲鱼以精料为主，辅以动物性饵料及适口的青料。每天投饲量为亲鱼体重的2%～5%。为减少用饲量，可适当施肥。由于鲫亲鱼开春不久就产卵繁殖，所以早春所用饲料的蛋白质含量应高于30%。同时，它们以Ⅳ期性腺越冬，故秋季培育一定要抓紧、抓好，越冬期再抓住保膘关，春季只要适当强化培育即可顺利产卵。水质调控方面，全期只要水质清新即可。

（4）日常管理

亲鱼培育是一项常年、细致的工作，必须专人管理。管理人员要经常巡塘，掌握每个池塘的情况和变化规律。根据亲鱼性腺发育的规律，合理地进行饲养管理。亲鱼的日常管理工作主要有巡塘、喂食、施肥、调节水质、鱼病防治等。

① 巡塘：一般每天清晨和傍晚各1次。由于4—9月高温季节易泛池，所以夜间也应巡塘，特别是闷热天气和雷雨时更应如此。

② 喂食：投食做到"四定"，即定位、定时、定质和定量。要均匀喂食，并根据季节和亲鱼的摄食量灵活掌握投喂量。饲料要求清洁、新鲜。

③ 施肥：亲鱼放养前，结合清塘施足基肥。基肥用量应根据池塘底质的肥瘦而定。放养后，要经常追肥，追肥应以勤施、少施为原则，做到冬夏少施、暑热稳施、春秋重施。施肥时注意天气、水色和鱼的动态。天气晴朗、气压高且稳定、水不肥或透明度大、鱼活动正常，可适当多施；天气闷热、气压低或阴雨天，应少施或停施。水呈铜绿色或浓绿色，水色日变化不明显，透明度过低（25 cm以下），则属"老水"，此时必须及时更换部分新水，并适量施有机肥。通常采用堆肥或泼洒等方式施肥，但以泼洒为好。

④ 水质调节：当水色太浓、水质老化、水位下降或鱼严重浮头时，要及时加注新水或更换部分塘水。在亲鱼培育过程中，特别是培育的后期，应常给亲鱼池注水或微流水刺激。

⑤ 鱼病防治：要特别加强亲鱼的防病工作，一旦亲鱼发病，当年的人工繁殖就会受到影响。因此，对鱼病要以防为主，防与治结合，常年进行，特别在鱼病流行季节（5—9月）更应予以重视。

3.3

人 工 催 产

亲鱼经过培育后,性腺已发育成熟,但在池塘内仍不能自行产卵,必须经过人工注射催产激素后方能产卵繁殖。因此,催产是家鱼人工繁殖中的一个重要环节。

3.3.1 · 人工催产的生物学原理

鱼类的发育呈现周期性变化,这种变化主要受垂体性激素的控制,而垂体的分泌活动又受外界生态条件变化的影响。当一定的生态条件刺激鱼的感觉器官(如侧线鳞、皮肤等)时,这些感觉器官的神经就产生冲动,并将这些冲动传入中枢神经,刺激下丘脑分泌促性腺激素释放激素。这些激素经垂体门静脉流入垂体,垂体受到刺激后即分泌促性腺激素,并通过血液循环作用于性腺,促使性腺迅速发育成熟,最后产卵或排精。同时,性腺也分泌性激素,性激素反过来又作用于神经中枢,使亲鱼进入性活动——发情、产卵。

根据鲫自然繁殖的一般生物学原理,考虑到池塘中的生态条件,通过人工方法将外源激素(鱼类脑垂体、绒毛膜促性腺激素和 LRH－A 等)注入亲鱼体内,代替(或补充)鱼体自身下丘脑和垂体分泌的激素,促使亲鱼的性腺进一步成熟,从而诱导亲鱼发情、产卵或排精。

对鱼体注射催产剂只是替代了亲鱼繁殖时所需要的部分生态条件,而影响亲鱼新陈代谢所必需的生态因子(如水温、溶氧等)仍需保留,这样才能使鱼性腺成熟和产卵。

3.3.2 · 催产剂的种类和效果

目前用于鱼类繁殖的催产剂主要有绒毛膜促性腺激素(HCG)、鱼类脑垂体(PG)、促黄体素释放激素类似物(LRH－A)等。

(1) 绒毛膜促性腺激素(hormone chorionic gonadotropin, HCG)

HCG 是从怀孕 2~4 个月的孕妇尿液中提取出来的一种糖蛋白激素。HCG 直接作用于性腺,具有诱导排卵的作用,同时也具有促进性腺发育,以及促使雌、雄性激素产生的作用。

HCG 是一种白色粉状物,市场上销售的鱼(兽)用 HCG 一般都封装于安瓿瓶中,以国际单位(IU)计量。HCG 易吸潮而变质,因此要在低温、干燥、避光处保存,临近催产时取出备用。HCG 的储量不宜过多,以当年用完为好,隔年产品影响催产效果。

■（2）鱼类脑垂体（pituitary gland，PG）

① 鱼脑垂体的位置、结构和作用:鱼脑垂体位于间脑的腹面,与下丘脑相连,近似圆形或椭圆形,乳白色。整个垂体分为神经部和腺体部,神经部与间脑相连,并深入到腺体部。腺体部又分前叶、间叶和后叶 3 部分(图 3-3)。鱼类脑垂体内含多种激素,对鱼类催产最有效的成分是促性腺激素(GtH)。GtH 含有两种激素,即促滤泡激素(FSH)和促黄体素(LH),它们直接作用于性腺,可以促使鱼类性腺发育,促进性腺成熟、排卵、产卵或排精,并控制性腺分泌性激素。一般采用在分类上较接近的鱼类(同属或同科)的脑垂体作为催产剂,效果较显著。在家鱼人工繁殖生产中,广泛应用鲤科鱼类如鲤、鲫的脑垂体,效果显著。

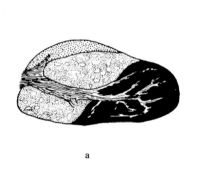
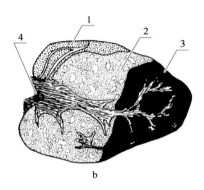

图 3-3·脑垂体

a. 鲤脑垂体；b. 草鱼脑垂体
1. 前叶;2. 间叶;3. 后叶;4. 神经部

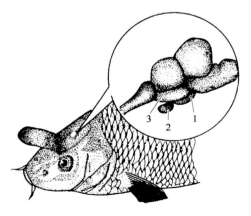

图 3-4·脑垂体摘除方法

1. 间脑;2. 下丘脑;3. 脑垂体

② 脑垂体的摘取和保存:摘取鲤、鲫脑垂体的时间通常以产卵前的冬季或春季为最好。脑垂体位于间脑下面的碟骨鞍里,用刀沿眼上缘至鳃盖后缘的头盖骨水平切开(图 3-4),除去脂肪,露出鱼脑,用镊子将鱼脑的一端轻轻掀起,在头骨的凹窝内有一个白色、近圆形的垂体,小心地用镊子将垂体外面的被膜挑破,然后将镊子从垂体两边插入,慢慢挑出垂体。应尽量保持垂体完整、不破损。

也可将鱼的鳃盖掀起,用自制的"挖耳勺"

（即将一段 8 号铁丝的一端锤扁，略弯曲成铲形）压下鳃盖，并插入鱼头的碟骨缝中，将碟骨挑起，便可露出垂体，然后将垂体挖去。此法取垂体速度快，不会损伤鱼体外形，值得推广。

取出的脑垂体应去除黏附在上面的附着物，并浸泡在 20～30 倍体积的丙酮或乙醇中脱水脱脂，过夜后，更换同样体积的丙酮或无水乙醇，再经 24 h 后取出，在阴凉通风处彻底吹干，密封、干燥、4℃下保存。

（3）促黄体素释放激素类似物(luteotropin releasing hormone-analogue，LRH－A)

LRH－A 是一种人工合成的九肽激素。由于它的分子量小，反复使用不会产生抗药性，并对温度的变化敏感性较低。应用 LRH－A 作催产剂，不易造成难产等现象发生，不仅价格比 HCG 和 PG 便宜、操作简便，而且催产效果大幅提高，亲鱼死亡率大幅下降。

近年来，我国在 LRH－A 的基础上又研制出 LRH－A_2 和 LRH－A_3。实践证明，LRH－A_2 对促进 FSH 和 LH 释放的活性分别为 LRH－A 的 12 倍和 16 倍，LRH－A_3 对促进 FSH 和 LH 释放的活性分别为 LRH－A 的 21 倍和 13 倍。以上表明，LRH－A_2 的催产效果显著，而且使用剂量仅为 LRH－A 的 1/10；LRH－A_3 对促进亲鱼性腺成熟的作用也比 LRH－A 好得多。

（4）地欧酮(DOM)

一种多巴胺抑制剂。研究表明，鱼类下丘脑除了存在促性腺激素释放激素(GnRH)外，还存在相对应的抑制其分泌的激素，即"促性腺激素释放激素抑制激素"(GRIH)。它们对垂体 GtH 的释放和调节起重要的作用。目前的研究表明，多巴胺在硬骨鱼类中起着与 GRIH 同样的作用，其既能直接抑制垂体细胞自动分泌，又能抑制下丘脑分泌 GnRH。采用地欧酮就可以抑制或消除促性腺激素释放激素抑制激素(GRIH)对下丘脑促性腺激素释放激素(GnRH)的影响，从而增加脑垂体的分泌，促使性腺发育成熟。生产上地欧酮不单独使用，主要与 LRH－A 混合使用，以进一步增加其活性。

上述几种激素互相混合使用可以提高催产率，效应时间短、稳定，且不易发生半产和难产。

3.3.3 · 催产季节

在最适宜的季节进行催产，是鲫人工繁殖取得成功的关键因素之一。长江中下游地区适宜的催产季节为 5 月上中旬至 6 月中旬，华南地区约提前 1 个月，华北地区是 5 月底至 6 月底，东北地区是 6 月底至 7 月上旬。催产水温为 18～30℃，而以 22～28℃ 最适宜

（催产率、出苗率高）。生产上可采取以下判断依据来确定最适催产季节：① 如果当年气温、水温回升快，催产日期可提早些。反之，催产日期相应推迟。② 亲鱼培育工作做得好，亲鱼性腺发育成熟就会早些，催产时期也可早些。通常在计划催产前 1~1.5 个月对典型的亲鱼培育池进行拉网，检查亲鱼性腺发育情况，据此推断其他培育池亲鱼性腺的发育情况，进而确定催产季节和亲鱼催产的先后顺序。

3.3.4 · 催产前的准备

（1）产卵池

要求靠近水源，排灌方便，又近培育池和孵化场地。在进行鱼类繁殖前，应对产卵池进行检修，即铲除池中积泥，拣出杂物；认真检查进、排水口和管道、闸阀，以确保畅通、无渗漏；装好拦鱼网栅、排污网栅，严防松动而逃鱼。产黏性卵鱼类的产卵池，面积以少于 600 m² 为宜，水深 1 m 左右，进、排水方便（忌用肥水作水源），池底淤泥甚少或无，环境安静，避风向阳。鲫产卵池和孵化池大多是兼用池，使用前要彻底清塘，尤其是池边和水中的杂草、敌害生物必须彻底除尽或杀灭。

（2）工具

① 亲鱼网：苗种场可配置专用亲鱼网。亲鱼网与一般成鱼网的不同在于：网目要小，为 1.0~1.5 cm，以减少鳞片脱落和撕伤鳍膜；网线要粗而轻，用 2 mm×3 mm 或 3 mm×3 mm 的尼龙线或维尼纶线，不用聚乙烯线或胶丝；需加盖网，网高 0.8~1.0 m，装在上纲上，用短竹竿等撑起，防止亲鱼跳出。产卵池的专用亲鱼网，长度与产卵池相配，网衣可用聚乙烯网布，形似夏花网。

② 布夹（担架）：以细帆布或厚白布做成，长 0.8~1.0 m、宽 0.7~0.8 m。宽边两侧的布边向内折转少许并缝合，供穿竹、木提杆用；长的一端，有时左右相连，作亲鱼头部的放置位置（也有两端都相连的，或都不连的）。在布的中间，即布夹的底部中央是否开孔，视各地习惯与操作而定。亲鱼布夹详见示意图 3 - 5。

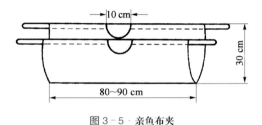

图 3 - 5 · 亲鱼布夹

③ 卵箱：卵箱有集卵箱和存卵箱两种，均形似一般网箱，用不漏卵、光滑耐用的材料作箱布，如尼龙筛绢等。集卵箱从产卵池直接收集鱼卵，大小为 0.25~0.5 m²，深 0.3~0.4 m，箱的一侧留一直径 10 cm 的孔，供连接导卵布管用。导卵布管的另一端与圆形产卵池底部的出卵管相连，是卵的通道。存卵箱的作用是把集卵箱已收集的卵移入箱内，让卵继续吸水膨胀。集中一定数量的卵后，经计数后再移入孵化箱。存卵箱的箱体比集卵箱大，常用 1 000 mm×700 mm×600 mm 左右的规格。

④ 鱼巢：是专供收集黏性鱼卵的人工附着物。制作的材料很多，以纤细多枝、在水中易散开、不易腐烂、无毒害浸出物的材料为好。常用杨柳树根、冬青树须根、棕榈树树皮、水草，以及稻草、黑麦草等陆草。根须和棕皮含单宁等有害物质，用前需蒸煮除掉，晒干后再用；水、陆草要洗净，严防夹带有害生物进入产卵池；稻草最好先锤软。处理后的材料经整理，用细绳扎成束，每束大小与 3~4 张棕皮所扎的束相仿。一般每尾 1~2 kg 的亲鱼每次需配鱼巢 4~5 束。亲鱼常有连续产卵 2~3 天的习性，鱼巢也要悬挂 2~3 次，所以鱼巢用量较多，须事前做好充分准备。

⑤ 其他：亲鱼暂养网箱，卵和苗计数用的白碟、量杯等常用工具，催产用的研钵、注射器，以及人工授精所需的受精盆、吸管等。

（3）成熟亲鱼的选择和制定合理的催产计划

亲鱼成熟度的鉴别方法，以手摸、目测为主。轻压雄鱼下腹部，见乳白色、黏稠的精液流出，且遇水后立即迅速散开的，是成熟好的雄鱼；当轻压时挤不出精液，增大挤压力才能挤出，或挤出的为黄白色精液，或精液虽呈乳白色但遇水不化，都是成熟欠佳的雄鱼。当用手在水中抚摸雌鱼腹部，凡前、中、后三部分均已柔软的，可认为已成熟；如前、中腹柔软，表明还不成熟；如腹部已过软，则已过度成熟或已退化。为进一步确认，可把鱼腹部向上仰卧水中，轻抚腹部出水，凡腹壁两侧明显胀大、腹中线微凹的，是卵巢体积增大，卵巢下垂轮廓所致；此时轻拍鱼腹可见卵巢晃动，手摸下腹部具柔软而有弹性的感觉，生殖孔常微红、稍凸，这些都表明成熟好。如腹部虽大，但卵巢轮廓不明显，说明成熟欠佳，尚需继续培育；如生殖孔呈红褐色，是有低度炎症；如生殖孔呈紫红色，是红肿发炎严重所致，需清水暂养，及时治疗。鉴别时，为防止误差，凡摄食量大的鱼类，要停食 2 天后再检查。

生产上也可利用挖卵器（图 3-6）直接挖出卵子进行观察，以鉴别雌亲鱼的成熟度。挖卵器用铜制成，头部用直径 0.4 cm、长 2 cm 的铜棒挖成空槽，槽长 1.7 cm、宽 0.3 cm、深 0.25 cm，再将头部锉成钝圆形，槽两边锉成刀刃状，便于刮取卵块。柄长 18 cm，握手处卷成弯曲状，易于握紧。挖卵器的头部也可用薄铜片卷成凹槽，再将两头用焊锡封住。简单的挖卵器也可用较长的羽毛切削而成。操作时将挖卵器准确而缓慢地插入生殖孔内,然后向左或右偏少许,伸入一侧的卵巢约 5 cm,旋转几下抽出,即可得到少量卵粒。将卵粒放在玻璃片上,观察大小、颜色和核的位置,若大小整齐、大卵占绝大部分、有光泽、较饱满或略扁塌、全部或大部分核偏位,则表明亲鱼成熟较好;若卵大小不齐,互相集结成块状,卵不易脱落,表明尚未成熟;若卵过于扁塌或呈糊状,无光泽,则表明亲鱼卵巢已趋退化,凡属此类亲鱼,催产效果和孵化率均较差。

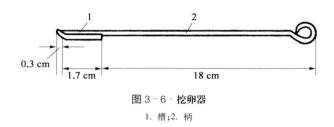

图 3 - 6 · 挖卵器
1. 槽;2. 柄

鱼类在繁殖季节内成熟繁殖,无论先后均属正常。由于个体发育的速度差异,整个亲鱼群常会陆续成熟,前后的时间差可达 2 个月左右。为合理利用亲鱼,常在繁殖季节里把亲鱼分成 3 批进行人工繁殖。早期水温低,选用成熟度好的鱼,先行催产;中期,绝大多数亲鱼都已相当成熟,只要腹部膨大的皆可催产;晚期,由于都是发育差的亲鱼,怀卵量少,凡腹部稍大的鱼皆可催产。这样安排,既可避免因错过繁殖时间而出现性细胞过熟、退化情况的发生,又可保证不同发育程度的亲鱼都能适时催产,把生产计划落实在可靠的基础上。

■ (4)催产剂的制备

鱼类脑垂体(PG)、LRH - A 和 HCG 必须用注射用水(一般用 0.6%氯化钠溶液,近似于鱼的生理盐水)溶解或制成悬浊液。注射液量控制在每尾亲鱼 2~3 ml 为宜。若亲鱼个体较小,注射液量还可适当减少。应当注意,催产剂不宜过浓或过稀。过浓,注射液稍有浪费会造成剂量不足;过稀,大量的水分进入鱼体,对鱼不利。

配置 HCG 和 LRH - A 注射液时,将其直接溶解于生理盐水中即可。配置 PG 注射液时,将鱼类脑垂体置于干燥的研钵中充分研碎,然后加入注射用水制成悬浊液备用。若进一步离心,弃去沉渣取上清液使用更好,可避免堵塞针头,并可减少异体蛋白的副作用。注射器及配置用具使用前要煮沸消毒。

3.3.5 · 催产

■ (1)雌雄亲鱼配组

催产时,每尾雌鱼需搭配一定数量的雄鱼。如果采用催产后由雌雄鱼自由交配产卵方式,雄鱼要稍多于雌鱼,一般采用1∶1.5比较好;若雄鱼较少,雌雄比例也不应低于1∶1。如果采用人工授精方式,雄鱼可少于雌鱼,1尾雄鱼的精液可供2~3尾同样大小的雌鱼受精。同时,应注意同一批催产的雌雄鱼个体重量应大致相同,以保证繁殖动作的协调。

(2)确定催产剂和注射方式

凡成熟好的亲鱼,只要一次注射就能顺利产卵;成熟度尚欠理想的可用两次注射法,即先注射少量的催产剂催熟,然后再行催产。有时在催熟注射前再增加一次催熟注射,称为三次注射。有的注射四五次,实际没有必要。成熟差的亲鱼应继续强化培育,不应依赖药物作用,且注入过多的药剂并不一定能起催熟作用;相反,轻则影响亲鱼今后对药物的敏感性,重则会造成药害或死亡。

催产剂的用量与药物种类、性别、催产时间、成熟度、个体大小等有关。早期,因水温稍低,卵巢膜对激素不够敏感,用量需比中期增加20%~25%。成熟度差的鱼,或增大注射量,或增加注射次数。成熟度好的鱼,则可减少用量,对雄性亲鱼甚至可不用催产剂。性别不同,注射剂量可不同,雄鱼常只注射雌鱼用量的一半。体型大的鱼,当按体重用药时,可按低剂量使用。在使用PG催产时,过多的垂体个数,会造成注入过多的异体蛋白而引起不良影响,所以常改用复合催产剂。为避免药物可能产生的副作用,在增加药物用量时,增大的药剂量常用PG作催产剂。催产剂的用量见表3-5。

表3-5 催产剂的使用方法与常用剂量

鱼 类	雌 鱼 一次注射法(1 kg体重用量)	备 注
鲫	1. PG为3 mg; 2. HCG为800~1 000 IU; 3. LRH-A为25 μg	1. 雄鱼用量为雌鱼的一半; 2. 一次注射法,雌雄鱼同时注射; 3. 左列药物只任选一项

注:剂量、药剂组合及间隔时间等,均按标准化要求制表。

(3)效应时间

从末次注射到开始发情所需的时间,叫效应时间。效应时间与药物种类、鱼的种类、水温、注射次数、成熟度等因素有关。一般温度高,时间短;反之,则长。

(4)注射方法和时间

注射分体腔注射和肌肉注射两种。目前生产上多采用前法。注射时,使鱼夹中的鱼侧卧在水中,把鱼上半部托出水面,在胸鳍基部无鳞片的凹入部位,将针头朝向头部前上方与体轴成 45°~60° 角刺入 1.5~2.0 cm,然后把注射液徐徐注入鱼体。肌肉注射部位是在侧线与背鳍间的背部肌肉。注射时,把针头向头部方向稍挑起鳞片刺入 2 cm 左右,然后把注射液徐徐注入。注射完毕迅速拔除针头,把亲鱼放入产卵池中。在注射过程中,当针头刺入后,若亲鱼突然挣扎扭动,应迅速拔出针头,不要强行注射,以免针头弯曲或划开肌肤而造成出血发炎。可待鱼安定后再行注射。

催产时一般控制在早晨或上午产卵,有利于工作进行。为此,须根据水温和催情剂的种类等计算好效应时间,掌握适当的注射时间。如要求清晨 6:00 时产卵,药物的效应时间为 10~12 h,那么可安排在前一天的晚上 18:00~20:00 时注射。当采用两次注射法时,应再增加两次注射的间隔时间。

3.3.6 · 产卵

▪ (1) 自然产卵

选好适宜催产的成熟亲鱼后,考虑雌雄配组,雄鱼数应大于雌鱼,一般雌雄比为 x:(x+1),以保证较高的受精率。倘若配组亲鱼的个体大小悬殊(常雌大雄小),会影响受精率,故遇雌大雄小时,应适当增加雄鱼数量予以弥补。

经催产注射后的鲫亲鱼可放入产卵池。在环境安静和缓慢的水流下,激素逐步产生反应,等到发情前 2 h 左右,需冲水 0.5~1 h,促进亲鱼追逐、产卵、排精等生殖活动。发情产卵开始后可逐渐降低流速。不过,如遇发情中断、产卵停滞时,仍应立即加大水流刺激予以促进。所以,促产水流虽原则上按慢—快—慢的方式调控流速,但仍应注意观察池鱼动态,随时采取相应的调控措施。

▪ (2) 人工授精

用人工的方法使精卵相遇,完成受精过程,称为人工授精。个体大,在产卵池中较难自然产卵的鱼,常用人工授精方法。另外,在鱼类杂交和鱼类选育时一般也采用人工授精的方法。常用的人工授精的方法有干法、半干法和湿法。

① 干法人工授精:当发现亲鱼发情进入产卵时(用流水产卵方法最好在集卵箱中发现刚产出的鱼卵时),立即捕捞亲鱼检查。若轻压雌鱼腹部卵子能自动流出,则一人用手压住生殖孔,将鱼提出水面,擦去鱼体水分,另一人将卵挤入擦干的脸盆中(每一脸盆约可放卵 50 万粒)。用同样方法立即向脸盆内挤入雄鱼精液,用手或羽毛轻轻搅拌 1~2 min,使精、卵充分混合。然后,徐徐加入清水,再轻轻搅拌 1~2 min。静置 1 min 左右,

倒去污水。如此重复用清水洗卵 2~3 次,即可移入孵化器中孵化。

② 半干法人工授精:将精液挤出或用吸管吸出,用 0.3%~0.5% 生理盐水稀释,然后倒在卵上,按干法人工授精方法进行。

③ 湿法人工授精:将精、卵挤在盛有清水的盆中,然后再按干法人工授精方法操作。

在进行人工授精过程中,应避免精、卵受阳光直射。操作人员要配合协调,做到动作轻、快。否则,易造成亲鱼受伤,引起产后亲鱼死亡。

(3) 自然产卵与人工授精的比较

自然产卵与人工授精都是当前水产生产中常用的方式,各地可根据实际情况选择适宜的方法。两种方式各有利弊,比较情况见表 3-6。

表 3-6 自然产卵与人工授精比较

序数	自然产卵	人工授精
1	因自找配偶,能在最适时间自行产卵,故操作简便,卵质好,亲鱼少受伤	人工选配,操作繁多,鱼易受伤,甚至造成死亡,且难掌握适宜的受精时间,卵质受到一定影响
2	性比为 x:(x+1),所需雄鱼量多,否则受精率不高	性比为 x:(x-1),雄鱼需要量少,且受精率常高
3	受伤亲鱼难利用	体质差或受伤亲鱼易利用,甚至亲鱼成熟度稍差时,也可能使催产成功
4	鱼卵陆续产出,故集卵时间长。所集之卵,卵中杂物多	因挤压采卵,集卵时间短,卵干净
5	需流水刺激	可在静水下进行
6	较难按人的主观意志进行杂交	可种间杂交或进行新品种选育
7	适合进行大规模生产,所需劳力稍少,但设备多,动力消耗也多些	动力消耗少,设备也简单,但因操作多,所需劳力也多

(4) 鱼卵质量的鉴别

鱼卵质量的优劣,用肉眼是不难判别的,鉴别方法见表 3-7。卵质优劣对受精率、孵化率影响甚大,未熟或过熟的卵受精率低,即使已受精,孵化率也常较低,且畸形胚胎多。卵膜韧性和弹性差时,孵化中易出现提早出膜,需采取增固措施加以预防。因此,通过对卵质的鉴别,不但使鱼卵孵化工作事前就能心中有底,而且还有利于确立卵质优劣关键在于培育的思想,也便于事后认真总结亲鱼培育的经验,以求改进和提高。

表 3 - 7 · 卵子质量的鉴别

性　状	成　熟　卵　子	不熟或过熟卵子
颜色	鲜明	暗淡
吸水情况	吸水膨胀速度快	吸水膨胀速度慢,卵子吸水不足
弹性状况	卵球饱满,弹性强	卵球扁塌,弹性差
鱼卵在盘中静止时胚胎所在的位置	胚体动物极侧卧	胚体动物极朝上,植物极向下
胚胎的发育	卵裂整齐,分裂清晰,发育正常	卵裂不规则,发育不正常

注:引自《中国池塘养鱼学》。

■ (5) 亲鱼产卵情况及处理

① 全产(产空):雌鱼腹壁松弛、腹部空瘪,轻压腹部没有或仅有少量卵粒流出,说明卵子已基本产空。

② 半产:雌鱼腹部有所减少,但没有空瘪。这有两种情况:一是已经排卵,但没全部产出,轻压鱼腹仍有较多的卵子流出。这可能是由于雌鱼成熟差或个体太小、亲鱼受伤较重、水温低等原因所致。若挤出的卵没有过熟,可做人工授精;若已过熟,也应将卵挤出后再把亲鱼放入暂养池中暂养,以免卵子在鱼腹内吸水膨胀而造成危害。二是没有完全排卵,排出的卵已基本产出,轻压腹部没有或只有少量卵粒流出,其余的还没成熟。这可能是雌鱼成熟较差或是催产剂用量不足所致。可将亲鱼放回产卵池,过一会可能再产。但也有不会再产的,这应属于部分难产的类型。其原因可能是多方面的,如亲鱼成熟较差或已趋过熟、生态条件不良等。

③ 难产:可分为以下 3 种情况。

第一,雌鱼腹部变化不大或无变化,挤压腹部时没有卵粒流出。这可能是亲鱼成熟差或已严重退化,对催产剂无反应。如果催产前检查亲鱼确是好的,那就可能是催产剂失效或是未将药物全部注入鱼体,这种情况可补针。对于成熟差的,可送回亲鱼池培育几天后再催产。若是过熟退化,应放入亲鱼产后护理池中暂养。

第二,雌鱼腹部异常膨大、变硬,轻挤腹部时,有混浊略带黄色的液体或血水流出,但无卵粒,有时卵巢块突出在生殖孔外。取卵检查,卵子无光泽,失去弹性,易与容器粘连。这可能是卵巢已退化,由于催产剂的作用,使卵巢组织吸水膨胀,这样的鱼当年不会再产,且容易死亡,应放入水质清新的池中暂养。

第三,已排卵,但没有产出。卵子已过熟、糜烂。这主要是由于雌鱼生殖孔阻塞或亲鱼受伤,也可能雄鱼不成熟或是环境条件不适宜所致。

(6) 产后亲鱼的护理

要特别加强对产后亲鱼的护理。产后亲鱼往往因多次捕捞及催产操作等缘故而受伤,所以需进行必要的创伤治疗。产卵后亲鱼的护理,首先应该把产后过度疲劳的亲鱼放入水质清新的池塘里,让其充分休息,并精养细喂,使它们迅速恢复体质,增强对病菌的抵抗力。为了防止亲鱼伤口感染,可对产后亲鱼加强防病措施,进行伤口涂药和注射抗菌药物。轻度外伤,用5%食盐水,或10 mg/L亚甲基蓝,或饱和高锰酸钾液药浴,并在伤处涂抹广谱抗菌素油膏;创伤严重时,要注射磺胺嘧啶钠控制感染,加快康复,用法:体重10 kg以下的亲鱼,每尾注射0.2 g;体重超过10 kg的亲鱼,每尾注射0.4 g。

孵　　化

孵化是指受精卵经胚胎发育至孵出鱼苗为止的全过程。人工孵化就是根据受精卵胚胎发育的生物学特点,人工创造适宜的孵化条件,使胚胎能正常发育而孵出鱼苗。

3.4.1 · 胚胎发育

鲫的胚胎期很短,在孵化的最适水温时,通常20~25 h就出膜。受精卵遇水后,卵膜吸水迅速膨胀,在10~20 min直径可增至4.8~5.5 mm,细胞质向动物极集中并微微隆起形成胚盘(即一细胞),以后卵裂就在胚盘上进行。经过多次分裂后,形成囊胚期、原肠期……最后发育成鱼苗。

3.4.2 · 鱼卵的孵化

(1) 孵化设备

常用孵化设备有孵化缸(桶)和孵化环道等。

(2) 孵化管理

凡能影响鱼卵孵化的主、客观因素,都是管理工作的内容,现分述如下。

① 水温：鱼卵孵化要求一定的温度。主要养殖鱼类,虽在 18~30℃ 的水温下可孵化,但最适温度因种而异。不同温度下,鱼卵的孵化速度不同,详见表 3-8。当孵化水温低于或高于所需温度,或水温骤变,都会造成胚胎发育停滞,或畸形胚胎增多而夭折,影响孵化出苗率。

表 3-8 · 不同水温下的鱼卵孵化时间(h)

鱼类	水温(℃)				备注
	18	20	25	30	
鲫	96~120	91	49	43	15~17℃,约需 168 h(合 7 天)

② 溶解氧：胚胎发育是要进行气体交换的,且随发育进程,需氧量渐增,后期可比早期增大 10 倍左右。鱼的种类不同,胚胎耗氧量不同。孵化用水的含氧量高低决定鱼卵的孵化密度。

③ 污染与酸碱度：未被污染的清新水质对提高孵化率有很大的作用。孵化用水应过滤,以防止敌害生物及污物流入。受工业和农药污染的水,不能用作孵化用水。偏酸或过于偏碱性的水必须经过处理后才可用来孵化鱼苗。一般孵化用水的酸碱度以 pH 7.5 最佳,偏酸或 pH 超过 9.5 均易造成卵膜破裂。

④ 流速：流水孵化时,流速大小决定水中氧气的多少。但是,流速是有限度的。过缓,受精卵会沉积,因窒息而死亡;过快,卵膜会破裂,也会导致死亡。所以,在孵化过程中,水流控制是一项很重要的工作。目前,生产中都按慢—快—慢—快—慢的方式调控,即刚放卵时,只要求卵能随水逐流、不发生沉积即可,水流可小些。随着胚胎的发育,逐步增大流速,保证胚胎对氧气的需要。在出膜前,应控制在允许的最大流速。出膜时,适当减缓流速,以提高孵化酶的浓度,加快出膜,不过要及时清除卵膜,防止堵塞水流(特别是在死卵多时)。出膜后,鱼苗活动力弱,大部分时间生活在水体下层,为避免鱼苗堆积水底而窒息,流速要适当加大,以利苗的漂浮和均匀分布。待鱼苗平游后,流速又可稍缓,只要容器内无水流死角、不会闷死鱼苗即可。初学调控者,可暂先排除进水的冲力影响,仅根据水的交换情况来掌握快慢,一般以每 15 min 交换 1 次为快,每 30~40 min 交换 1 次为慢。

⑤ 提早出膜：由于水质不良或卵质差,受精卵会比正常孵化提前 5~6 h 出膜,叫提前出膜。提前出膜会造成畸形增多、死亡率高,所以生产中要采用高锰酸钾液处理鱼卵。方法：将所需量的高锰酸钾先用水溶解,在适当减少水流的情况下,把已溶化的药液放入水底,依靠低速水流使整个孵化水达到 5 mg/L 浓度(卵质差,药液浓;反之,则淡),并保

持 1 h。经浸泡处理,卵膜韧性、弹性增加,孵化率得以提高。不过,卵膜增固后,孵化酶溶解卵膜的速度变慢,出苗时间会推迟几小时。

⑥ 敌害生物:孵化中敌害生物由进水带入;或自然产卵时,收集的鱼卵未经清洗而带入;或因碎卵、死卵被水霉菌寄生后,水霉菌在孵化器中蔓延等原因造成危害。对于大型浮游动物,如剑水蚤等,可用 90% 晶体敌百虫杀灭,使孵化水浓度达 0.3~0.5 mg/L;或用粉剂敌百虫,使水体浓度达 1 mg/L;或用敌敌畏乳剂,使水体浓度达 0.5~1 mg/L。以上药物任选一种,进行药杀。不过,流水状态下,往往不能彻底杀灭敌害生物,所以做好严防敌害侵入的工作才是根治措施。水霉菌寄生是孵化中的常见现象,水质不良、温度低时尤甚。施用亚甲基蓝,使水体浓度为 3 mg/L,调小流速,以卵不下沉为度,并维持一段时间,可抑制水霉生长。水霉菌寄生严重时,间隔 6 h 重复 1 次。

3.4.3 · 催产率、受精率和出苗率的计算

鱼类人工繁殖的目的是提高催产率(或产卵率)、受精卵和出苗率。所有人工繁殖的技术措施都是围绕该"三率"展开的,其统计方法如下。

在亲鱼产卵后捕出时,统计产卵亲鱼数(以全产为单位,将半产雌鱼折算为全产)。通过催产率可了解亲鱼培育水平和催产技术水平。计算公式为:

$$催产率 = \frac{产卵雌鱼数}{催产雌鱼数} \times 100\%$$

当鱼卵发育到原肠中期,用小盆随机取鱼卵百余粒,放在白瓷盆中,用肉眼检查,统计受精(好卵)卵数和混浊、发白的坏卵(或空心卵)数,然后求出受精率。计算公式为:

$$受精率 = \frac{受精卵数(好卵)}{总卵数(好卵 + 坏卵)} \times 100\%$$

受精率的统计可衡量鱼催产技术高低,并可初步估算鱼苗生产量。

当鱼苗鳔充气、能主动开口摄食,即开始由体内营养转为混合营养时,鱼苗就可以转入池塘饲养。在移出孵化器时,统计鱼苗数。按下列公式计算出苗率。

$$出苗率 = \frac{出苗数}{受精卵数} \times 100\%$$

出苗率(或称下塘率)不仅反映生产单位的孵化工作优劣,而且也表明该鱼人工繁殖的技术水平。

(撰稿:刘乐丹、陈倩)

4

鲫苗种培育与成鱼养殖

鱼苗、鱼种的生物学特性

鱼苗、鱼种是鱼类个体发育过程中快速生长发育的阶段。在该阶段，随着个体的生长，器官形态结构、生活习性和生理特性都发生一系列的变化，食性、生长和生活习性都与成鱼饲养阶段有所不同。此期鱼体的新陈代谢水平高、生长快，但活动和摄食能力较弱，适应环境、抗御敌害和疾病的能力差，因此对饲养技术要求高。为了提高鱼苗、鱼种饲养阶段的成活率和产量，必须了解它们的生物学特性，以便采取相应的科学饲养管理措施。

刚孵出的鱼苗均以卵黄囊中的卵黄为营养。当鱼苗体内鳔充气后，鱼苗一面吸收卵黄，一面开始摄取外界食物；当卵黄囊消失，鱼苗就完全依靠摄取外界食物为营养。但此时鱼苗个体细小，全长仅 0.6~0.9 cm，活动能力弱，其口径小，取食器官（如鳃耙、吻部等）尚待发育完全。因此，所有种类的鱼苗只能依靠吞食方式来获取食物，而且其食谱范围也十分狭窄，只能吞食一些小型浮游生物，其主要食物是轮虫和桡足类的无节幼体。生产上通常将此时摄食的饵料称为"开口饵料"。

随着鱼苗的生长，其个体增大，口径增宽，游动能力逐步增强，取食器官逐步发育完善，食性逐步转化，食谱范围也逐步扩大。

刚下塘的鱼苗通常在池边和表面分散游动。鱼苗、鱼种的代谢强度较高，故对水体溶氧量的要求高。所以，鱼苗、鱼种池必须保持充足的溶氧量，并投给足量的饲料。如果池水溶氧量过低、饲料不足，鱼的生长就会受到抑制甚至死亡。这是饲养鱼苗、鱼种过程中必须注意的。

鱼苗、鱼种对水体 pH 的要求比成鱼严格，适应范围小。鱼苗、鱼种培育池的最适 pH 为 7.5~8.5。鱼苗、鱼种对盐度的适应力也比成鱼弱。成鱼可以在盐度 0.5 的水中正常生长和发育，但鱼苗在盐度为 0.3 的水中生长便很缓慢，且成活率很低。鱼苗对水中氨的适应能力也比成鱼差。

鱼 苗 培 育

所谓鱼苗培育,就是将鱼苗养成夏花鱼种。为提高夏花鱼种的成活率,根据鱼苗的生物学特征,务必采取以下措施。一是创造无敌害生物及水质良好的生活环境;二是保持数量多、质量好的适口饵料;三是培育出体质健壮、适合高温运输的夏花鱼种。为此,需要用专门的鱼池进行精心、细致的培育。这种由鱼苗培育至夏花的鱼池在生产上称为"发塘池"。

4.2.1 · 鱼苗、鱼种的习惯名称

我国各地鱼苗、鱼种的名称很不一致,但大体上可划分为下面两种类型。

（1）以江苏、浙江一带为代表的名称

一般刚孵出的仔鱼称鱼苗,又称水花、鱼秧、鱼花。鱼苗培育到 3.3~5 cm 时称夏花,又称火片、乌仔;夏花培育到秋天出塘的称秋片或秋子;到冬季出塘的称冬片或冬花;到第二年春天出塘的叫春片或春花。

（2）以广东、广西为代表的名称

鱼苗一般称为海花,鱼体从 0.83~1 cm 长到 9.6 cm,分别称为 3 朝、4 朝、5 朝、6 朝、7 朝、8 朝、9 朝、10 朝、11 朝、12 朝;10 cm 以上则一律以"寸"表示。

鱼苗、鱼种规格与使用鱼筛(图 4-1、图 4-2)对照表见表 4-1。

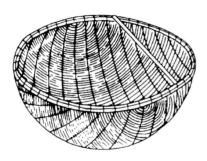

图 4-1 · 盆形鱼筛

图 4-2 · 方形鱼筛(江苏地区)

表 4 - 1 · 鱼苗、鱼种规格与使用鱼筛对照

鱼体标准长度(cm)	鱼筛号	筛目密度(mm)	备 注
0.8~1.0	3 朝	1.4	不足 1.3 cm 鱼用 3 朝
1.3	4 朝	1.8	不足 1.7 cm 鱼用 4 朝
1.7	5 朝	2.0	不足 2.0 cm 鱼用 5 朝
2.0	6 朝	2.5	不足 2.3 cm 鱼用 6 朝
2.3	7 朝	3.2	不足 2.6 cm 鱼用 7 朝
2.6~3.0	8 朝	4.2	不足 3.3 cm 鱼用 8 朝
3.3~4.3	9 朝	5.8	不足 4.6 cm 鱼用 9 朝
4.6~5.6	10 朝	7.0	不足 5.9 cm 鱼用 10 朝
5.9~7.6	11 朝	11.1	不足 7.9 cm 鱼用 11 朝
7.9~9.6	12 朝	12.7	不足 10.0 cm 鱼用 12 朝
10.0~11.2	3 寸筛	15.0	不足 12.5 cm 鱼用 3 寸筛
12.5~15.5	4 寸筛	18.0	不足 15.8 cm 鱼用 4 寸筛
15.8~18.8	5 寸筛	21.5	不足 19.1 cm 鱼用 5 寸筛

4.2.2 · 鱼苗的形态特征和质量鉴别

（1）鱼苗的形态特征

将鱼苗放在白色的鱼碟中或直接观察鱼苗在水中的游动情况加以鉴别。

（2）苗种的质量鉴别

① 鱼苗质量鉴别：因受鱼卵质量和孵化过程中环境条件的影响，鱼苗体质有强有弱，这对鱼苗的生长和成活带来很大影响。生产上可根据鱼苗的体色、游动情况以及挣扎能力来鉴别其优劣。鉴别方法见表 4 - 2。

表 4 - 2 · 家鱼鱼苗质量优劣鉴别

鉴别方法	优 质 苗	劣 质 苗
体色	群体色素相同，无白色死苗，身体清洁，略带微黄色或稍红	群体色素不一，为"花色苗"，有白色死苗。鱼体拖带污泥，体色发黑带灰

鉴别方法	优　质　苗	劣　质　苗
游泳情况	在容器内,将水搅动产生漩涡,鱼苗在漩涡边缘逆水游泳	鱼苗大部分被卷入漩涡
抽样检查	把鱼苗放在白瓷盆中,用口吹水面,鱼苗逆水游泳;倒掉水后,鱼苗在盆底剧烈挣扎,头尾弯曲成圆圈状	把鱼苗放在白瓷盆中,用口吹水面,鱼苗顺水游泳;倒掉水后,鱼苗在盆底挣扎力弱,头尾仅能扭动

② 夏花鱼种质量鉴别：夏花鱼种质量优劣可根据出塘规格大小、体色、鱼类活动情况以及体质强弱来判别(表4-3)。

表4-3　夏花鱼种质量优劣鉴别

鉴别方法	优　质　夏　花	劣　质　夏　花
看出塘规格	同种鱼出塘规格整齐	同种鱼出塘个体大小不一
看体色	体色鲜艳,有光泽	体色暗淡无光,变黑或变白
看活动情况	行动活泼,集群游动,受惊后迅速潜入水底,不常在水面停留,抢食能力强	行动迟缓,不集群,在水面漫游,抢食能力弱
抽样检查	鱼在白瓷盆中狂跳。身体肥壮,头小、背厚。鳞鳍完整,无异常现象	鱼在白瓷盆中很少跳动。身体瘦弱,背薄,俗称"瘪子"。鳞鳍残缺,有充血现象或异物附着

(3) 鱼苗的计数方法

为了统计鱼苗的生产数字,或计算鱼苗的成活率、下塘数和出售数,必须正确计算鱼苗的总数。现将鱼苗的计数方法分述如下。

① 分格法(开间法、分则法)：先将鱼苗密集在捆箱的一端,用小竹竿将捆箱隔成若干格,用鱼碟舀出鱼苗,按顺序放在各格中成若干等份。从中抽1份,按上述操作,再分成若干等份。照此方法分下去,直分到每份鱼苗已较少,便于逐尾计数为止。然后取出1小份,用小蚌壳(或其他容器)舀鱼苗计算尾数,以这一部分的计算数为基数,推算出整批鱼苗数。

计算举例：第一次分成10份;第二次从10份中抽1份,又分成8份;第三次从8份中又抽出1份,再分成5小份;最后从这5小份中抽1份计数,得鱼苗为1 000尾,则鱼苗总数为：10 × 8 × 5 × 1 000尾 = 400 000尾。

② 杯量法：又叫抽样法、点水法、大桶套小桶法、样杯法。本法是常用的方法,在具

体使用时又有如下两种形式。

a. 直接抽样法：鱼苗总数不多时可采用本法。将鱼苗密集在捆箱一端，然后用已知容量（预先用鱼苗作过存放和计数试验）的容器（可配置各种大小尺寸）直接舀鱼，记录容器的总杯数，然后根据预先计算出的单个容器的容存数算出总尾数。

计算举例：已知 100 ml 的蒸发皿可放密集的鱼苗 5 万尾，现用此蒸发皿舀鱼，共量得450 杯，则鱼苗的总数为：450 × 5 万尾 = 2 250 万尾。

在使用上述方法时要注意杯中的含水量要适当、均匀，否则误差较大。其次，鱼苗的大小也要注意，否则也会产生误差。不同鱼苗即使同日龄也有个体差异，在计数时都应加以注意。

广西、西江一带使用一种锡制的量杯，每一杯相当鳗鲡苗 8 万尾或其他家鱼苗 4 万尾。

b. 大碟套小碟法：在鱼苗数量较多时可采用本法。具体操作时，先用大盆（或大碟）过数，再用已知计算的小容器测量大盆的容量数，然后求总数。

计算举例：用大盆测得鱼苗数共 15 盆（在密集状态下），然后又测得每大盆合 30 ml 的瓷坩埚 27 杯，已知该瓷坩埚每杯容量为 2.7 万尾鱼苗，因此，鱼苗总数为：15 × 27 × 2.7 万尾 = 1 093 万尾。

③ 容积法（量筒法）：计算前先测定每 1 ml（或每 10 ml 或 100 ml）盛净鱼苗数，然后量取总鱼苗的容积（也以密集鱼苗为准），从而推算出鱼苗总数。本法的准确度比抽样法差，因含水量的影响较大。

计算举例：已知每 100 ml 量杯有鱼苗 250 尾，现用 1 000 ml 的量杯共量得 50 杯，则鱼苗总数为：250 尾 × （1 000/100） × 50 = 125 000 尾。

④ 鱼篓直接计数法：本法在湖南地区使用，计数前先测知一个鱼篓能容多少笆斗水量，一笆斗又能装满多少鱼碟水量，然后将已知容器的鱼篓放入鱼苗，徐徐搅拌，使鱼苗均匀分布，取若干鱼碟计数，求出一鱼碟的平均数，然后计算全鱼篓的鱼苗数。

计算举例：已知一鱼篓可容 18 个笆斗的水，每个笆斗相当于 25 个鱼碟，每个鱼碟的平均鱼苗数为 2 万尾，则鱼篓的总鱼苗数为：2 万尾 × 25 × 18 = 900 万尾。

4.2.3 · 鱼苗的培育

（1）鱼苗放养前的准备

鱼苗池在放养前要进行一些必要的准备工作，其中包括鱼池的修整、清塘消毒、清除杂草、灌注新水、培育肥水等几个方面。

① 鱼池修整：多年用于养鱼的池塘，由于淤泥过多，以及堤基受波浪冲击而出现不同程度的崩塌，根据鱼苗培育池所要求的条件，必须进行整塘。所谓整塘，就是将池水排干，清除过多淤泥，将塘底推平，并将塘泥敷贴在池壁上，使其平滑、贴实，填好漏洞和裂缝，清除池底和池边杂草。将多余的塘泥清上池堤，为青饲料的种植提供肥料。除新开挖的鱼池外，旧的鱼池每 1~2 年必须修整 1 次。鱼池修整大多在冬季进行，先排干池水，挖除过多的淤泥（留 6.6~10 cm），修补倒塌的池堤，疏通进出水渠道。

② 清塘消毒：所谓清塘，就是在池塘内施用药物杀灭影响鱼苗生存、生长的各种生物，以保障鱼苗不受敌害、病害的侵袭。清塘消毒每年必须进行 1 次，时间一般在放养鱼苗前 10~15 天进行。清塘应选晴天进行，阴雨天药性不能充分发挥，操作也不方便。

清塘药物的种类及使用方法见表 4-4。在各种清塘药物中，一般认为生石灰和漂白粉清塘较好，但具体确定药物时，还需因地制宜加以选择。如水草多而又常发病的池塘，可先用药物除草，再用漂白粉清塘。用巴豆清塘时，可配合使用其他药物，以消灭水生昆虫及其幼虫。如预先用 1 mg/L 的 2.5% 粉剂敌百虫全池泼洒后再清塘，能收到较好的效果。

表 4-4 · 常见清塘药物的使用方法

药物及清塘方法		用量（kg/667 m²）	使 用 方 法	清 塘 功 效	毒性消失时间
生石灰清塘	干法清塘	60~75	排除塘水，挖几个小坑，倒入生石灰溶化，不待冷却即全池泼洒。第二天将淤泥和石灰拌匀，填平小坑，3~5 天后注入新水	① 能杀灭野杂鱼、蛙卵、蝌蚪、水生昆虫、螺蛳、蚂蟥、蟹、虾、青泥苔及浅根水生植物、致病寄生虫及其他病原体；② 增加钙肥；③ 使水呈微碱性，有利于浮游生物繁殖；④ 疏松池中淤泥结构，改良底泥通气条件；⑤ 释放出被淤泥吸附的氮、磷、钾等；⑥ 澄清池水	7~8 天
	带水清塘	125~150（水深 1 m）	排除部分水，将生石灰溶化成浆液，不待冷却直接泼洒		
茶麸（茶粕）清塘		40~50（水深 1 m）	将茶麸捣碎，加水浸泡 1 昼夜，连渣一起均匀泼洒全池	① 能杀灭野杂鱼、蛙卵、蝌蚪、螺蛳、蚂蟥、部分水生昆虫；② 对细菌无杀灭作用，对寄生虫、水生杂草杀灭效果差；③ 能增加肥度，但助长鱼类不易消化的藻类的繁殖	7 天后
生石灰、茶麸混合清塘		茶麸 37.5、生石灰 45（水深 1 m）	将浸泡后的茶麸倒入刚溶化的生石灰内，拌匀，全池泼洒	兼有生石灰和茶麸两种清塘方法的功效	7 天后

药物及清塘方法		用量（kg/667 m²）	使用方法	清塘功效	毒性消失时间
漂白粉清塘	干法清塘	1	先干塘,然后将漂白粉加水溶化,拌成糊状,稀释后全池泼洒	① 效果与生石灰清塘相近; ② 药效消失快,肥水效果差	4~5 天
	带水清塘	13~13.5（水深1 m）	将漂白粉溶化后稀释,全池泼洒		
生石灰、漂白粉混合清塘		漂白粉6.5、生石灰65~80（水深1 m）	加水溶化,稀释后全池泼洒	比两种药物单独清塘效果好	7~10 天
巴豆清塘		3~4（水深1 m）	将巴豆捣碎,加3%食盐,加水浸泡,密封缸口,经2~3天后,将巴豆连渣倒入容器或船舱,加水泼洒	① 能杀死大部分野杂鱼,对其他敌害和病原体无杀灭作用; ② 有毒,皮肤有破伤时不要接触	10 天
鱼藤精或干鱼藤清塘		鱼藤精1.2~1.3（水深1 m）	加水10~15倍,装喷雾器中全池喷洒	① 能杀灭鱼类和部分水生昆虫; ② 对浮游生物、致病细菌、寄生虫及其休眠卵无作用	7 天后
		干鱼藤1（水深0.7 m）	先用水泡软,再锤烂浸泡,待乳白色汁液浸出即可全池泼洒		

除清塘消毒外,鱼苗放养前最好用密眼网拖2次,清除蝌蚪、蛙卵和水生昆虫等,以弥补清塘药物的不足。

有些药物对鱼类有害,不宜用作清塘药物。例如,滴滴涕是一种稳定性很强的有机氯杀虫剂,能在生物体内长期积累,对鱼类和人类都有致毒作用,应禁止使用;其他如五氯酚钠、毒杀芬等对人体也有害,禁止采用。

清塘一般有排水清塘和带水清塘两种。排水清塘是将池水排到6.6~10 cm时泼药。这种方法用药量少,但增加了排水操作。带水清塘通常在供水困难或急等放鱼的情况下采用,但用药量较多。

③ 清除杂草:有些鱼苗池(也包括鱼种池)水草丛生,影响水质变肥,也影响拉网操作。因此,需将池塘的杂草清除,可用人工拔除或用刀割的方法,也可采用扑草净、除草剂一号等除草剂进行除草。

④ 灌注新水:鱼苗池在清塘消毒后可注满新水,注水时一定要在进水口用纱网过滤,严防野杂鱼再次混入。第一次注水40~50 cm,便于升高水温,也容易肥水,有利于浮游生物繁殖和鱼苗生长。夏花分塘后,池水可加深到1 m左右,鱼种池则加深到1.5~2 m。

⑤ 培育肥水:目前各地普遍采用鱼苗肥水下塘,使鱼苗下塘后即有丰富的天然饵

料。培育池施基肥的时间，一般在鱼苗下塘前 3 ~ 7 天为宜，具体时间要看天气和水温而定，不能过早也不宜过迟。一般鱼苗下塘以中等肥度为好，即透明度为 35 ~ 40 cm；若水质太肥，鱼苗易患气泡病。鱼种池施基肥时间比鱼苗池可略早些，肥度也可大些，即透明度为 30 ~ 35 cm。

初下塘鱼苗的最佳适口饵料为轮虫和无节幼体等小型浮游生物。一般经多次养鱼的池塘，塘泥中贮存着大量的轮虫休眠卵，一般 100 万 ~ 200 万个/m²，但塘泥表面的休眠卵仅占 0.6%，其余 99% 以上的休眠卵被埋在塘泥中因得不到足够的氧气和受机械压力而不能萌发。因此，在生产上，当清塘后放水时（一般当放水 20 ~ 30 cm 时），就必须用铁耙翻动塘泥，使轮虫休眠卵上浮或重新沉积于塘泥表层，促进轮虫休眠卵萌发。生产实践证明，放水时翻动塘泥，7 天后池水轮虫数量明显增加，并出现高峰期。表 4 - 5 为水温 20 ~ 25℃ 时，用生石灰清塘后，鱼苗培育池水中生物的出现顺序。

表 4 - 5 生石灰清塘后浮游生物变化模式（未放养鱼苗）

项 目	清 塘 后 时 间				
	1 ~ 3 天	4 ~ 7 天	7 ~ 10 天	10 ~ 15 天	15 天后
pH	>11	>9 ~ 10	9 左右	<9	<9
浮游植物	开始出现	第一个高峰	被轮虫滤食，数量减少	被枝角类滤食，数量减少	第二个高峰
轮虫	零星出现	迅速繁殖	高峰期	显著减少	少
枝角类	无	无	零星出现	高峰期	显著减少
桡足类	无	少量无节幼体	较多无节幼体	较多无节幼体	较多成体

从生物学角度看，鱼苗下塘时间应选择在清塘后 7 ~ 10 天，此时下塘正值轮虫高峰期。但生产上无法根据清塘日期来要求鱼苗适时下塘时间，加上依靠池塘天然生产力培养轮虫数量不多，仅 250 ~ 1 000 个/L，这些数量在鱼苗下塘后 2 ~ 3 天内就会被鱼苗吃完。因此，在生产上采用先清塘，然后根据鱼苗下塘时间施用有机肥料，人为地制造轮虫高峰期。施有机肥料后，轮虫高峰期的生物量比天然生产力高 4 ~ 10 倍，达 8 000 个/L 以上，鱼苗下塘后轮虫高峰期可维持 5 ~ 7 天。为做到鱼苗在轮虫高峰期下塘，关键是掌握施肥的时间。如用腐熟发酵的粪肥，可在鱼苗下塘前 5 ~ 7 天（依水温而定）全池泼洒粪肥 150 ~ 300 kg/667 m²；如用绿肥堆肥或沤肥，可在鱼苗下塘前 10 ~ 14 天投放 200 ~ 400 kg/667 m²。绿肥应堆放在池塘四角，浸没于水中以促使其腐烂，并经常翻动。

如施肥过晚，池水轮虫数量尚少，鱼苗下塘后因缺乏大量适口饵料，必然生长不好；

如施肥过早,轮虫高峰期已过,大型枝角类大量出现,鱼苗非但不能摄食,而且会出现枝角类与鱼苗争溶氧、争空间、争饵料,鱼苗因缺乏适口饵料而大大影响成活率,这种现象群众称为"虫盖鱼"。发生这种现象时,应全池泼洒 $0.2 \sim 0.5 \ g/m^3$ 晶体敌百虫将枝角类杀灭。

为确保施有机肥后轮虫大量繁殖,在生产中往往先泼洒 $0.2 \sim 0.5 \ g/m^3$ 的晶体敌百虫杀灭大型浮游动物,然后再施有机肥料。如鱼苗未能按期到达,应在鱼苗下塘前 $2 \sim 3$ 天再用 $0.2 \sim 0.5 \ g/m^3$ 晶体敌百虫全池泼洒一次,并适量增施一些有机肥料。

■ (2)鱼苗培育技术

① 暂养鱼苗,调节温差,饱食下塘:塑料袋充氧运输的鱼苗,鱼体内往往含有较多的二氧化碳,特别是长途运输的鱼苗,血液中二氧化碳浓度很高,可使鱼苗处于麻醉甚至昏迷状态(肉眼观察,可见袋内鱼苗大多沉底打团)。如将这种鱼苗直接下塘,成活率极低。因此,凡是经运输来的鱼苗,必须先放在鱼苗箱中暂养。暂养前,先将鱼苗袋放入池内,当袋内外水温一致后(一般约需 15 min)再开袋放入池内的鱼苗箱中暂养。暂养时,应经常在箱外划动池水,以增加箱内水的溶氧。一般经 $0.5 \sim 1 \ h$ 暂养,鱼苗血液中过多的二氧化碳均已排出,鱼苗集群在网箱内逆水游动。

鱼苗经暂养后,需泼洒鸭蛋黄水。待鱼苗饱食后,肉眼可见鱼体内有一条白线时方可下塘。鸭蛋需在沸水中煮 1 h 以上,越老越好,以蛋白起泡者为佳。取蛋黄掰成数块,用双层纱布包裹后,在脸盆内漂洗(不能用手捏)出蛋黄水,均匀地淋洒于鱼苗箱内。一般 1 个蛋黄可供 10 万尾鱼苗摄食。

鱼苗下塘时,面临着适应新环境和尽快获得适口饵料两大问题。在下塘前投喂鸭蛋黄,使鱼苗饱食后下塘,实际上是保证了鱼苗的第一次摄食,其目的是加强鱼苗下塘后的觅食能力和提高鱼苗对不良环境的适应能力。

鱼苗下塘的安全水温不能低于 13.5℃。如夜间水温较低,鱼苗到达目的地已是傍晚,应将鱼苗放在室内容器内暂养(每 100 L 水放鱼苗 8 万~10 万尾),并使水温保持20℃。投 1 次鸭蛋黄后,由专人值班,每 1 h 换一次水(水温必须相同),或充气增氧,以防鱼苗浮头。待第二天上午 9:00 以后水温回升时,再投 1 次鸭蛋黄,并调节池塘水温与暂养容器水温的温差后下塘。

② 鱼苗培育方法:我国各地饲养鱼苗的方法很多。浙江、江苏的传统方法是以豆浆泼入池中饲养鱼苗;广东、广西则用青草、牛粪等直接投入池中沤肥饲养鱼苗。另外,还有混合堆肥饲养法、有机或无机肥料饲养法、综合饲养法、草浆饲养法等。

a. 大草饲养法(又称绿肥、粪肥饲养法):这是广东、广西的传统饲养方法。在鱼苗下塘前 5~10 天,池水深 0.8 m,投大草(一般为菊科、豆科植物,如野生艾属或人工栽培的枲麻等)200~300 kg,再加入经过发酵的粪水 100~150 kg,或将大草和牛粪同时投放。草堆一角或扎成 15~25 kg 的小捆放池边浅水处,隔 2~3 天翻动 1 次,去残渣,最好把大草捆放上风处,以使肥水易于扩散。每隔 3~4 天施肥 1 次,每 667 m² 每次投大草 100~200 kg、牛粪 30~40 kg、饼浆 1.5~2.5 kg,也有单用大草沤肥的。

b. 豆浆饲养法:浙江、江苏一带的传统饲养方法。鱼苗下池后,开始喂豆浆。黄豆先用水浸泡,每 1.5~1.75 kg 黄豆加水 20~22.5 kg,18℃时浸泡 10~12 h,25~30℃时浸泡 6~7 h。将浸泡后的黄豆与水一起磨浆,磨好的浆要及时投喂,放置过久会发酵变质。一般每天喂 2 次,分别在上午 8:00~9:00 和下午 13:00~14:00。豆渣要先用布袋滤去,泼洒要均匀。鱼苗初下池时,每天用黄豆 3~4 kg/667 m²,以后随水质的肥度而适当调整。经泼洒豆浆 10 余天后,水质转肥。

c. 混合堆肥法:堆肥的配合比例有多种:青草 4 份,牛粪 2 份,人粪 1 份,加 1%生石灰;青草 8 份,牛粪 8 份,加 1%的生石灰;青草 1 份,牛粪 1 份,加 1%的生石灰。制作堆肥的方法:在池边挖建发酵坑,要求不渗漏,将青草、牛粪层层相间放入坑内,将生石灰加水成乳状后泼洒在每层草上,注水至全部肥料浸入水中为止,然后用泥密封,让其分解腐烂。堆肥发酵时间随外界温度高低而定,一般在 20~30℃时,20~30 天即可使用。肉眼观察,腐熟的堆肥呈黑褐色,放手中揉成团状不松散。放养前 3~5 天塘边堆放 2 次基肥,每次用堆肥 150~200 kg。鱼苗下塘后每天上、下午各施追肥 1 次,一般施堆肥汁 75~100 kg/667 m²,全池泼洒。

d. 有机肥料和豆浆混合饲养法:在鱼苗下塘前 3~4 天,先用牛粪、青草等作为基肥,以培育水质,每 667 m² 放青草 200~250 kg、牛粪 125~150 kg。待鱼苗下池后,每天投喂豆浆,但用量较江苏、浙江地区豆浆饲养法为少,每天用黄豆(磨成浆)1~3 kg/667 m²。同时,在饲养过程中还适当投放几次牛粪和青草。本法实际上是两广的大草法和苏浙的豆浆法的混合法。

e. 无机肥料饲养法:在鱼苗入池前 20 天左右即可施化肥作基肥,通常每 667 m² 施硫酸铵 2.5~5 kg、过磷酸钙 2.5 kg,施肥后如水质不肥或暂不放鱼苗,则每隔 2~3 天再施硫酸铵 1 kg 和过磷酸钙 0.75 kg。一般施追肥时,每 2~3 天施硫酸铵 1.5 kg/667 m²、过磷酸钙 0.25 kg/667 m²。追肥时,硫酸铵要溶解均匀,否则鱼苗易因误食而引起死亡。一般每 667 m² 水面培育鱼苗的总施肥量为硫酸铵 32.5 kg、过磷酸钙 22.5 kg。

f. 有机肥料和无机肥料混合饲养法:鱼苗下塘前 2 天,每 667 m² 施混合基肥,包括堆肥 50 kg、粪肥 35 kg、硫酸铵 2.5 kg、过磷酸钙 3 kg。鱼苗入池后,每天施混合追肥 1 次,并适当投喂少量鱼粉和豆饼。

上述各种鱼苗的培育方法,各地可因地制宜加以选用。

③ 鱼苗培育成夏花的放养密度:鱼苗培育成夏花的放养密度随不同的培育方法而异,此外也与塘水的肥瘦有关。早水鱼苗和中水鱼苗可密些,晚水鱼苗应稀些;老塘水肥可密些,新塘水瘦应稀些。

④ 鱼苗培育阶段的饲养管理:鱼苗初下塘时,鱼体小,池塘水深应保持在 50~60 cm,以后每隔 3~5 天注水 1 次,每次注水 10~20 cm。培育期间共加水 3~4 次,最后加至最高水位。注水时须在注水口用密网拦阻,以防野杂鱼和其他敌害生物流入池内,同时应防止水流冲起池底淤泥而搅浑池水。

鱼苗池的日常管理工作必须建立严格的岗位责任制。要求每天巡池 3 次,做到"三查"和"三勤"。即:早上查鱼苗是否浮头,勤捞蛙卵,消灭有害昆虫及其幼虫;午后查鱼苗活动情况,勤除杂草;傍晚查鱼苗池水质、天气、水温、投饵施肥数量、注排水和鱼的活动情况等,勤做日常管理记录,安排好第二天的投饵、施肥、加水等工作。此外,应经常检查有无鱼病,及时防治。

⑤ 拉网和分塘:鱼苗经过一个阶段的培育,当鱼体长成 3.3~5 cm 夏花时,即可分塘。分塘前一定要经过拉网锻炼,使鱼种密集在一起,因受到挤压刺激而分泌大量黏液、排除粪便,以适应密集环境,运输中降低水质污染的程度,体质也因锻炼而加强,以利于经受分塘和运输操作,提高运输和放养成活率。在锻炼时还可顺便检查鱼苗的生长和体质情况,估算出乌仔或夏花的出塘率,以便作好分配计划。

选择晴天、上午 9:00 左右拉网。第一次拉网,只需将夏花鱼种围集在网中,检查鱼的体质后,随即放回池内。第一次拉网,鱼体十分嫩弱,操作须特别小心,拉网赶鱼速度宜慢不宜快,在收拢网片时,需防止鱼种贴网。隔 1 天进行第二次拉网,将鱼种围集后,与此同时,在其边上装置好谷池(为一长形网箱,用于夏花鱼种囤养锻炼、筛鱼清野和分养),将皮条网上纲与谷池上口相并压入水中,在谷池内轻轻划水,使鱼群逆水游入池内。鱼群进入谷池后,稍停,将鱼群逐渐赶集于谷池的一端,以便清除另一端网箱底部的粪便和污物,不让黏液和污物堵塞网孔。然后,放入鱼筛,筛边紧贴谷池网片,筛口朝向鱼种,并在鱼筛外轻轻划水,使鱼种穿筛而过,将蝌蚪、野杂鱼等筛出。接着清除余下一端箱底污物并清洗网箱。

经这样操作后,可保持谷池内水质清新,箱内外水流通畅,溶氧较高。鱼种约经 2 h 密集后放回池内。第二次拉网应尽可能将池内鱼种捕尽。因此,拉网后应再重复拉一网,将剩余鱼种放入另一个较小的谷池内锻炼。第二次拉网后再隔 1 天进行第三次拉网锻炼,操作同第二次拉网。如鱼种自养自用,第二次拉网锻炼后就可以分养;如需进行长途运输,第三次拉网后,将鱼种放入水质清新的池塘网箱中经一夜"吊养"后方可装运。

吊养时,夜间需有人看管,以防止发生缺氧死鱼事故。

⑥ 出塘过数和成活率的计算:夏花出塘过数的方法各地习惯不一,一般采取抽样计数法。先用小海斗(捞海)或量杯量取夏花,在计量过程中抽出有代表性的 1 海斗或 1 杯计数,然后按下列公式计算。

$$总尾数 = 捞海数(杯数) \times 每海斗(杯)尾数$$

根据放养数和出塘总数即可计算成活率。

$$成活率 = (夏花出塘数)/(下塘鱼苗数) \times 100\%$$

提高鱼苗育成夏花的成活率和质量的关键,除细心操作、防止发生死亡事故外,最根本的是保证鱼苗下塘后就能获得丰富的适口饲料。因此,必须特别注意做到合理放养密度、肥水下塘、分期注水和及时拉网和分塘。

1 龄鱼种培育

夏花经过 3~5 个月的饲养,体长达到 10 cm 以上,称为 1 龄鱼种或仔口鱼种。培育 1 龄鱼种的鱼池条件和发花塘基本相同,但面积要稍大一些,一般以 1 333~5 333 m² 为宜。面积过大,饲养管理、拉网操作均不方便。水深一般 1.5~2 m,高产塘水深可达 2.5 m。在夏花放养前必须和鱼苗池一样用药物消毒清塘。清塘后适当施基肥,培肥水质。施基肥的数量和鱼苗池同,应视池塘条件和放养种类而有所增减,一般施发酵后的畜(禽)粪肥 150~300 kg/667 m²,培养红虫,以保证夏花下塘后就有充分的天然饵料。

4.3.1 · 夏花放养

(1) 适时放养

一般在 6—7 月放养。几种搭配混养的夏花不能同时下塘,应先放主养鱼,后放配养鱼。

(2) 合理搭配混养

夏花阶段各种鱼类的食性分化已基本完成,对外界条件的要求也有所不同,既不同于鱼苗培育阶段,也不同于成鱼饲养阶段。因此,必须按养鱼种的特定条件,根据各种鱼类的食性和栖息习性进行搭配混养,才能充分挖掘水体生产潜力和提高饲料利用率。应选择彼此争食较少、相互有利的种类搭配混养。

▣（3）放养密度

在生活环境和饲养条件相同的情况下,放养密度取决于出塘规格,出塘规格又取决于成鱼池放养的需要。一般每 667 m² 放养 1 万尾左右。具体放养密度根据下列几方面因素来决定。

① 池塘面积大、水较深、排灌水条件好或有增氧机、水质肥沃、饲料充足时,放养密度可以大些。

② 夏花分塘时间早（在 7 月初之前）,放养密度可以大些。

③ 要求鱼种出塘规格大,放养密度应稀些。

4.3.2 · 饲养方法

科学喂料,提高饲料利用率。池塘内通过培育微生物,增加天然饵料的种类和密度,在满足一部分鱼类营养需求的情况下,适时、适量投喂无公害熟化全价饲料（含粗蛋白不低于 26%）。用科学方法掌握好饲料的投放量,确保饲料利用率的提高,满足各种鱼类生长所需的营养成分,防止饲料投喂过量造成浪费或因腐烂变质而污染水质。

以鲫为主的池塘,开始每天每万尾投 8～16 kg 全价熟化无公害颗粒饲料,每天投两次,投在池塘内所搭放的食台上,减少对饲料的浪费。随着鱼体增长,逐渐增加投喂量。

4.3.3 · 日常管理

每天早上巡塘 1 次,观察水色和鱼的动态,特别是浮头情况。如池鱼浮头时间过久,应及时注水。还要注意水质变化,了解施肥、投饲的效果。下午可结合投饲或检查吃食情况巡视鱼塘。

经常清扫食台、食场,一般 2～3 天清塘 1 次;每半月用漂白粉消毒 1 次,用量为 0.3～0.5 kg/667 m²;经常清除池边杂草和池中草渣、腐败污物,以保持池塘环境卫生。施放大草的塘,每天翻动草堆 1 次,加速大草分解和肥料扩散至池水中。

做好防洪、防逃、防治鱼病工作,以及防止水鸟的危害。

搞好水质管理是日常管理的中心环节。水质既要清,又要浓,也就是渔农所说的要"浓得清爽",做到"肥、活、嫩、爽"。所谓"肥"就是浮游生物多、易消化种类多。"活"就是水色不死滞,随光照和时间不同而常有变化,这是浮游植物处于繁殖盛期的表现。

"嫩"就是水色鲜嫩,也是易消化浮游植物较多、细胞未衰老的反映,如果蓝藻等难消化种类大量繁殖,水色呈灰蓝或暗绿色,浮游植物细胞衰老或水中腐殖质过多,均会降低水的鲜嫩度而变成"老水"。"爽"就是水质清爽,水面无浮膜,混浊度较小,透明度以保持在25~30 cm为佳。如水色深绿甚至发乌黑,在下风面有黑锅灰似的水则应加注新水或调换部分池水。

要想保持良好的水质,就必须加强日常管理,每天早晚观察水色、浮头和鱼的觅食情况,一般采取以下措施予以调节。

① 合理投饲、施肥:这是控制水质最有效的方法。做到"三看":一看天,应掌握晴天多投,阴天少投,天气恶变及阵雨时不投;二看水,清爽多投,肥浓少投,恶变不投;三看鱼,鱼活动正常、食欲旺盛、不浮头应多投,反之则应少投。千万不能有余食和一次大量施肥。

② 定期注水:夏花放养后,由于大量投饲、施肥,水质将逐渐转浓。要经常加水,一般每半个月加1次,每次加水15 cm左右,以更新水质,保持水质清新,也有利于满足鱼体增长对水体空间扩大的要求,使鱼有一个良好的生活环境。平时还要根据水质具体变化、鱼的浮头情况适当注水。一般来说,水质浓、鱼浮头时,酌情注水是有利无害的,可以保持水质优良,增进鱼的食欲,促进浮游生物繁殖和减少鱼病的发生。

4.3.4 · 并塘越冬

秋末冬初,水温降至10℃以下,鱼的摄食量大大减少。为了便于来年放养和出售,这时便可将鱼种捕捞出塘,按种类、规格分别集中蓄养在池水较深的池塘内越冬(可用鱼筛分开不同规格)。

在长江流域一带,鱼种并塘越冬的方法是在并塘前1周左右停止投饲,选天气晴朗的日子拉网出塘。因冬季水温较低,鱼不太活动,所以不要像夏花出塘时那样进行拉网锻炼。出塘后经过鱼筛分类、分规格和计数后即行并塘蓄养,群众习惯叫"囤塘"。并塘时拉网操作要细致,以免碰伤鱼体和在越冬期间发生水霉病。蓄养塘面积1 333~2 000 m²,水深2 m以上,向阳背风,少淤泥。鱼种规格为10~13 cm,每667 m²可放养5万~6万尾。并塘池在冬季仍必须加强管理,适当施放一些肥料,晴天中午较暖和,可少量投饲。越冬池应加强饲养管理,严防水鸟危害。并塘越冬不仅有保膘、增强鱼种体质及提高成活率的作用,而且还能略有增产。

为了减少操作麻烦和利于成鱼和2龄鱼池提早放养、减少损失、提早开食和延长生长期,有些渔场取消了并塘越冬阶段,采取1龄鱼种出塘后随即有计划地放入成鱼池或2龄鱼种池。

以鲫为主的池塘,开始每天、每万尾投 8~16 kg 全价熟化无公害颗粒饲料,分 2 次投在池塘内所搭放的食台上,以减少饲料的浪费。随着鱼体增长,逐渐增加投喂量。

为预防病害发生,应符合标准化生产。养殖过程中基本不用药物进行病害防治,6—10 月利用灌清水的方法使池塘内的水形成微流状,以增加水体溶氧量,使得水体的 pH 保持在 6.5~7.0。池内的水质新、清、活、肥。在高温季节,必要时适时、适量使用生物制剂,以改善水质。经常肥水,增加水体营养,将水体调节至最佳状态,以促进各种水生动物生长和提高鱼种的抗病能力。

成 鱼 养 殖

4.4.1 · 概述

成鱼养殖是将鱼种养成食用鱼的生产过程,也是养鱼生产的最后和主要环节。我国目前饲养食用鱼的方式有池塘养鱼、网箱(包括网围和网栏)养鱼、稻田养鱼、工厂化养鱼、天然水域(湖泊、水库、海湾、河道等)鱼类增殖和养殖等。静水土池塘养鱼是我国精养食用鱼的主要形式,也是其他设施渔业的基础,特别是在淡水养殖业中,其总产量占全国淡水养鱼总产量的 75% 以上。

我国池塘养鱼主要是利用经过整理或人工开挖面积较小的静水水体进行养鱼生产。由于管理较方便、环境较容易控制、生产过程能全面掌握,故可进行高密度精养,获得高产、优质、低耗、高效的结果。池塘养鱼体现我国养鱼的特色和技术水平。

（1）食用鱼养殖的技术经济考核指标

饲养食用鱼不仅要求稳产高产,而且还要求鱼货质量好,出塘规格符合消费者的需要,并能常年有活鱼供应,更要求以较少的人力、物力、财力获得较多的鱼产品,从而提高养鱼的经济效益。衡量饲养食用鱼生产技术水平高低的主要指标是产量和经济效益,单以一个方面的指标(如产量指标)来衡量养鱼成果是不全面的,应从市场需求、经济效益核算和饲养技术 3 个方面作全面衡量。当前养殖食用鱼的技术经济考核指标通常有以下几个。

① 鱼产量:鱼产量表示单位养殖水体提供食用鱼的能力,即单位水体(面积或体积)在一个生长季节(年或月)里生产出的鱼的重量叫鱼产量。其中,包括放养时的鱼种在内

的鱼产量称为毛产量,不包括放养时的鱼种在内的鱼产量称为净产量。在相同条件下,净产量越高,经济效益越高,养殖技术水平也就越高。具体计算方法:总面积平均上市产量=(年总产量-鱼种产量)÷鱼池总面积;食用鱼养殖面积平均净产量=(年总产量-鱼种放养量)÷食用鱼养殖面积。

② 增重倍数:出池时食用鱼的体重为放养鱼种体重的倍数,即鱼种在一个生长期的增重倍数。

③ 饲料系数:生产单位体重鱼所需要的饲料量,表示鱼类对饵料的利用情况,可衡量饲料的质量和养鱼的技术水平。饲料质量越好,饲料系数越低;同种饲料,饲料系数越低,养殖技术水平越高。

④ 养殖周期:自鱼苗养成食用鱼所需时间称为养鱼周期,通常以年或月表示。养成率即当年养殖的鱼能达上市规格的百分比。缩短养鱼周期需要较高的技术,意味着降低生产成本和获得较高的经济效益。

⑤ 鱼种自给率:表示鱼种的自给水平,用于衡量能否降低生产风险和成本。

⑥ 单位面积纯收入:在总产值中扣除物化成本(包括固定资产折旧、租金、鱼种、饲料、肥料、水电、药物、网工具折旧、维修、运输等费用)后的单位面积净产值。

⑦ 利润率:表示投资的收益率,即:[(总产值-总成本)÷总成本]×100%。

⑧ 劳动生产率:表示每个劳动力一年内所生产的产量和创造的产值。

(2) 养殖周期

养殖周期主要与食用鱼的上市规格、饲养鱼类在各个阶段的生长速度、气候条件、鱼类的生活环境、养殖设施、放养密度、饵料的丰歉与质量、饲养技术水平等相关。生产中应根据饲养对象的最佳生长期、食用价值、市场需求、消费习惯、成活率等制定较合理的养鱼周期,即在一定时间内能够获得质优、经济价值高的食用鱼。养鱼周期过长,饲料消耗多,即基础代谢的消耗增加,这完全是无用的消耗;同时,死亡率增大和管理费用增加,资金和池塘周转率低。周期过短,鱼类食用价值低,鱼种消耗大,也是不经济的。在实际生产中,应根据不同的饲养对象确定较合适的养殖周期,即要求在一定时间内能够最经济地获得有价值的食用鱼。在鱼类生长速度较快时,能花费较少的饲料,得到较大数量的鱼产品。

我国的淡水鱼养殖周期一般为1~3年。鲫养殖周期一般为2年。

与其他动物(畜、禽)饲养周期相比,鱼类的养殖周期均较长。缩短养鱼周期,可节省人力、物力和财力,提高养鱼设施的利用率,加速资金周转,减少饲养过程的病害和其他损失,更多、更快地提供食用鱼,从而提高经济效益、社会效益和生态效益。

4.4.2 · 鱼种放养

鱼种既是食用鱼饲养的物质基础,也是获得食用鱼高产的前提条件之一。优良的鱼种在饲养中成长快,成活率高。饲养上对鱼种的要求:数量充足,规格合适,种类齐全,体质健壮,无病无伤。

（1）鱼种规格

鱼种规格大小是根据食用鱼池放养的要求确定的。通常仔口鱼种的规格应大,而老口鱼种的规格应偏小,这是高产的措施之一。但是,由于各种鱼的生长性能、各地的气候条件和饲养方法不同,鱼类生长速度也不一样,加之市场要求的食用鱼上市规格不同,因此,各地对鱼种的放养规格也不同。

（2）鱼种来源

池塘养鱼所需的鱼种应由本单位生产,就地供应。这样,鱼种的规格、数量和质量均能得到保证,而且也降低了成本。鱼种供应有以下两个途径。

① 鱼种池专池培育:近年来,由于食用鱼池放养量增加,单靠鱼种池培育鱼种已无法适应食用鱼养殖的需要。鱼种池主要提供 1 龄鱼种。

② 成鱼池套养:所谓套养,就是同一种鱼类不同规格的鱼种同池混养。将同一种类不同规格(大、中、小三档或大、小二档)鱼种按比例混养在成鱼池中,经一段时间的饲养后,将达到食用规格的鱼捕出上市,并在年中补放小规格鱼种(如夏花)。随着鱼类生长,各档规格鱼种逐年提升,供翌年成鱼池放养用,故这种饲养方式又称"接力式"饲养。

（3）确定放养密度的方法

在养鱼工作中确定鱼种放养密度的方法有经验法和计算法两种。

① 经验法:是根据前一年某池塘所养鱼的成活率与实际养成规格和当年有关条件的变动,确定该池塘当年的放养量。例如,某池塘前一年养成规格偏小,当年又没有采取什么新措施,那么就应当将放养量适当调低;反之,如果前一年成活率正常且养成规格偏大,则应将放养量适当调高。如果采取了新的养殖技术和措施,那么放养量应相应提高。

② 计算法:放养密度计算公式是根据鱼产量、养殖成活率、放养鱼苗或鱼种的规格和计划养成的规格等参数,计算该池塘某种鱼的适宜放养密度。

在计算鱼苗、鱼种的需求量时,不但要考虑当年成鱼池的放养量,还要为明年、后年成鱼池所需的鱼做好准备。鱼苗、鱼种需求量可按下列公式计算。

$$鱼种放养量(尾)=成鱼池中该种鱼类的产量÷该种鱼平均出塘规格÷$$
$$该种鱼的成活率$$

对一些生产不稳定、成活率和产量波动范围较大的鱼种(如草鱼、团头鲂等),都应按上述公式计算后再增加25%的数量作为安全系数,列入鱼种生产计划。

根据各类鱼苗、鱼种总需要数量,按成鱼池所要求的放养规格以及当地主、客观条件制定出鱼苗、鱼种放养模式,再加上成鱼池套养数量,计算出鱼苗、鱼种池所需的面积。

(4)鱼种放养时间

提早放养鱼种是争取高产的措施之一。长江流域一般在春节前放养完毕,东北和华北地区可在解冻后,水温稳定在5~6℃时放养。在水温较低的季节放养,有以下好处:鱼的活动能力弱,容易捕捞;在捕捞和放养操作过程中,不易受伤,可减少饲养期间的发病率和死亡率;提早放养也就可以早开食,延长了鱼类的生长期。近年来,北方条件好的池塘已将春天放养改为秋天放养,鱼种成活率明显提高。鱼种放养前必须整塘,再用药物清塘(方法与鱼苗培育池的清塘相同)。清整好的池塘,注入新水时应采用密网过滤,防止野杂鱼进入池内,待药效消失后方可放入鱼种。鱼种放养必须在晴天进行。严寒、风雪天气不能放养,以免鱼种在捕捞和运输途中冻伤。

4.4.3 · 混养搭配

混养是根据不同水生动物的不同食性和栖息习性,在同一水体中按一定比例搭配放养几种水生动物的养殖方式。混养是我国池塘养鱼的重要特色。在池塘中进行多种鱼类、同种鱼类多种规格鱼的混养,可充分发挥池塘水体的生产潜力,合理地利用饵料,提高池塘的养殖产量(图4-3)。

(1)混养的优点

混养是根据鱼类的生物学特点(栖息习性、食性、生活习性等),充分运用它们相互有利的一面,尽可能地限制和缩小它们有矛盾的一面,让不同种类和同种异龄鱼类在同一空间和时间内一起生活和生长,从而发挥池塘的生产潜力。混养的优点如下。

① 可以充分合理地利用养殖水体与饵料资源:我国目前养殖的食用鱼,其栖息生活的水层有所不同,鲢、鳙生活在水体的上层,草鱼、团头鲂生活在水体的中下层,而青鱼、鲤、鲫则生活在水体的底层。将这些鱼类按照一定比例组合在一起,同池养殖,就能充分利用养殖水体空间,充分发挥池塘养鱼的生产潜力。

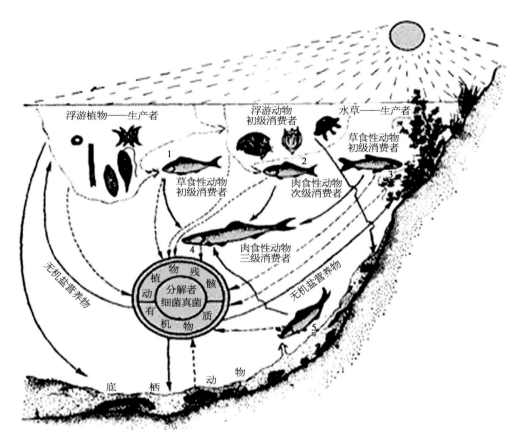

图 4-3 · 水生态系统示意图

　　我国池塘养鱼使用的饵料,既有浮游生物、底栖生物、各种水旱草,还有人工投喂的谷物饲料和各种动物性饵料。这些饵料投下池后,主要为青鱼、草鱼、鲤所摄食,而碎屑及颗粒较小的饵料又可被团头鲂、鲫以及多种幼鱼所摄食,而鱼类粪便又可培养大量浮游生物,供鲢、鳙摄食。因此,混养池饵料的利用率较高。

　　② 可以充分发挥养殖鱼类共生互利的优势:我国的常规养殖鱼类多数都具有共生互利的作用。青鱼、草鱼、团头鲂、鲤等吃剩的残饵和排泄的粪便,可以培养大量浮游生物,使水质变肥。鲢、鳙则以浮游生物为食,既控制了水体中浮游生物的数量,又改善了水质条件,可促进青鱼、草鱼、团头鲂、鲤生长。而鲤、鲫、罗非鱼等,不仅可充分利用池中的饵料,而且通过它们的觅食活动翻动底泥和搅动水层,可起到增加溶氧的作用,促进池底有机物的分解和营养盐类的循环利用。

　　③ 降低成本:多种类的鱼、多种规格的鱼同池混养,不仅水体、饵料可以充分利用,而且病害少、产量高,从而降低了养殖成本,增加了经济收入。在成鱼池混养各种规格的

鱼种,既能取得成鱼高产,又能解决翌年放养大规格鱼种的需要。

④ 提高社会效益和经济效益:通过混养,不仅提高了产量、降低了成本,而且在同一池塘中生产出多种食用鱼,特别是可以全年向市场提供活鱼,满足了消费者的不同要求,这对繁荣市场、稳定价格、提高经济效益有重大作用。

（2）混养鱼之间的关系

混养首先要正确认识和处理各种鱼相互之间的关系,避害趋利。混养鱼之间不能自相蚕食。

鲤、鲫、团头鲂与青鱼和草鱼的关系:青鱼吃螺蛳,草鱼、团头鲂吃草,鲤、鲫为杂食性。这些鱼类同池混养,也能起到共生互利的作用。一般每放 1 kg 青鱼种可配养规格为 20 g 左右的鲤 2~4 尾;每放 1 kg 草鱼种可放规格为 8~20 g 的团头鲂 6~10 尾,还可适量搭养一些鲫。

（3）确定养殖模式

以异育银鲫为主的混养模式:异育银鲫为优质淡水常规鱼类,饲养容易、种苗来源广、饵料易解决、养殖产量高、鱼肉品质好,是目前水产品市场上热销的品种之一,需求量很大。具体放养收获情况参照表 4－6。

表 4－6 · 以异育银鲫为主的混养模式

鱼 类	放 养			成活率 (%)	养成规格 (kg/667 m²)	产 量	
	鱼种规格 (g)	尾数 (尾/667 m²)	重量 (kg/667 m²)			毛产量 (kg/667 m²)	净产量 (kg/667 m²)
异育银鲫	35~50	1 000	40	80	0.2~0.3	200	160
异育银鲫	80~100	300	30	80	0.4~0.5	120	90
鲢	40~60	200	10	95	0.5~0.7	114	104
鳙	50~70	50	3	95	0.6~0.8	36	33
团头鲂	100~150	150	19	90	0.6~0.8	95	76
合计						565	463

说明:① 可以使用鲫颗粒饵料;② 如果饵料充足、管理较好,鲫放养量还可增加。

在成鱼池套养鱼种,是解决成鱼高产和大规格鱼种供应不足之间矛盾的一种较好的方法。套养是在轮捕轮放基础上发展起来的,它使成鱼池既能生产食用鱼,又能培养翌年放养的大规格鱼种。当前市场要求食用鱼的上市规格有逐步增大的趋势,大规格鱼种如依靠鱼种池培养,就大大缩小了成鱼池饲养的总面积,其成本必然增大。采用在成鱼池中套养鱼种,每年只需在成鱼池中增放一定数量的小规格鱼种或夏花,至年底在成鱼池中就可套养出一大批大规格鱼种。尽管当年食用鱼的上市量有所下降,但却为来年成鱼池解决了大部分鱼种的放养量。套养不仅从根本上革除了2龄鱼种池,而且也压缩了1龄鱼种池的面积,增加了食用鱼池的养殖面积。表4-7是江苏无锡市郊套养鱼种模式,供参考。

表4-7　江苏无锡市郊套养鱼种模式

鱼类	放养数量和规格	放养时间	成活率	养成鱼种数量和规格	说　明
鲫	600 尾/667 m^2、20 g/尾	年初			8 月中旬达 200 g 者上市
	900~1 000 尾/667 m^2、夏花	6 月	60%	600 尾/667 m^2、20 g/尾	

(4) 放养密度

在一定的范围内,只要饲料充足、水源水质条件良好、管理得当,放养密度越大产量越高,故合理密养是池塘养鱼高产重要措施之一。只有在混养基础上,密养才能充分发挥池塘和饲料的生产潜力。

① 密度加大产量提高的物质基础是饵料:主要摄食投喂饲料的鱼类,密度越大,投喂饲料越多,则产量越高。但是,在提高放养量的同时,必须增加投饵量才能达到增产效果。

② 限制放养密度无限提高的因素是水质:在一定的放养密度范围内,放养量越高净产量越高;放养密度超出一定范围,尽管饵料供应充足,也难收到增产效果,甚至还会产生不良结果。其主要原因是水质限制。我国几种主要养殖鱼类的适宜溶氧量为 4.0~5.5 mg/L,如溶氧量低于 2 mg/L 时,鱼类呼吸频率加快、能量消耗加大、生长缓慢。

如放养密度过大,池鱼常会处在低氧状态,这就大大限制了鱼类的生长。如天气变化,溶氧量往往下降到 1 mg/L 甚至更低,鱼类经常浮头,有时还会发生泛池死鱼事故。此外,放养过密,水体中的有机物质(包括残饵、粪便和生物尸体等)在缺氧条件下会产生大量的还原物质(如氨、硫化氢、有机酸等),这些物质对鱼类有较大的毒害作用并抑制鱼类生长。

③ 决定放养密度的依据:在能养成商品规格的成鱼或能达到预期规格鱼种的前提下,可以达到最高鱼产量的放养密度,即为合理的放养密度。合理的放养密度应根据池

塘条件、鱼的种类与规格、饵料供应和管理措施等情况来考虑。

池塘条件：有良好水源的池塘，其放养密度可适当增加。较深的（如 2.0~2.5 m）池塘放养密度可大于较浅的（如 1.0~1.5 m）池塘。

鱼种的种类和规格：混养多种鱼类的池塘，放养量可大于单一种鱼类或混养种类少的鱼池。此外，个体较大的鱼类比个体较小的鱼类放养尾数少，而放养重量应大。同一种类不同规格鱼种的放养密度，与上述情况相似。

饵、肥料供应量：如饵料、肥料充足，放养量可相应增加。

饲养管理措施：如养鱼配套设备较好，可增加放养量。轮捕轮放次数多，放养密度可相应加大。此外，管理精细、养鱼经验丰富、技术水平较高、管理认真负责的池塘，放养密度可适当加大。

历年放养模式在该池的实践结果：通过对历年各类鱼的放养量、产量、出塘时间、规格等技术参数的分析评估，如鱼类生长快、单位面积产量高、饵料系数不高于一般水平、浮头次数不多，说明放养量是较合适的；反之，表明放养过密，放养量应适当调整。如成鱼出塘规格过大、单位面积产量低、总体效益低，表明放养量过稀，必须适当增加放养量。

投 饵 管 理

4.5.1 · 投饵数量的确定

（1）全年投饵计划和各月分配

事先根据生产需要做出饵料量的计划是养鱼生产非常重要的一环。养鱼之前，应该计划好全年的饵料量及各月份的饵料分配（表4-8）。一般根据预计的净产量，结合饵料系数，计算出全年的投饵量，然后依据各月份的水温和鱼的生长规律制订出各月份的饵料量。全年投饵量可以根据饲料系数和预计产量计算，公式如下。

$$全年投饵量 = 饲料系数 × 预计净产量$$
$$月份投饵量 = 全年投饵量 × 月份配比例$$

一般全价配合饲料的饲料系数为 2~2.5，混合性饲料的饲料系数为 3~3.5，如果是几种饲料交替使用，则分别以各自的饲料系数计算出使用量，然后相加即为年投饲总量。

表4－8 · 成鱼投饵量各月份分配及日投喂次数

项 目	月 份				
	5	6	7	8	9
占全年比例(%)	10	15	30	30	15
日投喂次数	2~3	4	4	4	3~1

以配合饲料为主的投喂方式,除了计算月投饵百分比外,还应根据池塘吃食鱼的重量、规格、水温确定日投饵量,并每隔10天根据鱼增重情况调整1次。日投饵量＝水体吃食鱼总重量×日投饵率。

影响投饵率的因素有鱼的规格、水温、水中溶氧量和饲养管理水平等,投饵率在适温下随水温升高而升高,随鱼规格的增大而减少(表4－9)。鱼种阶段日参考投饵率为吃食鱼体重的4%~6%,成鱼阶段日参考投饵率为吃食鱼体重的1.5%~3%。

表4－9 · 不同规格、水温的日饵率(%)与投饵次数

规格(g/尾)	水 温(℃)			
	10~15	15~20	20~25	25~30
1~10	1	5.0~6.5	6.5~9.5	9.0~11.7
10~30	1	3.0~4.5	5.0~7.0	5.0~9.0
30~50	0.5~1.0	2.0~3.5	3.0~4.5	5.0~7.0
50~100	0.5~1.0	1.0~2.0	2.0~4.0	4.0~5.3
100~200	0.5~0.8	1.0~1.5	1.5~3.0	3.1~4.3
200~300	0.4~0.7	1.0~1.7	1.7~3.0	3.0~4.0
300~500	0.2~0.5	1.0~1.6	1.8~2.6	2.6~3.5
日投饵次数	2~3	3~4	4~5	4~5

注：当水温上升到35℃以上时,要适当减少投饵次数和投饵量。

(2) 不同季节投饵的技术要求

冬、春季节水温低,鱼类的代谢缓慢、摄食量不大,但在冬、春季节的晴好天气温

度稍有回升时,也需要投给少量精饲料,使鱼不致落膘。此时投喂一些糟麸类饵料较好,这些饵料易被鱼类消化,有利于刚开始摄食的鱼类吃食。初春,气温开始稳定升高后,要避免给刚开食的鱼类大量投饵,防止空腹鱼暴食而亡。4月中旬至5月上旬是各种鱼病的高发期,必须控制投饵量,并保证饵料新鲜、适口、均匀。水温升至25~30℃时,鱼类食欲大增,鱼病的危险期已过,要提高投喂量。9月下旬之后,气候正常,鱼病减少,对各种鱼类都应加大投饵量,日夜摄食均无妨,以促进所有的养殖鱼类增重,这对提高产量非常有利。10月下旬之后,水温逐渐回落,要控制投饵量,以求池鱼不落膘。一年中投饵的量可用"早开食,晚停食,抓中间,带两头"来概括。

(3) 每日投饵量的确定

精养鱼池每日的实际投饵量要根据池塘的水温、水色、天气和鱼类的生长及吃食情况来定,即所谓"四看"。

① 水温:水温在10℃以上即可开食,投喂易消化的精饲料(或适口颗粒饲料);15℃以上可开始投嫩草、粉碎的贝类、精饲料。1—4月和10—12月水温低,应少投或不投;5—9月水温高,是鱼生长的最佳季节,可适量多投。

② 水色:一般肥水呈油绿色或黄褐色,上午水色较淡,下午渐浓。水的透明度在30 cm左右,表明肥度适中,可进行正常投喂;透明度大于40 cm时,水质太瘦,应增加投饵;透明度小于20 cm时,水质过肥,应停止或减少投饵。

③ 天气:晴天溶氧充足,可多投;阴雨天溶氧低,应少投;阴天、雾天或天气闷热、无风欲下雷阵雨,应停止投饵;天气变化反复无常,鱼类食欲减退,应减少投饵。

④ 鱼类吃食情况:每天早晚巡塘时检查食场有无残饵,投食时观察鱼类抢食是否积极,由此可基本判断所投饵料充足与否。若很快吃完,应适量增加投饵;若长时间才吃完或有剩饵,可酌情少投。随着鱼类的生长,投饵量应该逐渐增加。每次的投饵量一般以鱼吃到七八成饱为准(大部分鱼吃饱游走,仅有少量鱼在表层索饵),这样有利于保持鱼旺盛的食欲和提高饲料利用率。

4.5.2 · 投饵技术

(1) 饲料投喂方法

饲料投喂方法主要有手撒、饲料台和投饵机3种。

① 手撒:本法的优点是简便、灵活、节能,缺点是耗费人工较多。对鱼类进行驯化投

喂,可减少饲料浪费,提高饲料利用率。在投饵前5 min用同一频率的音响(如敲击饲料桶的声音)对鱼类进行驯化,使鱼类形成条件反射。每敲击1次,投喂一些饵料。每天驯化2~3次,每次不少于30 min,一般驯化5~7天就可正常上浮摄食。驯化时,不可随意改变投喂点,并须确保驯化时间。在正常化后,每次的投喂时间要控制,不宜过长,投喂过程中应注意掌握好"慢—快—慢"的节奏和"少—多—少"的投喂量,开始时,前来吃食的鱼较少,撒饵料要少而慢;随着前来吃食鱼的数量增加不断增加投喂量,且随着鱼群的扩大,要加快速度并扩大撒饵范围;当多数鱼吃完游走时撒饵应慢而少,剩余的少量鱼抢食速度缓慢时即可停止投喂。

图4-4·投饵机

② 饲料台:可在安静、向阳、离池埂1~2 m处的塘埂边搭设饲料台。饲料台以木杆和网布、竹片等搭建而成,沉入水面下30 cm左右,并套以绳索以便拉出水面检查。青饲料需要利用木质或竹质框架固定在水面上,防止四处漂散。一般面积0.5 hm²的池塘搭建1~2个饲料台,以便定点投喂。通过设置饲料台可以及时、准确判断鱼类的吃食情况,还有利于清除残饵、食场消毒和疾病防治。

③ 投饵机(图4-4):可自动投放颗粒饲料,适用于各类养殖池塘,一般0.5~1 hm²池塘配备一台投饵机。自动投饵机是代替人工投饵的理想设备,具有结构合理、投饵距离远、投饵面积大、投饵均匀等优点,可大大提高饵料利用率、降低养殖成本、提高养殖经济效益,是实现机械化养殖的必备设备。

(2)"四定"投饵原则

① 定质:饲料要求新鲜、适口。青饲料要求鲜嫩、无根、无泥,鱼喜食。贝类饵料要求纯净、鲜活、适口、无杂质。提倡使用优质配合饲料,配合饲料具有营养全面、配方科学合理、粒度大小适宜、水中稳定性好、饵料系数低等特点。颗粒饲料的直径:鱼体重50~100 g时,粒径为3 mm;鱼体重100~250 g时,粒径为4~5 mm;鱼体重300 g以上时,粒径为5~6 mm。要根据鱼类品种及不同生长阶段的营养需要,做到精、青搭配。不投霉烂、腐败变质的饵料。

② 定量:每日投饵量不能忽多忽少,在规定时间内吃完,以避免鱼类时饥时饱,影响消化、吸收和生长,并易引起鱼病发生。一般生长旺季,每天按鱼类体重的8%左右的精饲料量喂鱼,每天的饵料量应分2~3次投喂,每次投喂的最适食量应为鱼饱食量的70%~80%;投食过量易引起池塘水质败坏,应尽量做到少量多次,以提高饵料利用率。

青饲料则按草食性鱼类体重的 30%～40% 量喂鱼；一般在傍晚巡塘检查食台时不应有剩饵，否则第二天应减少投饵量。

③ 定时：选择每天溶氧较高的时段，根据水温情况定时投喂。当水温在 20℃ 以下时，每天投喂 1 次，时间在上午 9:00 或下午 16:00；当水温在 20～25℃ 时，每天投喂两次，在上午 8:00 及下午 17:00；当水温在 25～30℃ 时，每天投喂 3 次，分别在上午 8:00、下午 14:00 和 18:00；当水温在 30℃ 以上时，每天投喂 1 次，选在上午 9:00。遇到季节、气候变化略作调整。在鱼类的生长季节必须坚持每天投饵，投饵坚持"匀"字当头，"匀"中求足，"匀"中求好，保证鱼类吃食均匀。切忌时断时续，要记住"一天不吃，三天不长"及"一天不投，三天白投"。

④ 定位：池中应设置固定的投饵地点。鱼类对特定的刺激容易形成条件反射，将饲料投放在固定地点的饲料框、食台或食场上，既便于检查摄食情况、清除饲料残渣、进行食场消毒等工作，又便于养成池鱼在固定地点摄食的习惯，有利于提高饵料利用率，同时在鱼病季节可以进行药物挂篓、挂袋、消毒水体，防止鱼病发生。浮性饲料，如浮萍、水草、陆草、浮性颗粒饲料等，要投放在浮于水面的饲料框内；沉性饲料，如豆饼、菜饼、花生饼、硬性颗粒饲料等，要投放在水中的食场上。

日 常 管 理

池塘的管理工作是池塘养鱼生产的主要实施过程。一切养鱼的物质条件和技术措施，最后都要通过池塘日常管理才能发挥效能、获得高产。

4.6.1 · 池塘管理的基本要求

池塘管理工作的基本要求是保持良好的池塘生态环境，以促进鱼类快速生长，达到高产低耗和安全生产。

池塘养鱼是一项较复杂的生产活动，牵涉气候、饵料、水质、营养、鱼类个体和群体之间的变动情况等各方面的因素，这些因素又时刻变化、相互影响。因此，管理人员既要全面了解养鱼的全过程和各种因素之间的关系，又要抓住管理中的主要矛盾，以便控制池塘生态环境，取得稳产高产。

4.6.2 · 池塘管理的基本内容

（1）经常巡视池塘，观察池鱼动态

每天早、中、晚坚持巡塘 3 次。黎明时观察池鱼有无浮头现象，以及浮头程度如何，以便决定当天的投饵、施肥量；日间结合投饵和测水温等工作，检查池鱼活动和吃食情况，以判断鱼类是否有异常现象和鱼病的发生，近黄昏时检查全天吃食情况和观察有无浮头预兆。酷暑季节、天气突变时，还须在半夜前后巡塘，以便及时制止浮头，防止泛池发生。检查各种设施，搞好安全生产，防止逃鱼和其他意外事故发生。

（2）做好鱼病防治工作

随时除去池边杂草和池面污物，保持池塘环境卫生，预防鱼病的发生。鱼病防治应做到"以防为主，以治为辅，无病先防，有病早治"。水体、食场、渔用工具等应进行定期消毒。在鱼病流行期间，定期对池鱼投喂药饵，以增强鱼体质和抵抗力，预防疾病发生。应及时将死鱼捞出，以防病菌传播和水质恶化，查明原因，并正确诊断、及时治疗。

（3）根据天气、水温、季节、水质、鱼类生长和摄食情况，确定投饵、施肥的种类和数量

在高温季节要准确掌握投饵量，尽量使用颗粒饲料，不使用粉状饲料；停止施用有机肥，改施化肥，并以磷肥为主。

（4）掌握好池水的注排，保持适当的水位，做好防旱、防涝、防逃工作

根据情况，10 天或半月注水一次，以补充蒸发损耗。经常根据水质变化情况换注新水，并定期泼洒生石灰水改良水质。

（5）种好池边（或饲料地）的青饲料

选择合适的青饲料品种，做到轮作、套种、搞好茬口安排，及时播种、施肥和收割，以提高青饲料的质量和产量。

（6）合理使用渔业机械

搞好维修保养和安全用电。

（7）做好池塘管理记录和统计分析

每口鱼池都有养鱼日记,对各类鱼种的放养及每次成鱼的收获日期、尾数、规格、重量,每天投饵、施肥的种类和数量以及水质管理和病害防治等情况,都应有相应的表格记录在案,以便统计分析,及时调整养殖措施,并为以后制定生产计划和改进养殖方法打下扎实的基础。

4.6.3 · 池塘水质管理

通过合理的投饵和施肥来控制水质变化,并通过加注新水、使用增氧机等方法调节水质。养鱼群众有"要想养好一塘鱼,先要养好一塘水"的说法,反映了水质管理对池塘养鱼是十分重要的。

养鱼生产中所指的水质是一个综合性的指标,可通过水的呈色情况来判断,实际上水质既包含了理化指标,也表示了水的浮游生物状态。对养鱼来说,优良的水质可用"肥、活、嫩、爽"来形容。其相应的生物学含义:肥,指水色浓,浮游植物含量(现存量)高,且常常形成水华。透明度 25~35 cm,浮游植物含量为 20~50 mg/L。活,指水色和透明度有变化。以膝口藻等鞭毛藻类为主构成的水华水,藻类的聚集和分散与光照强度变化密切相关。一般的"活水"在清晨时由于藻类分布均匀,所以透明度较大,天亮以后藻类因趋光移动而聚集到表层,使透明度下降,呈现出水的浓淡变化,说明鱼类容易消化的种类多。如果水色还有 10 天或半月左右的周期变化,更说明藻类的种群处于不断被利用和增长的良性循环之中,有利于鱼类的生长。嫩,是与"老"相对而言的一种水质状态。"老水"有两个主要特征:一是水色发黄或发褐色;二是水色发白。水色发黄或褐色往往表明水中浮游植物细胞老化,水体内的物质循环受阻,不利于鱼类生长;水色发白是小型蓝藻滋生的征象,也不利于鱼类生长。爽,指水质清爽,透明度适中。浮游植物的含量不超过 100 mg/L,水中泥沙或其他悬浮物质少。

综上所述,对养鱼高产有利的水质指标:浮游植物量 20~100 mg/L;隐藻等鞭毛藻类丰富,蓝藻较少;藻类的种群处于增长期;浮游生物之外的其他悬浮物质不多。

鱼类在池塘中的生活、生长情况是通过水环境的变化来反映的,各种养鱼措施也都是通过水环境作用于鱼体的。因此,水环境成了养鱼者和鱼类之间的"桥梁"。人们研究和处理养鱼生产中的各种矛盾,主要从鱼类的生活环境着手,根据鱼类对池塘水质的要求,人为地控制池塘水质,使其符合鱼类生长的需要。池塘水质管理,除了前述的施肥、投饵培育和控制水质外,还应注意及时加注新水。

经常及时地加水是培育和控制优良水质必不可少的措施。对精养鱼池而言,加水有

4 个作用。① 增加水深：增加了鱼类的活动空间，相对降低了鱼类的密度；池塘蓄水量增大，也稳定了水质。② 增加池水的透明度：加水后，使池塘水色变淡，透明度增大，使光透入水的深度增加，浮游植物光合作用水层（造氧水层）增大，整个池水溶氧增加。③ 降低藻类（特别是蓝藻、绿藻类）分泌的抗生素：这种抗生素可抑制其他藻类生长。将这种抗生素的浓度加水稀释，有利于容易消化的藻类生长繁殖。在生产上，老水型的水质往往在下大雷阵雨以后水质转为肥水，就是这个道理。④ 增加水中溶解氧：使池水垂直、水平流转，解救或减轻鱼类浮头并增进食欲。由此可见，加水有增氧机所不能取代的作用。在配置增氧机的鱼池中，仍应经常、及时地加注新水，以保持水质稳定。此外，在夏、秋高温季节，加水时间应选择晴天，在下午 14:00—15:00 进行。傍晚禁止加水，以免上下水层提前对流而引起鱼类浮头。

4.6.4 · 增氧机的合理使用

近年来，我国水产养殖已逐步向高密度、集约化方向发展，水产养殖总产量逐年上升，这与水产养殖业逐步实现机械化，特别是增氧机的广泛使用是密不可分的。可以说，增氧机是我国实现渔业现代化必不可少的基本装备。

（1）增氧机的作用

增氧机不但能解决池塘养殖中因为缺氧而产生的鱼浮头的问题，而且可以消除有害气体、促进水体对流交换、改善水质条件、降低饲料系数、提高鱼池活性和初级生产率，从而可提高放养密度、增加养殖对象的摄食强度、促进生长，使单产大幅度提高，充分达到养殖增收的目的。

（2）增氧机的类型及适用范围

增氧机产品类型比较多，其特性和工作原理也各不相同，增氧效果差别较大，适用范围也不尽相同，生产者可根据不同养殖系统对溶氧的需求，选择合适的增氧机以获得良好的经济性能。

4.6.5 · 防止鱼类浮头和泛池

在水中溶氧量低下时，鱼类无法维持正常的呼吸活动，被迫上升到水面利用表层水进行呼吸，出现强制性呼吸，这种鱼类到水面呼吸的现象称为浮头。鱼类出现浮头时，表明水中溶氧量已下降到威胁鱼类生存的程度，如果溶氧量继续下降，浮头现象将更为严重，如不设法制止就会引起全池鱼类的死亡，这种由于池塘缺氧而引起的池塘大量成批死鱼现象称为泛池。由于鱼类浮头时不摄食,体力消耗很大,经常浮头严重影响鱼类生长,因此要防止浮头和泛池的发生。

(1) 浮头的成因

池塘养鱼中,造成池水溶氧量急剧下降而导致鱼类浮头的原因有以下几个方面。

① 池底沉积大量有机物质:当上下水层急速对流时,造成溶氧量迅速降低。成鱼池一般鱼类密度大,投饵、施肥多,在炎热的夏天,池水上层水温高、下层水温低,出现池水分层现象,表层水溶氧量高,下层水由于光照弱,浮游植物光合作用微弱,溶氧供应很差,有机物处于无氧分解的过程中,产生了氧债,当由于种种原因引起上下水层急剧对流时,上层水中的溶氧便由于偿还氧债而急剧下降,极易造成鱼类的浮头和泛池。特别是在夏季傍晚下雷阵雨或刮大风时,就会出现池水上下层急剧对流。在秋天,天气由热转冷,池水开始降温时,也会出现池水上下层的急剧对流,这时如果出现几天的雨天,更会促进这个过程而出现浮头甚至泛池。

② 水肥鱼多:当天气连绵阴雨、溶氧量供不应求时,会导致鱼类浮头。

③ 水质败坏,溶氧量急剧下降:水质老化、长期不注入新水,浮游植物生活力衰退,当遇上阴天光照不足时会促发大批死亡,继而引起浮游动物死亡,池水的溶氧量急剧下降并发黑发臭而败坏,常引起鱼类泛池。

④ 大量施用有机肥:在高温季节,大量施用有机肥,会使有机物耗氧量上升和溶氧量下降而出现鱼类浮头,特别是施用未发酵的有机肥时更为严重。

(2) 浮头的预测

预测浮头可以从以下 4 个方面进行。

① 根据天气预测:如夏季傍晚下雷阵雨,或天气转阴,或遇连绵阴雨,气压低、风力弱、大雾等,或久晴未雨,鱼类吃食旺盛、水质浓,一旦天气变化,翌晨均有可能引起鱼类浮头。

② 根据季节预测:水温升高到25℃以上,投饵量增大,水质逐渐转浓,如遇天气变化鱼容易发生暗浮头。此外,梅雨季节光照强度弱,也容易引起浮头。

③ 根据水色预测:水色浓,透明度小,或产生"水华"现象,如遇天气变化,易造成浮游生物大量死亡而引起泛池。

④ 根据鱼类吃食情况预测:经常检查食场,当发现饵料在规定时间内没有吃完,而又没有发现鱼病,说明池塘溶氧条件差,有可能浮头。

（3）浮头的预防

① 池水过浓应及时加注新水,提高透明度,改善水质。

② 夏季气象预报有雷阵雨,中午应开增氧机,事先消除氧债。

③ 天气连绵阴雨,应经常、及时开增氧机,以增加溶氧量。

④ 估计鱼类可能浮头时,应停止施有机肥,并控制投饵量。不吃夜食,捞出余草。

（4）浮头轻重的判断

池塘鱼类浮头时,可根据以下几方面的情况加以判断浮头的轻重。

① 浮头开始的时间:浮头在黎明时开始为轻浮头,如在半夜开始为严重浮头。浮头一般在日出后会缓解和停止,因此开始得越早越严重。

② 浮头的范围:鱼在池塘中央部分浮头为轻浮头,如扩及池边及整个鱼池为严重浮头。

③ 鱼受惊时的反应:浮头的鱼稍受惊动(如击掌或夜间用手电筒照射地面)即下沉(稍停又浮头)为轻浮头,如鱼受惊不下沉为严重浮头。

（5）浮头的解救

发生浮头时应及时采取措施加以解救,如注入新水、开动增氧机等。在操作时可根据各池浮头的轻重,先解救严重浮头的鱼池。

用水泵注水解救时,应使水流成股与水面平行冲出,形成一股较长的水流,使鱼能够较容易地集中在水流处。

在抢救浮头时,切勿中途停机、停泵、停水,以免浮头的鱼又分散到池边,不易再引集至水流处而发生死亡。

4.6.6 · 做好养鱼日志

一般情况下,每隔 15~30 天要检查 1 次鱼体成长度(抽样尾数,每尾鱼的长度、重量,平均长度、重量),以此判断前阶段养鱼效果的好坏,采取改进的措施,发现鱼病也能及时治疗。

池塘养鱼日志是有关养鱼措施和池鱼情况的简明记录,是据以分析情况、总结经验、检查工作的原始数据,作为改进技术、制定计划的参考,必须按池塘为单位做好日志。

每口鱼塘都有养鱼日记(俗称塘卡),内容主要包括以下几点。

① 放养和捕捞:池塘面积、放养或捕捞日期、种类、尾数、规格、重量、转池或出售。

② 水质管理：天气、气温和水温、水深、水质、水色变化、注排水、开增氧机时间等。

③ 投饵、施肥：每天的投饵、施肥的种类和数量，以及吃食情况、生长测定等。

④ 鱼病防治：鱼病情况、防治措施，以及用药种类、时间、效果等。

⑤ 其他：鱼的活动、浮头、设施完好情况等。

（撰稿：刘乐丹、陈倩、余开）

鲫营养与饲料

概　述

　　鲫是我国传统的餐桌水产品,随着异育银鲫(1983 年)、高体型异育银鲫(1996 年)、彭泽鲫(1996 年)、湘云鲫(2001 年)、异育银鲫"中科 3 号"(2007 年)、白金丰产鲫(2015 年)、长丰鲫(2015 年)和异育银鲫"中科 5 号"(2017 年)等新品种的产生,养殖产量有了大幅度提升,从 20 世纪 70 年代的几万吨到 2000 年的 138 万吨,再到 2020 年的 270 万吨(数据来自《中国渔业统计年鉴》)。随着养殖产量的增加,对饲料的需求也逐渐增加。对于养殖动物,特别是高密度养殖条件下,动物所需要的营养物质绝大多数来源于饲料。饲料品质的优劣,不仅影响水产动物的生长,还影响其健康、品质、养殖废弃物排放等。饲料成本占养殖总成本的 70% ~ 85%,因此,饲料决定了养殖成败。随着对养殖环境、产品安全和养殖成本等越来越严格的要求,以及养殖模式的多样化等现实情况,对饲料的营养需求也越来越精准化。饲料精准营养包括对鱼类在不同条件下的营养需求、对饲料原料的利用、饲料配方技术、加工工艺、投喂技术等。

营 养 需 求

5.2.1 · 蛋白质和氨基酸的需求

　　鱼类对饲料蛋白质的需求量较高,是普通陆生脊椎动物(哺乳类和鸟类)的 2 ~ 5 倍。鱼用配合饲料中蛋白质水平一般在 25% ~ 55% 之间。鱼类尤其是幼鱼的生长速度在很大程度上受到饲料蛋白水平的调节。蛋白质作为体内无处不在的生物大分子,经过消化后以氨基酸和多肽的形式进入机体,参与动物机体代谢,在动物体内发挥着广泛而重要的生理功能。蛋白质也可以作为能量物质为生物体活动提供能量,蛋白质的燃烧热值为 23.73 J/g,生理热价为 18.48 J/g 左右。

　　鱼类作为一种生活在水里的变温动物,其对饲料蛋白质的需要量受到多种因素影响。从动物本身而言,鱼类的种类、年龄、规格、健康状况等是造成鱼类蛋白质需求差异的主要原因。在环境方面,水温、溶氧、盐度、养殖方式等也会对鱼类的营养需求造成一定影响。同时,饲料的质量包括饲料蛋白源质量、氨基酸平衡情况、饲料蛋白能量比,以及其他营养素的含量等,也是造成鱼类蛋白质需求差异的重要因素。

(1)饲料蛋白含量对鱼类的影响

饲料蛋白是影响鱼类生长的主要因素。多数研究结果认为,随着饲料蛋白含量的增加,鱼类的生长增加;当饲料蛋白含量达到一定峰值后,则鱼类的生长速度不再增加甚至会下降(图 5-1)。钱雪桥(2001)发现,随着饲料中蛋白水平的增加,高背型异育银鲫的生长速度加快,但饲料蛋白水平在 35%~50% 间差异不显著。在异育银鲫"中科 3 号"中,以大豆浓缩蛋白为主要蛋白源时,随着饲料蛋白的增加,幼鱼(初重 3.2 g)的生长速度加快,在 40% 蛋白水平时最高,随后出现下降(Ye 等,2015);养成中期的鱼(初重 87 g)生长速度随饲料蛋白含量增加而增加,在饲料蛋白 35%~50% 时出现平台期。当以鱼粉为主要蛋白源时,幼鱼(初重 3.8 g)生长随饲料蛋白增加而加快,在饲料蛋白 33%~45% 时呈现平台期;养成中期的鱼(初重 85 g)在饲料蛋白 35% 时表现出最好的生长速度,饲料蛋白再高会导致生长下降(Ye 等,2017)。何吉祥等(2014)采用不同营养素水平的多因素试验发现,33% 蛋白、10.5% 脂肪和 30% 碳水化合物饲料养殖的异育银鲫"中科 3 号"生长最快、饲料系数最低。过高的饲料蛋白也会导致方正银鲫、芙蓉鲤鲫生长和饲料效率下降(陈林,2016;桑永明等,2018)。刘颖(2008)以彭泽鲫为对象,研究了长周期条件下的蛋白需求,发现高蛋白饲料可以延长鲫的快速生长期。1.85~65.8 g 鲫的最适蛋白需求为 38.79%,可消化蛋白为 36.28%;65.8~181 g 鲫(养成期)的最适蛋白需求为 31.97%,可消化蛋白为 29.49%;181 g 以上鲫的蛋白需求低于 31.97%。鱼种期由于营养水平造成的生长差异可通过后期的补偿生长来消除。

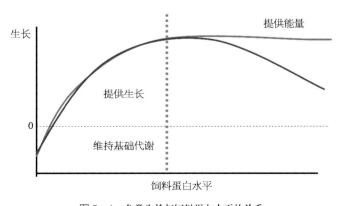

图 5-1 鱼类生长与饲料蛋白水平的关系

饲料蛋白水平不仅影响鱼类的生长和饲料利用,还影响鱼类的健康、废物排放等。Tu 等(2015a、b)发现,随着饲料蛋白的增加,异育银鲫"中科 3 号"肝脏 IGF - I 明显上调,蛋白贮积率和能量贮积率提高,这也说明排泄的氮废物下降。张晓华等(2016)发现,低蛋白饲料导致异育银鲫总抗氧化能力、过氧化氢酶活性以及抑制羟自由基的能力呈显著下降趋势,丙二醛含量以及谷胱甘肽过氧化物酶活性呈显著上升趋势,谷胱甘肽含量随着饲料蛋白含量先升后降。龙勇等(2008)发现,饲料蛋白水平对鱼类性腺系数产生了显著影响,性腺系数随饲料蛋白水平的升高而增大。肌肉、性腺的蛋白质和脂肪含量随饲料蛋白水平的升高而升高,水分含量随饲料蛋白水平的升高而降低。

▓ (2)饲料蛋白需求量

从目前研究的结果来看(表 5 - 1),鲫的蛋白需求多数在 35%~40%,仅异育银鲫"中科 5 号"在 30%左右。随着规格的增加,鲫对饲料蛋白的需求下降。Yun 等(2015)在 41 周的试验中发现,36%~44%的蛋白水平均可获得较好的生长,而 40%的饲料蛋白组终末体重最大。但是,通过对已有的数据分析发现,单位体重蛋白日需求与其生长速度明显相关,即单位体重蛋白日需求量/SGR = 4.4(图 5 - 2)。

表 5 - 1 · 鲫对饲料的蛋白需求量

品　种	初始体重(g)	蛋白源	蛋白需求(%)	摄食水平(%BW/天)	最适蛋白水平的SGR(%/天)	文献来源
异育银鲫	2.53	鱼粉	39.3		1.35	He 等(1988)
高背鲫	4.8	鱼粉	38.4	3.65	2.9	钱雪桥(2001)
异育银鲫"中科 3 号"	1.85	鱼粉、豆粕	40	1.31	1.71	Yun 等(2015)
异育银鲫"中科 3 号"	2.85	鱼粉、酪蛋白	35.05~37.15		2.67	何吉祥等(2014)
异育银鲫"中科 3 号"	3.7	鱼粉、酪蛋白	41.4	2.74	3.41	Ye 等(2017)
异育银鲫"中科 3 号"	3.18	大豆浓缩蛋白、酪蛋白	41.4	3.6	2.6	Ye 等(2015)
异育银鲫"中科 3 号"	85.2	鱼粉、酪蛋白	36.5	1.92	1.65	Ye 等(2017)
异育银鲫"中科 3 号"	87.1	大豆浓缩蛋白、酪蛋白	37.8	1.37	1.06	Ye 等(2015)
异育银鲫"中科 3 号"	180	鱼粉、酪蛋白	36.9	2.33	1.12	Tu 等(2015)
异育银鲫"中科 5 号"	6.14	鱼粉、酪蛋白	30.7		2.85	许文婕(未发表)

品　种	初始体重（g）	蛋白源	蛋白需求（%）	摄食水平（%BW/天）	最适蛋白水平的 SGR（%/天）	文　献　来　源
彭泽鲫	1.85	鱼粉、膨化大豆、豆粕	38.79			刘颖（2008）
彭泽鲫	65.8	鱼粉、膨化大豆、豆粕	31.97			刘颖（2008）
彭泽鲫	181	鱼粉、膨化大豆、豆粕	<31.97			刘颖（2008）
方正银鲫	3.10	鱼粉、豆粕	37.1		2.38	桑永明等（2018）
芙蓉鲤鲫	1.88	鱼粉、豆粕	36.0		3.55	王金龙等（2013）
芙蓉鲤鲫	7.7	鱼粉、酪蛋白	41.4	4.23	3.92	陈林（2016）

注：摄食水平指日蛋白需求量占体重的百分比。BW 指体重，下同。

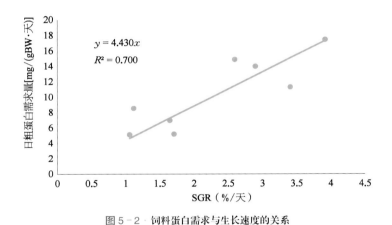

图 5-2　饲料蛋白需求与生长速度的关系

（3）影响饲料蛋白需求的因素

通常认为，鱼类的蛋白需求随着体重的增加而下降。鲫的研究结果也类似，异育银鲫幼鱼蛋白需求量高于养成中期（Ye 等，2015、2017；Tu 等，2015）。随着鲫体重的增加，其蛋白利用效率下降，蛋白贮积率也随之下降（图 5-3）。

饲料蛋白源是影响蛋白需求评价的重要因素。叶文娟（2013）研究发现，摄食非鱼粉蛋白源饲料的蛋白需求量高于摄食动物蛋白源饲料。以白鱼粉和酪蛋白为蛋白源（饲料蛋白水平为 25%~45%，饲料蛋白能量比为 14.8~27.5 mg/kJ），异育银鲫幼鱼（3.70 g）达到最大生长（SGR 为 3.42 %/天）时的饲料蛋白需求为 36.0~42.7%，蛋白质的日绝对需求量为 9.31~11.23 g/kg 体重。此时，单位时间、单位体重可消化蛋白的日需求量为 8.29~10.39 g/kg 体重，蛋白质效率为 2.36~2.83。以大豆浓缩蛋白和酪蛋白为蛋白源

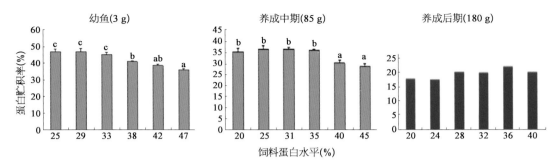

图 5-3·不同体重异育银鲫"中科 3 号"对饲料蛋白利用的差异

（饲料蛋白水平 25%～50%，饲料蛋白能量比为 16.6～29.1 mg/kJ），异育银鲫幼鱼（3.18 g）达到最大生长（SGR 为 2.65 %/天）时的饲料蛋白需求为 40.2%～42.9%，蛋白质的日绝对需求量为 12.15～14.30 g/kg 体重。此时，单位时间、单位体重可消化蛋白需求量为 10.97～13.03 g/kg 体重，蛋白质效率为 1.53～1.85。在异育银鲫养成中期（85.2 g），以白鱼粉和酪蛋白为蛋白源（饲料蛋白水平为 20%～45%，饲料蛋白能量比为 12.1～23.6 mg/kJ）时，鱼类达到最大生长（SGR 为 1.71 %/天）时的饲料蛋白需求为 33.0%～36.6%，蛋白质的日绝对需求量为 5.92～7.53 g/kg 体重。此时，单位时间、单位体重可消化蛋白日需求量为 5.12～6.56 g/kg 体重，蛋白质效率为 2.44～2.82。以大豆浓缩蛋白和酪蛋白为蛋白源（饲料蛋白水平为 25%～50%，饲料蛋白能量比为 14.5～25.2 mg/kJ），养成中期异育银鲫（87.1 g）达到最大生长（SGR 为 1.07 %/天）时的饲料蛋白需求为 33.6%～40.5%，蛋白质的日绝对需求量为 3.22～4.52 g/kg 体重。此时，单位时间、单位体重可消化蛋白日需求量为 2.94～4.27 g/kg 体重，蛋白质效率为 1.67～1.86。相同规格异育银鲫摄食不同蛋白源饲料达到最大生长时，单位时间、单位体重的可消化蛋白日需求量比较接近，幼鱼为 8.29～13.03 g/kg 体重，养成中期为 2.45～6.56 g/kg 体重。异育银鲫摄食同种蛋白源饲料的蛋白质效率的变化范围也相对稳定，摄食动物蛋白源饲料的蛋白质效率为 1.81～3.07，摄食非鱼粉蛋白源饲料的蛋白质效率为 1.50～2.15。

　　研究蛋白需求的评价方法也会影响蛋白需求的结果。利用生长和饲料利用指标评价所得到的蛋白需求值比用蛋白利用指标评价所得到的蛋白需求值偏高，用折线法（broken-line analysis）得到的蛋白需求值相对二次回归（quadratic regression）法得到的蛋白需求值偏低（叶文娟，2013）。

　　投喂频率是影响饲料蛋白需求的重要因素之一。Zhao 等（2016）研究发现，增加投喂频率可以降低异育银鲫"中科 3 号"的饲料蛋白需求，30%饲料蛋白投喂频率 6 次/天可以获得 38%饲料蛋白投喂频率 4 次/天的生长速度，而在投喂频率 6 次/天时，30%～38%

饲料蛋白的生长差异不显著,饲料效率可明显提高,这主要与氨基酸的吸收有关。许文婕(2017)比较了2次/天、3次/天和4次/天的投喂频率下,不同饲料蛋白水平对异育银鲫"中科3号"的影响,发现在2次/天的投喂频率下,不同饲料蛋白水平养殖的鱼类之间生长没有差异;在3次/天的投喂频率下,在35%饲料蛋白可以达到较高生长,然后出现平台期;在4次/天的投喂频率下,25%~40%饲料蛋白水平均表现出较好的生长,仅在45%饲料蛋白水平才出现明显的生长提升。

投喂水平也影响鱼类对饲料蛋白的需求量(图5-4)。研究表明,在饱食条件下,异育银鲫"中科3号"在最低饲料蛋白水平时就可以获得限食条件下的最大生长。

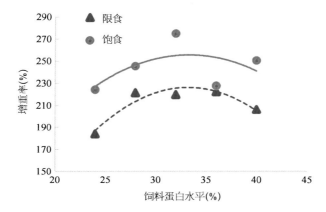

图5-4 投喂水平对异育银鲫"中科3号"饲料蛋白需求的影响

养殖密度可以影响饲料蛋白的利用。许文婕(2017)研究发现,异育银鲫"中科3号"在200尾/箱时,40%饲料蛋白水平可以获得最大生长;但在600尾/箱时,45%饲料蛋白水平(图5-5)才能获得最大生长。

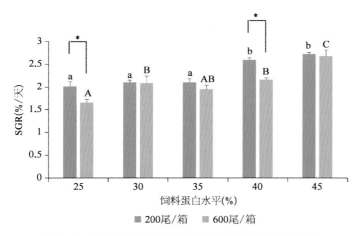

图5-5 养殖密度对异育银鲫"中科3号"饲料蛋白需求的影响

此外,养殖鱼类的营养史也影响鱼类的蛋白利用和需求。吴本丽等(2018)发现,长期饥饿(90 天)后异育银鲫幼鱼对不同饲料蛋白水平的利用及适应过程有较大差异;在恢复投喂初期,饲料蛋白水平对生长影响不大,机体摄食及消化功能逐渐恢复后,较高饲料蛋白水平(35%~40%)可有效促进生长,且最适饲料蛋白水平为 38.1%。

（4）氨基酸的需求

鱼类摄取的蛋白质在消化道中被胃肠分泌的消化酶水解成游离氨基酸和小肽（有时肠黏膜细胞将这些小肽进行胞内消化为氨基酸）,才能被肠黏膜细胞吸收。蛋白质被消化时释放出的游离氨基酸被肠道吸收后通过血液循环进入氨基酸库供代谢使用。因此,动物对蛋白质的需求实际上是对氨基酸的需求。通常认为,鱼类的必需氨基酸有 10 种,即异亮氨酸、亮氨酸、赖氨酸、蛋氨酸、苯丙氨酸、苏氨酸、色氨酸、缬氨酸、精氨酸和组氨酸(表 5-2)。如果饲料中的氨基酸含量不足,会影响鱼类的生长和正常生理功能。

表 5-2·鲫对饲料氨基酸的需求

养殖品种	营养素	初始体重(g)	饲料蛋白含量(%)	需要量(%)	SGR(%/天)	文献来源
异育银鲫"中科 3 号"	赖氨酸	52.5	34.7	1.78	0.68	王鑫等(2014)
异育银鲫"中科 3 号"	赖氨酸	7.1	37.6	2.44	2.04	Hu 等(2021)
异育银鲫"中科 3 号"	赖氨酸	7.9	38.5	3.27	1.46	周贤君等(2006)
异育银鲫"中科 3 号"	赖氨酸	73.6	31.3	2.11	1.74	涂永芹(2015)
异育银鲫"中科 3 号"	赖氨酸	166.8	31.2	1.75	1.38	涂永芹(2015)
异育银鲫"中科 3 号"	蛋氨酸	1.7	41.0	0.69 (0.42Cys)	1.50	周贤君(2005)
异育银鲫"中科 3 号"	蛋氨酸	2.6	37.2	0.89		贾鹏等(2013)
异育银鲫"中科 3 号"	蛋氨酸	50.0	33.0	0.78~0.98		Wang 等(2016)
异育银鲫"中科 3 号"	精氨酸	2.5	34.9	1.55	4.44	马志英(2009)
异育银鲫"中科 3 号"	精氨酸	70.0	31.0	1.65		Tu 等(2015)
异育银鲫"中科 3 号"	精氨酸	150.0		1.28		Tu 等(2015)
异育银鲫"中科 3 号"	苯丙氨酸	3.2	36.0	1.09	3.02	马志英等(2010)
异育银鲫"中科 3 号"	组氨酸	2.8	37.1	0.82	2.21	马志英(2009)
异育银鲫"中科 3 号"	色氨酸	3.3	33.1	0.26	0.78	马志英(2009)

养殖品种	营养素	初始体重（g）	饲料蛋白含量（%）	需要量（%）	SGR（%/天）	文献来源
湘云鲫	色氨酸			0.49		Fu 等（2021）
异育银鲫"中科 3 号"	牛磺酸	2.9	37.3	0.40	1.07	马志英（2009）
异育银鲫"中科 3 号"	苏氨酸	3.2	34.6	1.77		李桂梅（2009）
异育银鲫"中科 3 号"	缬氨酸	3.2	34.7	1.72	4.53	李桂梅等（2010）
异育银鲫"中科 3 号"	亮氨酸	3.3	33.8	1.89	4.39	李桂梅（2009）
异育银鲫"中科 3 号"	亮氨酸			2.10~2.41		Lin 等（2021）
异育银鲫"中科 3 号"	异亮氨酸	2.9	33.1	1.32	3.47	李桂梅（2009）

虽然有报道认为，鲤科鱼类对晶体氨基酸的利用较差，但周贤君（2005）、王洪涛（2009）等均证实鲤科鱼类可以有效利用饲料中的晶体氨基酸。

通常情况下，随着饲料氨基酸水平的增加，鲫的生长和蛋白贮积率增加，然后处于平台期或者生长速度下降，但这和养殖鱼类的生长阶段、饲料氨基酸水平等因素密切相关。例如，贾鹏等（2013）在异育银鲫"中科 3 号"饲料中添加蛋氨酸（饲料蛋氨酸水平0.57%~0.95%）时，鱼类的生长速度一直在提高，但蛋白贮积率在最高氨基酸水平时下降；周贤君（2005）报道，饲料蛋氨酸高于 1.57%~1.82% 这一最高氨基酸水平时，异育银鲫的生长明显下降。

Hu 等（2008）在利用豆粕替代鱼粉的饲料中添加赖氨酸和蛋氨酸后，可明显提高异育银鲫"中科 3 号"的生长和饲料利用率。何菊云等（2016）在低鱼粉饲料中添加水产DL-蛋氨酸显著改善了异育银鲫的生长性能，甚至与高鱼粉组相比无显著差异；高鱼粉组饲料中添加 DL-蛋氨酸也改善了异育银鲫的生长性能，但差异不显著。

涂永芹（2015）发现，饲料赖氨酸对异育银鲫有明显的影响。养成中期异育银鲫的摄食率、特定生长率、饲料效率、蛋白沉积率、能量沉积率、能量表观消化率、组氨酸和脯氨酸的表观消化率、血氨含量、肝脏 ALT 及 LKR 活力均显著高于养成后期，而血糖含量、肝脏 AST 活力及蛋氨酸、苯丙氨酸、苏氨酸、谷氨酸和丝氨酸的表观消化率则显著低于养成后期。饲料精氨酸对异育银鲫 GH-IGF-I 生长轴和 TOR 信号通路有明显的调节作用。低精氨酸水平下，GH、IGF-I 的分泌和释放显著降低，TOR 信号通路上关键基因的表达显著下调。养成中期异育银鲫摄食率、特定生长率、饲料效率、蛋白沉积率、能量沉积率、全鱼和肌肉蛋白含量、血浆 NO 含量、肝脏 T-NOS 和精氨酸酶活力、GH-IGF-I 生长轴及 TOR 信号通路关键基因的相对表达量均显著高于养成后期。Ji 等（2021）发现，在无鱼粉饲料中,异育银鲫"中科 3 号"肝脏 *TOR*、*IGF - I*、*JAK3*、*STAT4*、*STAT6* 和 *PepT2* 等基因的相对表达量随饲料赖氨酸的增加而增加。

饲料色氨酸对鱼类肠道健康的影响受到广泛关注。饲料色氨酸可改善湘云鲫肠道运输和代谢的能力,主要与蛋白消化、吸收和 AMPK 信号通路相关,可显著提高肠道醋酸杆菌、厚壁菌、拟杆菌的丰度(Fu 等,2021)。

牛磺酸虽然不属于必需氨基酸,但受到的关注也越来越多。王银东等(2015)在异育银鲫饲料中添加牛磺酸,可有效改善其生长和饲料效率,并提升肝脏谷胱甘肽含量等抗氧化指标。章倩等(2020)和 Ren 等(2016)研究发现,牛磺酸能够有效缓解氨中毒对鲫和草鱼造成的氧化伤害,但牛磺酸并不能降低氨中毒对鲫和草鱼造成的炎症反应。牛磺酸可通过提高血红蛋白含量来提高鲫的抗缺氧能力(邱小琼等,2006;魏智清等,2006)。伍琴等(2015)发现,在饲料中适量添加牛磺酸能提高鲫生长、肠道细胞增殖、绒毛高度及蛋白消化吸收相关基因的表达。牛磺酸可通过促进饲料蛋白质、脂肪吸收而改善鲫的生长(邱小琼,2007;赵小锋等,2007)。

5.2.2 · 脂类和必需脂肪酸的需要量

脂类是在动、植物组织中广泛存在的一类脂溶性化合物的总称,按照其物质构成可分为中性脂肪和类脂质。中性脂肪,又名甘油三酯,由三分子脂肪酸和一分子甘油酯化而成,其主要性质取决于所含的脂肪酸种类。类脂质种类很多,常见的类脂质有蜡、磷脂、糖脂和固醇等。脂类在鱼类新陈代谢过程中的主要作用:① 组织细胞的组成成分,一般组织细胞中均含有 1%~2% 的脂类物质;② 提供能量,节约蛋白质、提高饲料蛋白质的有效利用率;③ 提供载体,促进其他脂溶性营养素的吸收和转运;④ 提供前体,合成其他生物活性物质,如类二十烷酸、前列腺素、性激素等;⑤ 提供必需脂肪酸,满足鱼体正常的生理代谢需要。

精确地定义养殖鱼类的饲料脂肪需求,既要考虑不同生长阶段的变化,又要考虑饲料脂肪源的变化,还要考虑饲料中其他营养成分的含量。饲料的脂肪需求可以结合脂肪的功能和作用从以下 3 个方面来理解。

一是能量的需求。不同生长阶段鱼类对能量的需求是不同的,同时饲料中蛋白质和糖类通过代谢也能转化为脂肪,所以它们的代谢产物也可以作为能源物质,因此它们在饲料中含量的变化将影响到鱼类对饲料脂肪含量的需求。

二是 EFA 的相对需求和绝对需求。不同生长阶段的鱼类对 EFA 的需求也会有所变化,如在仔稚鱼期,由于神经系统和视觉系统发育的需要,可能需要更多的 n - 3 LC - PUFA。不同的脂肪源,由于其脂肪酸组成不同,将导致需要不同的饲料脂肪水平来满足鱼类对 EFA 绝对含量的需求。由于脂肪酸在体内的代谢关系,某些脂肪酸含量的改变又必然影响其他脂肪酸含量需求的改变。这些脂肪酸可以用来合成新的脂肪用于鱼的发育和生长,还能参与鱼体脂肪的转化。

三是所有鱼类的饲料都必须含有一定的多不饱和脂肪酸(polyunsaturated fatty acids,PUFA)。如果饲料中多不饱和脂肪酸缺乏,就会使鱼生长变缓、繁殖力下降、出现一些病症,严重的甚至会导致死亡。因此,必须从饲料中提供足够的脂肪酸来满足鱼体正常的发育和生长。鱼类脂肪营养的一个关键点就是提供充足的 EFA 以满足正常生长和发育的需求,而鱼类对 EFA 的需求又会随着生长阶段的不同而改变。不同生长发育阶段的鱼类,由于生长速度、能量需求及生理代谢特点等不同,其对脂肪的需求也有差异。

目前的研究表明,淡水鱼的 n-3 必需脂肪酸的需求可以通过 18∶3n-3 脂肪酸来满足。大部分淡水鱼的必需脂肪酸有 4 种,即亚油酸(18∶2n-6)、亚麻酸(18∶3n-3)、二十碳五烯酸(20∶5n-3)、二十二碳六烯酸(22∶6n-3)。但对不同种类的鱼来说,这 4 种必需脂肪酸的添加效果却有所不同。

饲料脂肪水平不仅影响鱼类的生长,而且影响蛋白和能量利用及鱼类健康。Pei 等(2004)和 Zhou 等(2014)研究发现,在高背型异育银鲫和异育银鲫"中科 3 号"饲料中脂肪水平提高,鱼类生长加快,但脂肪水平过高又导致生长下降。饲料效率、蛋白和能量贮积率随着饲料脂肪增加而提高。费树站等(2022)的长周期(340 天)养殖试验结果表明,在幼鱼期及养成期,饲料脂肪对异育银鲫的生长和饲料利用影响较大;在 223 天(约 90 g)以后,差异不明显。幼鱼期异育银鲫对脂肪的利用较低,饲料脂肪水平对幼鱼期异育银鲫肠道消化酶活性有显著影响,幼鱼期异育银鲫肠道胰蛋白酶和淀粉酶活性高于越冬期和养成中后期的异育银鲫。饲料脂肪还影响异育银鲫脂肪合成相关基因 ppary 和 fas 的表达。不同生长阶段异育银鲫对饲料脂肪摄入的响应策略存在差异,摄入过高或过低均会导致代谢紊乱。适宜的饲料脂肪水平可促进幼鱼期和养成前期异育银鲫的生长,增强脂肪利用率和脂代谢能力,而较大规格的异育银鲫对脂肪的变化不敏感。付辉云等(2020)发现,饲料中适宜的脂肪水平可提高彭泽鲫的消化酶活性,增强抗氧化能力,可改善彭泽鲫的健康状况。芙蓉鲤鲫饲料中适宜的脂肪添加水平有助于改善鱼类的健康状况,但过高的脂肪水平加重了芙蓉鲤鲫的代谢压力和氧化速率(何志刚等,2016b)。王爱民等(2010)研究发现,饲料中适宜的脂肪水平可促进肠道蛋白酶的分泌,而对肠道淀粉酶和肝胰脏蛋白酶、淀粉酶无明显促分泌作用。饲料脂肪水平的增加通常会提高鱼体脂肪的含量,鱼肉或全鱼的脂肪酸组成与饲料密切相关(陈家林,2008;何志刚等,2016)。

不同脂肪源对鲫的影响不同。周建成(2014)发现,与鱼油作为饲料脂肪源相比,以玉米油替代 50% 鱼油作为脂肪源可明显降低小规格异育银鲫的饲料脂肪需求。饲料脂肪的增加导致了不同规格异育银鲫体脂肪含量明显上升,在小规格阶段,肌肉和内脏是体脂沉积的主要位点;在中规格阶段,肌肉和肝脏是体脂沉积的主要位点;在大规格阶段,只有肌肉脂肪随饲料脂肪增加而显著上升。从中规格和大规格异育银鲫肝脏抗氧化分析来看,饲料脂肪水平增加明显导致异育银鲫肝脏氧化损伤的加重,主要反映在丙二醛(MDA)含量不断升高。从异育银鲫肝脏克隆得到参与脂肪合成关键酶 ACC1、FAS、Δ6 Fad 和 Elovl5 的 cDNA 片段。在 3 种规格中均发现,饲料脂肪升高抑制了肝脏中参与 SFA 合成的关键酶 ACC1 和 FAS 的 mRNA 表达水平,而对参与 LC - PUFA 合成的 Δ6Fad 和 Elovl5 的表达影响并不明显(周建成,2014)。丁立云等(2021)发现,摄食大豆磷脂的彭泽鲫增重率显著高于菜籽油组,较菜籽油组提高了 5.91%,与鱼油、豆油组无显著性差异。综合几种脂肪源对鱼体生长性能、体组成、血清生化指标及肝脏抗氧化指标的影响,研究认为,鱼油、豆油和大豆磷脂可作为养成期彭泽鲫饲料的脂肪源,而菜籽油不适宜作为彭泽鲫饲料的单一脂肪源。陈家林等(2011)比较了鱼油、椰子油、玉米油、亚麻油、大豆油、菜籽油及其混合物在异育银鲫"中科 3 号"中的使用效果,结果表明,在单一脂肪源中,豆油组和椰子油组的增重率最高,其次是菜籽油组,而鱼油、玉米油和亚麻油组的增重率最低。与相应的单一脂肪源相比,饲料中鱼油与椰子油、玉米油或亚麻油 1:1 混合后使用提高了异育银鲫的生长。总之,研究认为,豆油、椰子油和菜籽油是异育银鲫饲料中良好的脂肪源。异育银鲫肌肉脂肪酸与饲料脂肪源呈显著正相关。王煜恒(2011)比较几种饲料脂肪源的效果发现,当单独添加豆油或花生油时,与添加鱼油组表现出相似的生长性能和体成分,而单独添加猪油不仅生长稍差,而且肌肉蛋白降低、肝脏脂肪升高,建议生产上鱼油、豆油和猪油混合添加。於叶兵等(2012)发现,鱼油对异育银鲫形体与血液生化指标的作用效果最好,豆油、花生油和混合油其次,猪油最差。

不同品系异育银鲫对脂肪的利用和需求也存在差异。Li 等(2019)发现,F 品系异育银鲫的脂肪酸 β-氧化和糖酵解能力比 A 品系强。随着饲料脂肪水平的增加,F 品系表现出比 A 品系更好的饲料利用率和蛋白贮积率。A 品系表现出更好的生长,但 F 品系表现出更好的葡萄糖摄取、糖酵解、脂肪利用能力。

水温可影响鱼类的脂肪利用。姜大丽等(2021)发现,在较低水温条件下,含有较高脂肪的饲料组(包括高脂组、低动高脂组和低植高脂组)异育银鲫的生长高于正常脂肪组(对照组),而低脂组(高植低脂组)生长低于正常脂肪组,说明低温下脂肪对于异育银鲫生长及抵御低温应激很重要,而饲料脂肪含量不足会抑制异育银鲫生长。

对鲫的脂肪酸需求研究不多。陈家林(2008)研究表明,异育银鲫"中科 3 号"饲料中 18:2n - 6 和 18:3n - 3 的适宜含量分别为总脂肪酸的 17% 和 6.5%(相当于饲料的

1.3%和0.5%）。亚油酸和亚麻酸之间不存在交互作用。异育银鲫肝脏和肌肉的脂肪酸组成与饲料存在显著相关。鲫对脂肪和必需脂肪酸的需求见表5-3。

表5-3·鲫对脂肪和必需脂肪酸的需求

养殖品种	营养素	初始体重(g)	需要量(%)	文献
异育银鲫	粗脂肪	4.5	14.0	Pei 等(2004)
异育银鲫"中科3号"	粗脂肪	3.5	7.3	Zhou 等(2014)
异育银鲫"中科3号"	粗脂肪	55	12.5	周建成(2014)
异育银鲫"中科3号"	粗脂肪	12.2	12.2	郭伟等(未发表)
异育银鲫"中科3号"	粗脂肪	11.3	8	费树站等(2022)
异育银鲫"中科3号"	粗脂肪	80	12	费树站等(2022)
异育银鲫"中科3号"	粗脂肪	2.85	4.56~8.00	何吉祥等(2014)
异育银鲫"中科3号"	粗脂肪	2.05	9.9	Wang 等(2014)
异育银鲫"中科3号"	粗脂肪	17.0	4.08~6.92	王爱民等(2010)
额尔齐斯河银鲫	粗脂肪	52.8	8.5~10.4	高攀等(2021)
方正银鲫	粗脂肪	23.3	7.6	桑永明(2018)
芙蓉鲤鲫	粗脂肪	2.04	6.94	何志刚等(2016)
芙蓉鲤鲫	粗脂肪	8.86	14	陈林(2016)
芙蓉鲤鲫	粗脂肪	55.5	18	陈林(2016)
异育银鲫	亚油酸	4.2	1.3(占总脂肪酸的17%)	陈家林(2008)
异育银鲫	亚麻酸	4.2	0.5(占总脂肪酸的6.5%)	陈家林(2008)

5.2.3 · 糖类的需要量

糖类(碳水化合物)是多羟基醛或多羟基酮,以及水解后能产生多羟基醛或多羟基酮的一类有机物。糖类对于鱼的正常生长代谢具有重要的生理作用,是一种重要的营养素。由于糖类在自然界中的易得性,它们是一种丰富、廉价的饲料原料。虽然有学者认为鱼类饲料中糖类不一定必需,但是一些研究表明,某些鱼类在摄食不含糖类的饲料时生长表现很差。此外,作为重要的能源物质,如果饲料中没有添加糖类,其他营养源(如蛋白和脂类)就会大部分被分解供能,以及作为生化合成的中间物被利用。在饲料中添加一定含量的糖类后,可以减少蛋白分解造成的水体氮排放。然而,饲料糖含量过高又会导致脂肪在肝脏和肠系膜大量沉积而发生脂肪肝,使肝脏功能削弱、鱼呈病态肥胖体质,从而影响鱼类的生长和健康。因此,一般认为在饲料中添加适量的糖类是重要的技术环节。

鲫作为杂食性鱼类,通常认为对糖类的利用能力比肉食性鱼类更强,糖类在饲料中的适宜含量为15%~30%(表5-4)。裴之华等(2005)发现,在饲料适宜糖水平时,异育银鲫生长、饲料效率、蛋白贮积率和能量贮积率均得到提高,但过高的糖水平会导致其生长和饲料利用率下降。在对异育银鲫"中科3号"的研究表明,在饲料蛋白水平为37%~38%、脂肪水平为8%时,增加饲料玉米淀粉含量能显著改善幼鱼的生长和饲料利用率,且最适玉米淀粉添加水平为30.2%;饲料中糖类水平过高会导致异育银鲫幼鱼肝脏及身体中大量脂肪沉积(Li等,2016)。中、大规格异育银鲫饲料中最适玉米淀粉添加水平分别为29.2%和27.2%,表明饲料中添加糖类能显著改善两种规格异育银鲫的生长和饲料利用率李向松(2014)。

表5-4·鲫饲料中糖类的适宜含量

养 殖 品 种	营 养 素	初始体重(g)	糖类适宜含量(%)	文　献
异育银鲫"中科3号"	玉米淀粉	18.3	15.6	裴之华等(2005)
异育银鲫"中科3号"	玉米淀粉	2.4	30.2	Li等(2016)
异育银鲫"中科3号"	玉米淀粉	70	29.2	李向松(2014)
异育银鲫"中科3号"	玉米淀粉	170	27.2	李向松(2014)
异育银鲫"中科3号"	玉米淀粉	12	32.8	郭伟等(未发表)
异育银鲫"中科3号"	玉米淀粉	2.85	27.65~31.48	何吉祥等(2014)
白鲫	玉米淀粉	7.17	19.12~22.87	罗琳等(2021)
彭泽鲫	玉米淀粉	32.77	23.11	丁立云等(2022)

高糖类饲料通常会抑制鱼类的生长和饲料利用率。32%~40%的饲料淀粉抑制了异育银鲫"中科3号"的生长。Tan等(2009、2006)认为,异育银鲫"中科3号"最大耐受的饲料糖类含量是30%。

梅玲玉等(2021)研究了饲料淀粉对全养殖周期异育银鲫"中科3号"生长性能和糖代谢的影响,发现各个生长阶段糖酵解的敏感度高于糖异生代谢,幼鱼期(63天)与养成前期(110天)糖、脂转化能力较强。幼鱼期异育银鲫适宜的饲料淀粉水平为23%,养成前期异育银鲫适宜的饲料淀粉水平减为13%;越冬后(275天)异育银鲫整体代谢旺盛,43%淀粉组生长最好;在养成中后期(340天)以后,异育银鲫饲料的淀粉适宜含量则再次降到33%。

蔡春芳等(2010)研究认为,彭泽鲫可耐受40%饲料糖而对其生理功能没有不良影响,且一定量的饲料糖有利于提高鲫的抗氧化力。缪凌鸿等(2011)发现,在饲料糖类高达50%时,异育银鲫的耐受性比较差,鱼体产生了应激反应,血浆皮质醇激素明显升高,鱼的肝脏、心脏、脾脏和肾脏 *HSP70* 基因 mRNA 表达较对照组全部上调。

鱼类对糖的利用也受到多种因素的影响。谭青松(2005)研究发现,异育银鲫"中科3号"饲料中适宜的糖水平在不同规格鱼中均为30%左右,差别不大。蔡春芳等(2009)发现,增加投喂频率可显著改善彭泽鲫对饲料糖的利用。

鲫对不同饲料原料中糖类的利用也存在一定差异。谭青松(2005)比较了玉米、糙米、糯米及抗性淀粉产品作为淀粉源的利用效果,发现不同饲料淀粉来源对异育银鲫的生长和饲料效率没有显著影响,但抗性淀粉组的摄食率较高,而蛋白质沉积率和能量沉积率较低。蔡春芳等(2006)比较了鲫对葡萄糖和糊精的利用,发现糊精组增重率、饲料效率、蛋白质效率显著高于葡萄糖组,糊精组脂肪贮积率显著高于葡萄糖组,体脂、肝脂、肌脂含量也高于葡萄糖组,提示糊精比葡萄糖更容易以脂肪形式积累在体内。相比于葡萄糖,玉米淀粉更适合作为异育银鲫饲料中的糖类来源(李向松,2014)。

5.2.4 · 矿物质的需要量

矿物质是鱼类生长的重要营养素,但过量的矿物质通常会带来生长和健康的负面影响。鲫对主要矿物质的需要量见表5-5。谢东东(2016)以特定生长率、饲料效率和全鱼磷含量作为评价指标,得出异育银鲫"中科3号"幼鱼期(13.5 g)对饲料可消化磷的需求量分别为13.37 g/kg、15.06 g/kg 和13.97 g/kg;以特定生长率、磷的贮积率和饲料效率作为评价指标,得出养成中期异育银鲫"中科3号"(43.8 g)对饲料可消化磷的需求量分别为10.69 g/kg、8.22 g/kg 和6.72 g/kg;以特定生长率和饲料效率作为评价指标,得出养成后期异育银鲫"中科3号"(168.4 g)对饲料总磷的需求量分别为8.37 g/kg 和10.25 g/kg。

表5-5 · 鲫对饲料中矿物质的需求量

种　类	矿物元素	初始体重(g)	需　求　量	文　献
高背型异育银鲫	磷	6.1	0.6%~0.7%	叶军(未发表)
异育银鲫"中科3号"	磷	13.5	1.33%~1.51%	Xie 等(2018)

种　类	矿物元素	初始体重(g)	需　求　量	文　献
异育银鲫"中科3号"	磷	50	0.67%~1.07%	Xie 等(2017)
异育银鲫"中科3号"	磷	170	0.71%~1.02%	谢东东(2016)
异育银鲫	锰	3.2	13.77 mg/kg	Pan 等(2008)
异育银鲫	铁	2.1	202 mg/kg 1 150.8	Pan 等(2009)
异育银鲫	铁	22	301.68 mg/kg	萧培珍(2007)
异育银鲫	锌	5.4	50 mg/kg	李金生(1990)
异育银鲫	锌	22	128.67 mg/kg	萧培珍(2007)
异育银鲫	铜	4.9	4~6 mg/kg	李金生(1990)
异育银鲫	钙	6.1	0.48	叶军等(未发表)
湘云鲫	钙	40	2.55~2.71%(磷酸二氢钙)	王双等(2018)
异育银鲫	镁	3.1	745 mg/kg	Han 等(2012)
异育银鲫"中科3号"	硒	2.8	1.18 mg/kg	Han 等(2011)
异育银鲫"中科3号"	硒	3.3	0.99 mg/kg(蛋氨酸硒)	朱玲(2016)
异育银鲫"中科3号"	硒	3.3	1.12 mg/kg(亚硒酸钠)	Zhu 等(2017)
异育银鲫"中科3号"	硒	3.3	1.09 mg/kg(酵母硒)	朱玲(2016)
异育银鲫"中科3号"	硒	76	0.73 mg/kg	朱玲(2016)
异育银鲫	碘	3.2	0.87 mg/kg	韩冬等(未发表)

异育银鲫对不同饲料原料中磷的消化利用率差别很大,从16%到85%(叶军和贺锡勤,1991)。石亚庆(2016)研究了饲料脂肪对磷利用的影响,发现湘云鲫在低脂(4.5%)和高脂(7.0%)饲料条件下最适磷酸二氢钙添加水平为2.61%~2.72%和2.55%~2.71%,差异不大。

饲料添加植酸酶不仅可改善鲫对饲料磷的利用率,而且可改善生长和饲料效率(余丰年和王道尊,2000)。饲料中添加锌对异育银鲫血清溶菌酶、黏液溶菌酶、肝胰总SOD酶(T-SOD)和血红蛋白的影响最大;锰对血清T-SOD酶、黏液T-SOD酶、肝胰铜锌SOD酶和肝胰谷丙转氨酶(GPT)的影响最大;铜对血清铜锌SOD酶的影响最大;铁对血清谷丙转氨酶影响最大(郭建林等,2008)。萧培珍(2007)在异育银鲫饲料中补充铁,显著影响鱼类的生长,在添加铁300 mg/kg时增重最大。随日粮铁的增加,血红蛋白含量逐渐增加；在 300 mg/kg 组(饲料中铁总量为 1 150.78 mg/kg)时体表黏液和血清的溶菌酶活力最高。日粮添加锌 128.67 mg/kg 时,异育银鲫的体重特定生长率达到最大。

硒是重要的矿物质元素。王彦波和宋达峰(2011)发现,饲料中添加蛋氨酸硒和纳米硒均可提高异育银鲫的生长和谷胱甘肽过氧化物酶活性,纳米硒处理组异育银鲫的肌肉中硒含量显著增高。朱玲(2016)比较了异育银鲫"中科 3 号"对不同硒源的利用,以亚硒酸钠的生物利用率为 100%作对照,以血浆 SOD 活力为标准,得出幼鱼蛋氨酸硒和酵母硒的生物利用率分别为 176%和 168%,幼鱼对饲料中蛋氨酸硒、酵母硒、亚硒酸钠的需求量分别为 0.92 mg/kg、1.07 mg/kg 和 1.18 mg/kg。以肝脏 GPx 活力为标准,得出幼鱼蛋氨酸硒和酵母硒的生物利用率分别为 187%和 127%,幼鱼对饲料中蛋氨酸硒、酵母硒、亚硒酸钠的需求量分别为 0.94 mg/kg、1.05 mg/kg 和 1.17 mg/kg。以全鱼硒含量为标准,得出幼鱼蛋氨酸硒和酵母硒的生物利用率分别为 606%和 416%。饲料中添加蛋氨酸硒对养成中期鱼的特定生长率和饲料效率未产生显著影响。随饲料硒水平的上升,全鱼、背肌、性腺和血浆的硒含量呈现显著增加的趋势。以肝脏硒含量为指标,得出养成中期异育银鲫的最适硒需求量为 0.73 mg/kg。综合各项指标可知,异育银鲫对饲料中硒的利用能力依次为蛋氨酸硒(173% ~ 606%)>酵母硒(119% ~ 416%)>亚硒酸钠(100%)。饲料中同时添加维生素 E 和硒对异育银鲫没有交互作用。李圆泽(2022)研究发现,饲料中添加高于 10 mg/kg 的有机硒显著刺激了异育银鲫的生长,添加高于 10 mg/kg 无机硒抑制了异育银鲫的生长,说明在异育银鲫体内有机硒比无机硒更易富集。

饲料中过高的矿物盐尤其是重金属类矿物盐常会引起鱼类的毒性效应。饲料中过量的铜会导致异育银鲫"中科 3 号"生长、肝体比等下降,肝脏铜积累增加;高铜饲料对肠道微绒毛结构产生影响,导致柱状细胞空隙变大、排列不齐(种香玉等,2014)。

王双等(2018)在饲料中添加磷酸二氢钙(MCP),发现随饲料中 MCP 添加量的增加,湘云鲫的生长上升,在添加量为 2.5%时达到最高值后出现下降的趋势。在该添加量下,全鱼和脊椎骨磷含量,肠道淀粉酶、脂肪酶、胰蛋白酶活性,以及血清超氧化物歧化酶、碱性磷酸酶活性最高,血清甘油三酯含量和肝脏丙二醛含量最低。

5.2.5 · 维生素的需要量

维生素是维持动物机体正常生长、发育和繁殖所必需的微量小分子有机化合物。多数维生素动物不能合成,仅肠道微生物可合成部分维生素,因此,养殖鱼类的维生素需求大多来自饲料。鲫的维生素需要量见表 5 - 6。

表 5 - 6 · 鲫对饲料中维生素的需求量

种 类	维生素	初始体重(g)	需求量	文献来源
异育银鲫"中科 3 号"	维生素 A	69.4	2 698 IU/kg	Shao 等(2016)
异育银鲫"中科 3 号"	肌醇	3.4	477 mg/kg	Gong 等(2014)
异育银鲫"中科 3 号"	维生素 B_1	5.1	1.45~1.62 mg/kg	龚望宝(未发表)
异育银鲫"中科 3 号"	维生素 B_2	1.4	3.76 mg/kg	王锦林(2007)
异育银鲫"中科 3 号"	维生素 B_6	3.3	7.26~11.36 mg/kg	王锦林等(2011)
异育银鲫"中科 3 号"	烟酸	1.9	31.27 mg/kg	王锦林(2007)
异育银鲫	维生素 C	6.1	200 mg/kg	王道尊和冷向军(1996)
异育银鲫	维生素 C	42.2	300~500 mg/kg	宋学宏等(2002)
异育银鲫"中科 3 号"	维生素 C	77.2	97~180 mg/kg	Shao 等(2018)
异育银鲫	维生素 D_3	3.5	20 000 IU/kg	李孝武(未发表)
异育银鲫	维生素 E	3.3	42.59 mg/kg	张月星(未发表)
异育银鲫"中科 3 号"	维生素 B_{12}	3.5	<14 μg/kg	段元慧(2011)
异育银鲫"中科 3 号"	维生素 K	2.17	3.73~6.72 mg/kg	段元慧等(2013)
异育银鲫"中科 3 号"	叶酸	6.1	0.92~0.97 mg/kg	段元慧(2011)
异育银鲫"中科 3 号"	胆碱	3.4	1 050 mg/kg 800~2 000	Duan 等(2012)
异育银鲫"中科 3 号"	泛酸	2.2	34.1 mg/kg	段元慧(2011)

维生素 C 是研究较多的一类维生素。王道尊和冷向军(1996)报道了异育银鲫对维生素 C 的需要量为 200 mg/kg。宋学宏等(2022)报道,饲料中维生素 C 含量为 150 mg/kg 时增重率最大,但建议在疾病多发季节饲料添加量提高到 300 mg/kg。林仕梅等(2003)报道了饲料中的维生素 B_2、维生素 B_6、烟酸和泛酸的添加效果。王锦林(2007)研究了异育银鲫对维生素 B_2、维生素 B_6 和烟酸的需求量,发现饲料中维生素含量不足导致异育银鲫的特定生长率、饲料转化效率、蛋白质效率显著下降。通过特定生长率或者相关酶活与维生素水平的折线回归分析求得异育银鲫对维生素 B_2、维生素 B_6 和烟酸的需求量分别为 3.76 mg/kg、7.62~11.36 mg/kg 和 31.27 mg/kg。异育银鲫对维生素 B_6 缺乏非常敏感,并出现了明显的缺乏症。已发现维生素 C 对金鲫头肾和脾脏免疫细胞的增殖有明显的促进作用(谢嘉华等,2009)。

Wu 等(2022)发现饲料中添加维生素 C 可缓解异育银鲫"中科 3 号"氧化损伤、炎症和急性缺氧的问题。徐维娜等(2011)利用异育银鲫原代肝脏细胞研究发现,维生素C可以促进原代肝脏细胞生长、增强细胞解毒能力和提高细胞的抗氧化水平。在水体亚硝酸盐胁迫下,饲料中添加高水平维生素C和维生素E可提升异育银鲫的免疫力,添加维生素C可提高异育银鲫的血清溶菌酶活性、头肾淋巴细胞转化率、头肾巨噬细胞吞噬活性;添加维生素E可提高血清溶菌酶活性、头肾淋巴细胞转化率、头肾巨噬细胞吞噬活性、头肾体指数、脾体指数和血清中补体C3和C4含量(葛立安,2008)。

段元慧(2011)探讨了异育银鲫幼鱼对5种维生素的需求量及泛酸、胆碱在高糖饲料中的作用。通过饲料效率和血液红细胞数目与饲料中维生素K水平的关系折线法分析求得异育银鲫幼鱼对饲料中维生素K的适宜需求量分别为3.73 mg/kg和6.72 mg/kg;通过特定生长率和饲料中泛酸水平的关系折线法分析求得异育银鲫对饲料中泛酸的适宜需求量为34.1 mg/kg;通过特定生长率和饲料中胆碱水平的关系折线法分析求得异育银鲫对饲料中胆碱的适宜需求量为1 050 mg/kg。异育银鲫幼鱼半精制饲料中不需要额外添加维生素B$_{12}$。根据特定生长率和饲料效率与饲料叶酸水平的关系,通过折线法分析求得异育银鲫幼鱼对饲料叶酸的适宜需求量为923～970 μg/kg。在饲料中泛酸、胆碱均添加到适宜水平时,异育银鲫可以耐受较高含量的饲料糖水平。在高糖(50%玉米淀粉)饲料中分别添加泛酸和胆碱都可以起到促进生长和脂肪代谢的作用,但在泛酸含量过高的情况下,过量添加胆碱不利于生长、存活、组织结构的完整性等。

宦海琳等(2009)在饲料中添加L-肉碱、甜菜碱、氯化胆碱,发现可提高异育银鲫的生长、降低鱼体肌肉脂肪含量、改善肌肉氨基酸组成及含量。李红霞等(2010)在饲料中分别添加0.1%的溶血卵磷脂、甜菜碱和0.21%氯化胆碱可显著提高异育银鲫的生长性能,降低鱼体肝脏中脂肪的含量,增强机体的抗氧化和抗应激能力。

5.2.6 · 鱼类的能量需求

能量不是一种营养物质,从生物学意义上讲,能量是完成一切生命活动,包括新陈代谢的化学反应、物质的逆浓度梯度运输、肌肉的机械运动等所需要的。生物体的新陈代谢包括物质代谢和能量代谢两个相互紧密联系的过程(麦康森,2011)。鱼类摄入的营养素一部分用于机体的维持、生长和繁殖等,另一部分用作能量以维持相关代谢和生理生化过程。鱼类的能量利用与养殖种类的遗传背景、饲料中的营养素、环境条件等密切相关。

鱼类的能量收支是指摄入的食物能用于排粪、排泄、代谢、生长及繁殖等,并研究这些分配模式与环境因子等的关系。邹中菊等(2000)对异育银鲫进行了全能量收支的同步测定,发现不同品系之间的能量利用存在一定差异,排粪能占食物能的13.1%～25.1%、排泄能占食物能的2.1%～3.1%、代谢能占食物能的47.0%～57.8%、生长能占食物能的 21.4%～36.9%，其中 DA 品系的生长能最高。Zhou 等（2005）系统地建立了异育银鲫的生物能量学模型，并利用该模型对养殖鱼类进行营养需求的估算。刘晓娟（2018）研究了不同环境条件下异育银鲫的能量需求，探讨了不同生长阶段异育银鲫的生长规律，在生物能量学的基础上构建了鱼类生长、营养需求以及污染排放（固体废物和溶解态氮、磷废物）的估算模型。

水流或游动速度可影响鲫的能量利用。研究发现，鲫单位时间耗氧率随着流速的增加而增加，在一定的游动速度下，用于游动所消耗的能量占总能量消耗的比例逐渐趋于稳定，运动净耗氧率最大为 90%（袁喜等，2011）。姚峰等（2009）研究了养殖密度对鲫能量收支的影响，结果表明，养殖密度的增加可导致异育银鲫生长能的比例下降，排泄氮、排泄能和代谢能的比例上升，而粪能的比例无显著变化。

饲料品质会影响鱼类的能量收支。周萌等（2002）利用全能量收支同步测定呼吸仪系统测定了 3 种不同蛋白源（鱼粉、豆粕、土豆蛋白）饲料对银鲫生长及能量收支各组分的影响。各种蛋白源饲料的能量收支存在明显差异，具体如下。

鱼粉：$88.1C = 13.77F + 2.95U + 24.1G + 41.8R$

豆粕：$102.3C = 17.1F + 2.8U + 16.4G + 55.4R$

土豆蛋白：$105.5C = 14.9F + 1.3U + 14.4G + 67.4R$

式中，C、F、U、G、R 分别代表摄食能、排粪能、排泄能、生长能、代谢能。

摄食水平也会影响鲫的能量收支。随着摄食水平的增加，异育银鲫鱼体干物质和能量含量、表观消化率呈上升趋势；湿重特定生长率随摄食水平的增加呈线性上升，干重和能量特定生长率呈对数增加；饲料转化效率随摄食水平增加而增加，达到最大值后保持稳定。排泄能和总代谢耗能占食物能的比例受摄食水平的影响不显著。在最大摄食水平下，异育银鲫的能量收支为：$100C = 12.32F + 3.21U + 63.74R + 20.72G$。

对其他鲫能量方面的研究较少，王胜林等（2000）报道了利用正交试验得出彭泽鲫的能量需求，认为彭泽鲫春片鱼种适宜生长的能量水平为 12.12 MJ/kg。

5.3

饲 料 选 择

饲料配方主要依据养殖鱼类对饲料原料的利用。Xie 等（2018）给出了基于不同生长阶段营养需求的异育银鲫的参考配方。但是，随着养殖品系的变化、环境条件的差异等，鲫对不同饲料原料的利用存在一定的差异。

蛋白源是饲料原料的主要部分。关于异育银鲫对不同蛋白源利用的研究较多。多数研究认为，当用豆粕等植物蛋白作为饲料主要蛋白源时，会显著降低鲫的特定生长率、生长系数、饲料效率、蛋白沉积率等生长性能（王崇等，2009；Wang 等，2015；Liu 等，2016）；当饲料中菜粕含量较高时，鲫的特定生长率、蛋白沉积率等显著降低（Xie 等，2021；刘晓庆等，2014）。Xie 等（2001）比较高体型异育银鲫对 5 种植物蛋白和鱼粉的差异发现，鱼粉蛋白组生长最好，其次是菜粕、花生粕、豆粕、棉粕，土豆蛋白最差；从饲料转化效率上看，鱼粉、豆粕、花生粕差异不显著，土豆蛋白最差。杨勇（2004）研究发现，在异育银鲫饲料中，肉骨粉（MBM）可以替代 15% 的鱼粉蛋白，家禽副产品粉（PBM）可以完全替代鱼粉蛋白，最佳替代比例为 66.5%；异育银鲫摄食 PBM 完全替代鱼粉的饲料后，代谢能和排粪能的降低，使更多的食物能转化为生长能。Hu 等（2008）认为，PBM、MBM 和血粉（BM）的混合物可替代异育银鲫饲料中大部分鱼粉，且饲料中 6% 的鱼粉可以获得较好的生长和饲料效率。刘昊昆（2014）比较了饲料中使用豆粕替代鱼粉蛋白对不同生长阶段（稚鱼、幼鱼、1 龄鱼和亲鱼）异育银鲫"中科 3 号"的影响，发现在 4 个不同生长阶段的异育银鲫中，饲料组成和鱼体规格对存活、摄食和生长都有影响，并且存在交互作用。饲料中过多添加豆粕替代鱼粉蛋白（稚鱼试验中为 40%，幼鱼试验中为 60%）会使稚鱼和幼鱼的存活率和生长效率下降；虽然对更大规格鲫的存活没有显著影响，但是仍然会影响其生长。异育银鲫对饲料中的抗营养因子有一定的适应能力，消化酶的合成和分泌对蛋白酶抑制因子存在反馈调节，1 龄鱼和亲鱼对豆粕的耐受程度高于稚鱼和幼鱼。王永玲（2011）认为，异育银鲫的肠道对豆粕和花生粕有较高的耐受性，但对棉籽粕和菜籽粕的耐受性较低。从肠道健康出发，菜粕在异育银鲫饲料中的比例不宜超过 25%，豆粕、棉粕和花生粕不宜超过 50%。许文婕（2017）比较不同品系异育银鲫（洞庭鲫、"中科 3 号"和"中科 5 号"）对不同蛋白源利用的差异发现，相对于鱼粉，豆粕和菜粕作为饲料蛋白源使鱼体的生长性能降低，且各品系在生长性能、血浆生理生化指标动态变化、转组学特征和代谢组学特征等方面有明显差异；异育银鲫"中科 3 号"利用鱼粉饲料的能力较好，异育银鲫"中科 5 号"有利用菜粕饲料的潜力。品系间的差异可能与牛磺酸代谢、脂肪代谢、免疫应答等有关，且生长阶段对鱼体利用动、植物蛋白源有一定的影响，随着生长发育的进行，品系间或蛋白源间的差异随之减小。研究发现，在饲料中利用其他蛋白源替代鱼粉后，通过补充氨基酸可以获得较好的生长性能（Cai 等，2022）。胡慧花（2018）比较了鱼粉、豆粕、菜粕对 3 种规格（养成期、养成中期、幼鱼期）异育银鲫"中科 3 号"的影响，结果表明，摄食鱼粉饲料的大规格异育银鲫在生长和品质方面都表现较好,对比豆粕和菜粕组试验结果发现,摄食菜粕饲料的异育银鲫在品质方面有一定优势。相比于鱼粉饲料,纯植物蛋白源饲料(豆粕、菜粕)并没有影响大规格异育银鲫的摄食,但其显著降低了大规格异育银鲫的生长性能。豆粕和菜粕饲料降低了大规格异育银鲫的肥满度,提高了背肌水分,降低了背肌粗脂肪含量。豆粕和菜粕饲料降低了试验鱼背肌多不饱和脂肪酸(PUFA)DHA的含量以及 $n-3/n-6$ 比值。菜粕组和鱼粉饲料组异育银鲫的肌肉保水性(WHC)、pH、背肌硬度相差不大,且均优于豆粕组。

鲫对饲料脂肪源的利用也存在一定的差异。陈家林(2008)从生长、脂肪代谢和脂肪酸组成方面评价了不同植物油部分或完全替代鱼油及交替投喂在异育银鲫饲料中的应用效果。异育银鲫对椰子油、豆油和1:1鱼油、椰子油饲料的摄食率显著高于其他各组,增重率也以这三组最高。在单一脂肪源饲料中,豆油组和椰子油组的增重率最高;菜籽油组与椰子油组的增重率无明显差异,但均显著低于豆油组;鱼油组、玉米油组和亚麻油组的增重率最低。与相应的单一脂肪源相比,饲料中鱼油分别与椰子油、玉米油或亚麻油1:1混合后使用提升了异育银鲫的生长,但是4种油脂混合组的生长没有得到改善。肌肉的脂肪酸组成受饲料脂肪酸组成的影响,豆油替代鱼油水平增加时,肌肉中 $18:2n-6$ 随之增加,而 HUFA 含量下降;肌肉中 $18:1n-9$、$20:1n-9$ 和 $22:1n-9$ 随着菜籽油替代鱼油水平增加而逐渐升高。

谭青松(2005)比较不同糖类对异育银鲫的影响发现,异育银鲫对单糖的利用较差,淀粉是比较好的糖源,其中糯米淀粉优于糙米淀粉和玉米淀粉。蔡春芳等(1999)研究认为,糊精和马铃薯淀粉是较好的糖源。李红燕(2021)发现,异育银鲫"中科3号"和异育银鲫"中科5号"在饲料糖、脂的利用方面存在一定差异,随着饲料脂肪含量的升高,异育银鲫"中科5号"饲料效率和蛋白沉积率均高于异育银鲫"中科3号";异育银鲫"中科5号"有着更好的葡萄糖摄取、糖酵解潜能和脂肪利用的能力;异育银鲫"中科5号"可以更好地利用脂肪氧化供能,且对植物油的利用较异育银鲫"中科3号"更好。

宋雪荣(2018)比较了洞庭鲫、异育银鲫"中科3号"与异育银鲫"中科5号"幼鱼对不同饲料配方中的碳水化合物的利用,发现异育银鲫"中科5号"相比于异育银鲫"中科3号"和洞庭鲫,摄食高碳水化合物饲料后,具有更好的生长与饲料效率和蛋白质贮积率;3个品系幼鱼对饲料中碳水化合物的利用有显著的差异,异育银鲫"中科5号"具有较高的生长性能,异育银鲫"中科3号"与异育银鲫"中科5号"餐后血糖调节能力较好,洞庭鲫具有较高的脂肪代谢潜力。

饲 料 配 制

　　饲料配制是在对不同饲料原料的性能及满足动物生长、抗病和繁殖等方面需求的基础上，根据一定的配方加工而成。为了提高饲料的性能，通常会在饲料中添加一定的添加剂，主要包括营养性添加剂和非营养性添加剂（如诱食剂、防腐剂及药物添加剂等）。营养性添加剂使用较多的是氨基酸类（如限制性的赖氨酸、蛋氨酸等）、维生素、无机盐等；非营养性添加剂包括诱食剂、防腐剂、抗氧化剂、酶制剂、黏合剂、着色剂，以及改善动物健康的免疫增强剂、益生菌（素、元）、中草药和特殊用途的药物等。所有的饲料添加剂使用必须符合国家饲料添加剂目录的规定。

　　Xue 等（2001、2004）报道了几种可提高异育银鲫摄食率的诱食剂，包括甜菜碱、赖氨酸、蛋氨酸、甘氨酸、苯丙氨酸、乌贼提取物等，且鱼类对诱食剂的适应和效应时间与鱼类的规格大小有一定的关系。赵红月等（2003、2010）研究了氨基酸、有机酸、核苷酸等刺激物对异育银鲫嗅、味觉电生理和摄食行为的影响，异育银鲫对刺激物的嗅觉和味觉反应波为快速适应的瞬时双相波，嗅觉反应波随刺激物浓度升高到一定数值时具有波形翻转现象，且不同刺激物出现波形翻转时的浓度不同。苯丙氨酸、脯氨酸和苏氨酸只具有一种类型的反应波。嗅觉反应的反应持续时间随浓度而不同，味觉反应与嗅觉反应存在一定差异。嗅觉反应阈值集中在 10^{-6} g/L 和 10^{-5} g/L，味觉反应阈值集中在 10^{-6} mol/L 和 10^{-5} mol/L。嗅、味觉反应是明显的浓度依赖反应，嗅觉反应在各个浓度均较强的刺激物为天冬氨酸、乳酸、精氨酸、赖氨酸、丙氨酸和合成混合物，味觉反应在各个浓度均较强的刺激物为赖氨酸、甘氨酸和乳酸。行为学实验研究发现，天冬氨酸反应最强，精氨酸和苏氨酸次之，其他刺激物的作用较弱。投喂中变换诱食剂能够显著影响鱼类的摄食率，前期使用的诱食剂会影响后期诱食剂的效果。

　　酶制剂是水产饲料常用的添加剂。刘文斌等（2007）利用蛋白酶酶解植物蛋白，可明显提高植物蛋白的利用效率。用 50% 的棉籽蛋白酶解物可显著提高其生长（Gui 等，2010）。Shi 等（2016）在异育银鲫饲料中添加蛋白酶可明显提高鱼类的生长和饲料利用效率。张配瑜（2019）比较了几种免疫增强剂（酵母细胞壁、酵母培养物、5'-单磷酸肌苷）对异育银鲫的影响，发现在饲料中添加酵母细胞壁和酵母培养物不会影响异育银鲫的摄食、生长和饲料利用效率，但添加 5'-单磷酸肌苷（IMP）（0.1% 和 0.2%）会抑制异育银鲫的摄食。这几种添加剂在适宜的剂量下能提高异育银鲫的免疫应答反应和抗病力，以酵母培养物的免疫保护效果最佳;在饲料中添加 5′- IMP 还可以提高异育银鲫的离子调节能力和 Nrf2 - Keap1 信号通路介导的抗氧化能力。在异育银鲫饲料中添加中草药(杜仲叶提取物、黄芪多糖和大黄素),可以不同程度降低运输后 4 h 异育银鲫血液中皮质醇、葡萄糖和乳酸的浓度,并且可以提高热休克蛋白基因的表达量。在异育银鲫饲料中添加不同水平和不同种类的维生素(维生素 C、维生素 E),以运输后 4 h 的血液生理生化指标来评价其缓解运输应激的效果,结果表明,1 200 mg/kg 饲料维生素 C 缓解运输应激的效果优于其他维生素 C 处理组;200 mg/kg 饲料维生素 E 缓解运输应激的效果优于其他维生素 E 处理组(张玉平,2018)。

饲料加工是一个热加工和机械加工的过程,主要包括颗粒加工和挤压膨化加工。饲料加工工艺是影响饲料质量的重要因素。研究表明,适当程度的饲料加工能够钝化抗营养因子,增加淀粉糊化度,提高可溶性纤维成分的含量。在加工过程中,在温度、湿度和压力的作用下,蛋白质和还原糖之间容易发生美拉德反应,这将会降低蛋白质的营养价值。饲料原料的种类、组成及加工条件均会影响美拉德反应的程度。加工过程中热敏性维生素也会遭到不同程度的破坏。在加工过程中,饲料中的蛋白质、氨基酸组成、碳水化合物、膳食纤维、维生素、矿物质含量和一些无营养价值的有益成分的改变可能是有益的,也可能是不利的。高世阳(2019)和 Gao 等(2019、2020)研究了饲料的不同制粒工艺(颗粒工艺和挤压膨化工艺)、不同原料粉碎粒度和制粒温度对饲料品质和异育银鲫生长表现的影响;探讨了不同黏合剂类型和水平对饲料品质和异育银鲫生长表现的影响;探究不同制粒工艺条件下,补充维生素对鱼体生长和抗氧化的影响。结果发现,相比颗粒加工,膨化加工能够降低饲料中抗营养因子的含量,增加饲料的淀粉糊化度和饲料中小孔的直径,降低饲料的硬度,增加饲料的水稳定性。异育银鲫对膨化料的消化,以及营养物质的转运、吸收及沉积效率优于颗粒料。粉碎粒度过大或者过小都不利于鱼体对饲料的利用,最适的粉碎粒度为 163 μm。制粒温度为 110℃ 时,鱼体的生长表现最好。在颗粒料中补充黏合剂能够影响饲料品质及鱼体消化道内容物的黏性,进而影响鱼体的生长,得出瓜尔豆胶、明胶和 CMC 的最适添加水平分别为 1%、3% 和 1%。同时发现,饲料中合适的黏合剂有助于鱼类粪便的成形,有利于更好地进行移出而减少水体的营养负荷。

饲 料 投 喂

饲料投喂是养殖鱼类获得营养素的重要过程。投喂技术包括合理的投喂时间、投喂量、投喂频率、投喂节律、投喂场所和投喂方法等,应该根据养殖品种在特定养殖模式下的精准营养需求来确定精准的投喂模式,以保证养殖鱼类可以获得精准的营养供给,确保其满足生长、饲料转化、健康、品质、减排等养殖目标。

鲫精准投喂的研究主要是基于生物能量学模型建立的营养需求估算技术,在生产中应结合养殖条件的变化调整投喂模式(Zhou 等,2005;刘晓娟等,2018;周志刚等,2003)。投喂量或投喂率通常是根据鱼类的生长需求来确定的。一般较小规格的鱼类投喂率(占体重的百分比)更高。

投喂频率影响鱼类的生长和饲料利用。最适投喂频率是指鱼体获得最大生长或饲料转化效率时所需的投喂次数,通常需要结合饲料转化效率、环境废物排放进行综合评价。适宜的投喂频率可以提高鱼类的生长和存活率,减少个体变异,提高饲料转化率,减少饲料损失,提高养殖产量和养殖效益。投喂频率过低,难以发挥鱼体的最大生长潜能;投喂频率过高,不仅增加养殖投喂成本,而且往往造成饲料效率降低和养殖水体污染。异育银鲫是一种需要连续摄食的鱼类,理想的投喂时间应避开异育银鲫的摄食低谷。周志刚等(2003)建议,体重 2.0 g 的异育银鲫适宜投喂时间为 8:00—20:00,而平均体重 70 g 的异育银鲫适宜投喂时间应该为 8:00—24:00。Zhou 等(2003)研究发现,24 h 连续投喂的异育银鲫可以获得最大的生长、饲料效率、蛋白和能量贮积率。Zhao 等(2016)在异育银鲫的研究中也发现,增加投喂频率可显著改善饲料效率和蛋白沉积率,6 次/天的投喂频率可以获得比 2 次/天、4 次/天更好的生长性能,且 30% 饲料蛋白可以获得 38% 饲料蛋白同样的生长效果,大大节约了饲料蛋白。此外,增加投喂频率可以改善异育银鲫对豆粕饲料的利用效率,4 次/天的投喂频率可以使 40% 鱼粉组和 50% 鱼粉组获得同等的生长性能。投喂频率的提高,可以使异育银鲫获得和鱼粉更加相近的血液氨基酸动态(赵帅兵,2014)。因此,投喂频率的提高,也可以促进鲫对晶体氨基酸的利用。在日投喂 2 次、3 次的情况下,在异育银鲫饲料中添加晶体氨基酸对鱼体增重率无显著改善,但在日投喂 4 次时,添加晶体氨基酸可明显提高鱼体增重率(冷向军和王冠,2005)。

投喂技术的确定也受到饲料质量和加工工艺的影响。罗琳等(2007)研究发现,相对于颗粒饲料,投喂挤压熟化饲料异育银鲫的特定生长率、蛋白质效率和饲料转化效率均显著升高;增加投喂频率可提高鲫对颗粒饲料的利用效率,并促进生长,但对挤压熟化饲料组生长没有显著影响,不过可以提高饲料的蛋白和能量消化率。对于初重为 64 g 左右的鲫,按 3.5% 的投喂率投喂挤压熟化饲料,每天投喂 6 次可达到最大生长率;按 2.0% 的投喂率,每天投喂 6 次挤压熟化饲料组可获得最大的饲料效率。丁立云等(2017)综合考虑彭泽鲫生长性能、饲料利用、形体指标与肌肉品质要求,认为彭泽鲫幼鱼的适宜投喂频率为 3 次/天。蔡春芳等(2009)发现,增加投喂频率可改善彭泽鲫对饲料糖的利用。

鱼类的摄食受到很多因素的影响。异育银鲫初始体重 3 g 时,最适投喂频率为 24 次/天(Zhou 等,2003),而 150 g 时投喂频率为 3 次/天时便以获得较高的特定生长率和饲料效率(李海燕,2013)。

提高投喂频率也有不同的结论。何吉祥等(2014)认为,在日投喂率一定时,投喂频率由 2 次/天增至 4 次/天降低了异育银鲫对高脂饲料的利用,而对高糖饲料的利用无显著影响。

鱼类在长期的进化过程中,对温度、光照等各种环境因素的周期性变化而形成一定的摄食活动规律称为摄食节律。投喂应该根据鱼类的摄食节律合理进行,将投喂节律同步于鱼体本身的摄食节律,可提高饲料利用率,并有利于将更多的饲料蛋白转化为鱼体自身蛋白。

Qian 等(2000)发现异育银鲫具有一定的补偿生长能力,饥饿 2 周后再恢复摄食 4 周后可以获得同样的体重,但饥饿 4 周后则不能获得全面的补偿。补偿生长来自较高的饲料效率、蛋白和能量贮积率,而与消化率和活动的关系不明显。Xie 等(2001)也发现,异育银鲫饥饿 2 周后再投喂 5 周可以获得完全的补偿生长。董学兴等(2011)发现,短期饥饿后再投喂可提高异育银鲫代谢水平和非特异性免疫功能。任岗等(2010)发现,异育银鲫饥饿 2 周后再恢复投喂 2 周,其卵巢发育的恢复滞后于身体的生长。利用补充生长,适当的饥饿可以激活鱼类的免疫功能。如何适当地在养殖生产中利用这一特性,则需要根据具体的情况进行确定。

投喂不仅影响鱼类的生长,还影响鱼类的品质。在池塘养殖环境下,上市前一个月禁食可使出肉率、肌肉硬度和 pH 显著增加,而肥满度、脂肪减少(李海燕,2013)。

总之,饲料是鲫养殖成功的关键。精准的饲料营养管理策略应该是基于养殖品种/系的遗传背景和其在不同环境条件下的营养需求,结合天然饵料的可利用性,确定其饲料的营养需求;结合不同饲料原料的可利用性,研制精准的饲料配方;结合养殖动物的需求,研制符合其摄食需要的饲料加工工艺,以最大程度保证饲料的质量;根据养殖条件、动物需求特别是养殖目标,制定精准的投喂管理措施,以提高饲料利用效率、节约饲料资源、降低废物排放和提高产品品质。在为市场提供优质水产蛋白的同时,保障水环境的安全,实现水产养殖的"优质、高效、绿色、可持续"发展。

(撰稿:解绶启、韩冬、金俊琰)

6

鲫主要养殖病害防治

6.1

鲫造血器官坏死病

■ （1）流行病学特征

鲫造血器官坏死病,曾被称作鲫疱疹病毒病、鲫鳃出血病、金鱼造血器官坏死病等。该病的病原为鲤疱疹病毒 2 型（Cyprinid herpesvirus 2，CyHV - 2）,隶属鱼蛙疱疹病毒科（Alloherpesviridae）、鲤疱疹病毒属,与鲤痘疮病毒（Cyprinid herpesvirus 1，CyHV - 1）、锦鲤疱疹病毒（Cyprinid herpesvirus 3，CyHV - 3）同属。

CyHV - 2 最早报道自 1992 年日本大规模死亡的养殖金鱼（马杰等,2016;彭俊杰等,2017;熊关庆等,2019）。1997 年美国某养殖场的金鱼幼鱼出现大量死亡,也被证实为 CyHV - 2 感染所致（魏钰娟等,2020）;流行病原学调查显示,CyHV - 2 在美国有广泛的地理分布（Goodwin 等,2006a）。此后,在澳大利亚（Becker 等,2014）、英国（Jeffery 等,2007）、瑞士、新西兰（周勇等,2017）、匈牙利（马杰等,2016;魏钰娟等,2020）、捷克（Danek 等,2012）、意大利（Fichi 等,2013）、法国（Boitard 等,2016）、波兰（Thangaraj 等,2020）等国家也陆续有报道 CyHV - 2 感染病例。

在中国养殖鱼类中,1995 年台湾地区首先报道了养殖金鱼鱼苗暴发 CyHV - 2 感染引起死亡的情况。2007—2009 年在江苏省射阳、大丰等异育银鲫养殖塘口零星暴发疑似该疾病的死亡情况。此后,该病在江苏省鲫主要养殖区射阳、大丰、东台等地大面积暴发和扩散,发病严重的塘口死亡率高达 90%,造成的经济损失达数亿元,并迅速引起广泛重视。2012 年,国内研究团队准确将其鉴定为 CyHV - 2 感染引起的死亡。由于鲫苗种和商品鱼在国内广泛流通,在湖北、湖南、江西、浙江、广东、四川等省先后有鲫造血器官坏死病报道（彭俊杰等,2017;魏钰娟等,2020;Ouyang 等,2020）。除养殖鲫外,湖北、安徽和云南等天然水体中的野生鲫也检出 CyHV - 2,说明该病毒在我国养殖和自然鲫种群中广泛存在（袁锐等,2019）。

鲫造血器官坏死病主要发生在春、秋两季,4—10 月均有暴发,5 月和 8—9 月为发病高峰期。流行温度范围广,10~33℃均可发生,以 15~27℃最为严重,当水温低于 10℃或高于 30℃时鱼类死亡率低（Xu 等,2013;Liang 等,2015;袁锐等,2019）。CyHV - 2 的宿主范围较窄,自然条件下仅感染金鱼、鲫及其变种（李双等,2019）,并且对鱼苗、鱼种、亲鱼等各个时期的鱼均有危害（罗丹等,2014;马杰等,2016;余琳等,2019）。同一养殖水体中的鲤、雅罗鱼、丁鲷、乌鳢、鲢、鳙、团头鲂和草鱼不受影响(Wu 等,2013;Liang 等,2015;袁锐等,2019)。人工感染实验显示,鲤及其杂交品种虽然不会由于人工感染 CyHV-2 出现死亡,但是能由此成为该病毒的携带者(余琳等,2019;袁锐等,2019)。病毒通过水平和垂直方式传播,并且能在鱼体内长期潜伏感染(袁锐等,2019)。

患病鲫体色发黑,于下风口处缓慢游动。体表以广泛性出血或充血为主要症状,尤其以下颌部、胸腹部最为严重(图 6-1),部分个体在捕获后会有血液从鳃盖下方流出的情况发生(徐进等,2013;方进等,2016;林秀秀等,2016b;马杰等,2016)。解剖后可见鳃丝肿胀呈暗红色,或因失血略显苍白。腹腔内偶见腹水。肠道内无食物,肠壁可见出血。肝脏充血。脾脏肿大、瘀血发黑。鳔有点状出血点。

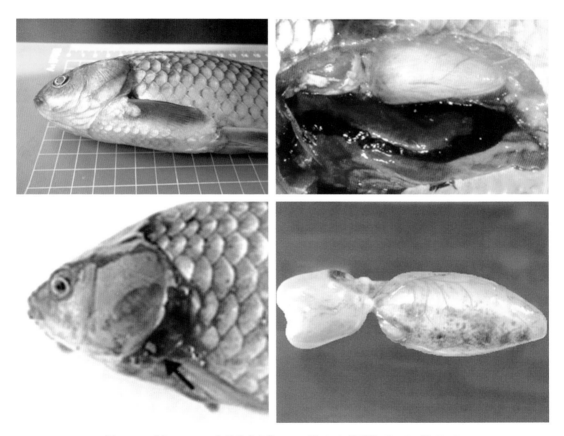

图 6-1 感染 CyHV-2 鲫的临床症状(Wang 等,2012;徐进等,2013;Lu 等,2016)

感染 CyHV-2 的鲫,红细胞数量减少(血红蛋白含量、平均红细胞体积、平均红细胞血红蛋白含量和平均红细胞血红蛋白浓度均显著降低),红细胞渗透脆性显著增加,血栓细胞数量减少,血液谷草转氨酶升高(林秀秀等,2016a;Lu 等,2016;Tang 等,2019)。

组织病理研究显示,感染 CyHV-2 的鲫,头肾呈现出不同程度炎症,炎性细胞浸润、出血;头肾中的部分细胞可见空泡变性,严重的可见细胞坏死、细胞核碎裂(方进等,2016;林秀秀等,2016c;熊关庆等,2019)。病鱼肾脏整体表现为不同程度的炎症和坏死(图6-2),肾小球与肾小囊之间的间隙增大,肾小管上皮脱落、坏死,部分细胞中可见细胞核碎裂或消失,肾间组织细胞稀疏并可见炎性细胞浸润,在肾单位附近的肾间组织可见淋巴细胞聚集以及出血等情况;病鱼脾脏可见数量不一的坏死灶(图6-3),非坏死灶区域的细胞有空泡变性,部分细胞核固缩、崩解;血管附近含铁血黄素沉着增多(方进等,2016;林秀秀等,2016c;熊关庆等,2019;周瑶佳等,2020;Wen等,2021)。

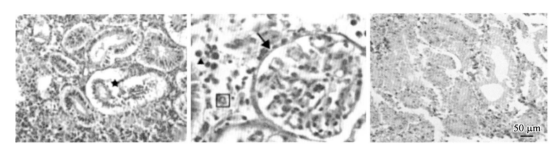

图6-2·感染 CyHV-2 鲫的肾脏(周瑶佳等,2020;方进等,2016)

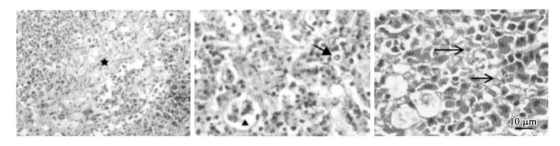

图6-3·感染 CyHV-2 鲫的脾脏(罗丹等,2014b;熊关庆等,2019)

病鱼肝脏细胞有不同程度的空泡变性和脂肪变性(图6-4),部分肝细胞坏死、细胞核碎裂;中央静脉附近肝细胞脱落,肝血窦可见充血或炎性细胞浸润(方进等,2016;林秀秀等,2016a、c;熊关庆等,2019;周瑶佳等,2020;Wen等,2021)。

病鱼鳃丝表现为鳃上皮细胞不同程度脱落、坏死(图6-5);鳃小片基部细胞增生,导致相邻的鳃小片融合,严重的鳃丝呈棍棒状;可见鳃丝或鳃小片之间淋巴细胞浸润、出血(方进等,2016;林秀秀等,2016c;熊关庆等,2019;周瑶佳等,2020;Wen等,2021)。

病鱼肠道黏膜下层及固有层增厚,可见大量炎性细胞浸润(图6-6),毛细血管充血;部分个体肠绒毛顶端上皮细胞坏死、脱落,固有层暴露(林秀秀等,2016a、c;熊关庆等,2019)。

对病鱼头肾超微结构观察发现,受感染的头肾细胞的细胞核崩解呈碎片样,大量病

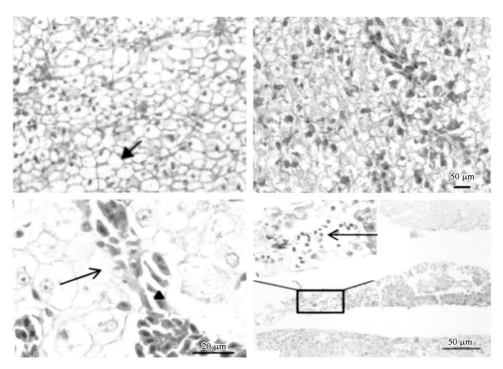

图 6 - 4 · 感染 CyHV - 2 鲫的肝脏 (周瑶佳等 , 2020 ; 方进等 , 2016 ; 熊关庆等 , 2019)

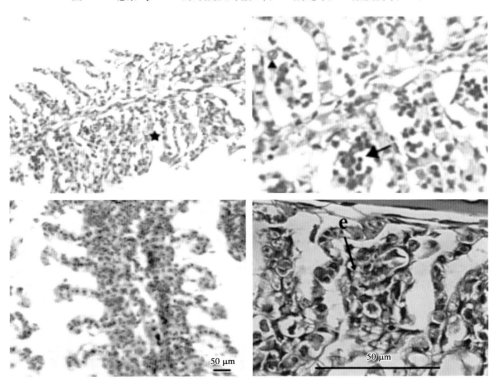

图 6 - 5 · 感染 CyHV - 2 鲫的鳃 (周瑶佳等 , 2020 ; 方进等 , 2016 ; Wen 等 , 2021)

毒粒子散在或成簇分布在碎裂的细胞核间(图6-7);细胞膜附近出现"芽状"突起,内含病毒粒子;部分细胞严重坏死,细胞内容物丢失(方进等,2016;林秀秀等,2016b)。

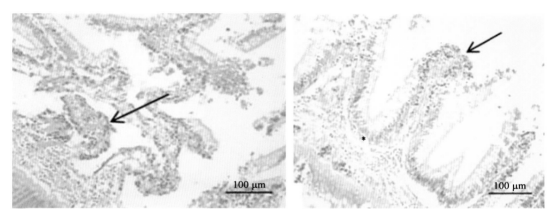

图6-6·感染 CyHV-2 鲫的肠道(熊关庆等,2019)

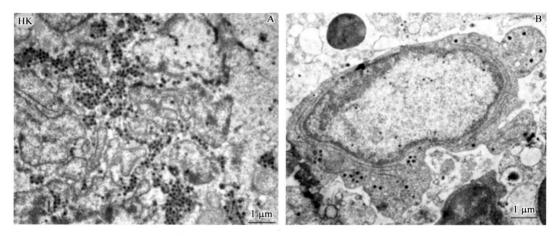

图6-7·感染 CyHV-2 鲫的头肾(方进等,2016)

肾脏细胞不同程度变性、坏死,在病变较轻的细胞中可见线粒体肿胀、嵴断裂及成熟的病毒粒子(图6-8);严重病变的细胞中可见核崩解、细胞内容物丢失、细胞器结构消失,病毒粒子散在分布;部分细胞中可见病毒出膜时形成的"芽状"突起(徐进等,2013;Wu 等,2013;方进等,2016;林秀秀等,2016b;周瑶佳等,2020)。

脾脏中可见不同病变程度的细胞。在细胞形态相对完整的细胞中可见线粒体等细胞器,细胞核中染色质边集,核内可见成熟的病毒粒子和正在装配的未成熟的病毒粒子(图6-9);在病变严重的细胞中可见核固缩、碎裂,线粒体嵴断裂,细胞质内容物丢失(Wu 等,2013;徐进等,2013;方进等,2016;林秀秀等,2016b)。

受感染肝细胞的细胞核增大,染色质浓缩、边集,部分病变严重的肝细胞的细胞核固

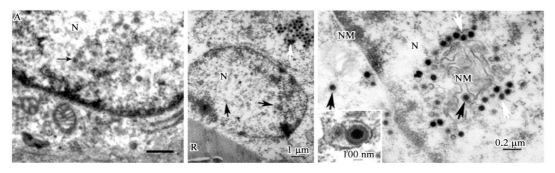

图6-8　感染CyHV-2鲫的肾脏（徐进等，2013；Wu等，2013）

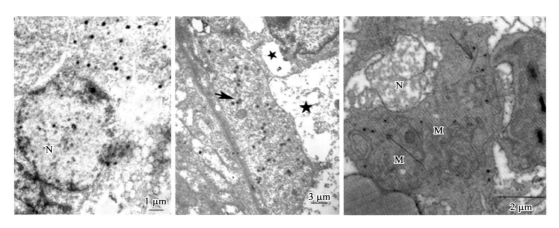

图6-9　感染CyHV-2鲫的脾脏（方进等，2016；Wu等，2013）

缩（图6-10）；细胞质中可见扭曲、肿胀的线粒体，一些线粒体的嵴发生断裂，病变严重的肝细胞质内容物丢失，形成空泡区域（Zhu等，2015；方进等，2016；林秀秀等，2016b）。

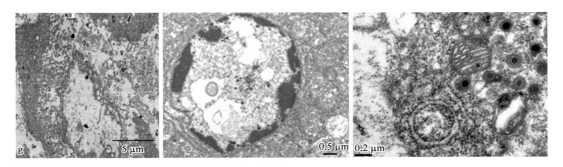

图6-10　感染CyHV-2鲫的肝脏（Zhu等，2015；林秀秀等，2016b）

（2）病原生物学特征

CyHV-2为具囊膜的球形病毒，核衣壳呈正二十面体对称，为六角形或球形，直径为

110~120 nm，具囊膜的病毒颗粒直径为 170~200 nm（Xu 等,2013；徐进等,2013；李茂等,2015；马杰等,2016；高娃等,2020）。病毒 DNA 内核 65~90 nm，空衣壳病毒颗粒 90~180 nm，实心衣壳 90~180 nm（林秀秀等,2016c）。

CyHV-2 是一种较大的线性、双链 DNA 病毒,基因组全长约 290 kb,编码约 150 个开放阅读框,包括 4 个末端重复序列,此外整个基因组还有 2 个无编码功能的碎片基因（廖红等,2016；孟少东等,2021；袁锐等,2019）。国内目前分离的 CyHV-2 毒株与日本分离株（ST-J1）的基因组具有较高序列相似率（98.8%）,仅在基因组的第 32 313 个核苷酸位置上有一个由 523 个核苷酸组成的缺失（袁锐等,2019）。

CyHV-2 含有的 74 个蛋白,包括 3 个衣壳蛋白、18 个膜蛋白、53 个其他蛋白。该病毒拥有 8 个主要免疫原性蛋白：pORF92、pORF115、pORF25、pORF57、pORF66、pORF72、pORF131 和 pORF132（图 6-11）（高娃等,2020；Gao 等,2020）。

序号	蛋白	蛋白编号	分子质量(ku)	可信度	总肽段数	定位	蛋白描述
1	ORF92	YP_007003911.1	140	447	67	核衣壳	主要衣壳蛋白
2	ORF115	YP_007003933.1	84	245	13	囊膜	膜蛋白
3	ORF25	YP_007003844.1	66	155	5	囊膜	膜蛋白
4	ORF57	YP_007003878.1	64	348	32	未知	未知蛋白
5	ORF66	YP_007003885.1	45	309	24	核衣壳	衣壳三重联体蛋白1
6	ORF72	YP_007003891.1	41	324	17	核衣壳	衣壳三重联体蛋白2
7	ORF131	YP_007003952.1	35	87	2	囊膜	膜蛋白
8	ORF132	YP_007003951.1	17	150	4	囊膜	膜蛋白

注：蛋白可信度得分，值越大表明该蛋白包含的可信肽段越多。

图 6-11 · 纯化的 CyHV-2 病毒粒子的 SDS-PAGE 结果（a）、蛋白质印迹分析（b）,以及 CyHV-2 主要免疫原性蛋白 LC-MS/MS 鉴定（Gao 等,2020；高娃等,2020）

ORF4 和 ORF151A 编码了肿瘤坏死因子受体类似物（tumour necrosis factor receptor, TNFR）,此类蛋白参与 CyHV-2 的免疫逃避,促进了病毒的传播（图 6-12）（周勇等,2017；孟少东等,2021；Lu 等,2021）。ORF25B 与宿主核糖体蛋白 L6（RPL6）、60S 核糖体蛋白 L6L（RPL6L）、Rho 蛋白 1（RHPN1）以及 5-氨基酮戊酸合成酶（ALAS1）之间存在可能的互作关系（聂细荣等,2021）。此外,CyHV-2 还能通过 miRNA 调节宿主细胞的生物学过程,如 miR-C4 促进 CyHV-2 诱导的细胞凋亡,而 miR-C12 通过靶向 caspase 8 来抑制病毒诱导的细胞凋亡并促进病毒复制（Lu 等,2019）。

病毒感染细胞分为吸附与侵入、复制与装配、成熟与释放 3 个主要阶段。CyHV-2 在细胞核内完成 DNA 复制、空衣壳蛋白组装、DNA 与空衣壳的组装,在以出芽的方式通过核膜进入细胞质的过程中获得外膜。当病毒粒子在细胞核内大量复制时,也可引起细

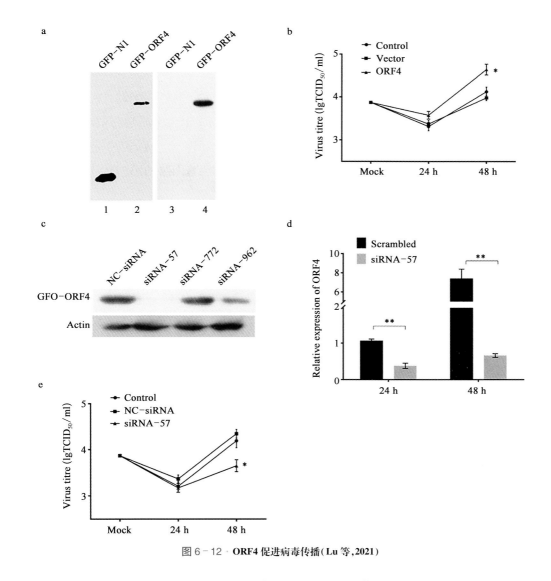

图 6 - 12 · **ORF4 促进病毒传播(Lu 等,2021)**

胞核崩解,释放核内的病毒粒子(林秀秀等,2016b;周瑶佳等,2020)。

在感染初期,病毒颗粒吸附于细胞表面,与细胞膜融合侵入细胞内[图 6 - 13(a)];病毒粒子进入细胞后,其基因组释放到宿主细胞核中进行大量复制,在病毒合成区存在大量已组装但没有皮质和囊膜的未成熟病毒粒子[图 6 - 13(b)];感染后期,细胞内存在大量成熟的疱疹病毒颗粒 [图 6 - 13(c)],成熟的带有皮质及囊膜的病毒粒子聚集在细胞质中并以出芽的方式释放[图 6 - 13(d)](马杰等,2016)。

感染 CyHV - 2 的鲫组织中可以观察到 DNA 病毒内核、空衣壳、实心衣壳和有外膜的成熟病毒粒子 4 种不同形态的病毒粒子(图 6 - 14)(林秀秀等,2016b;周瑶佳等,2020)。对这 4 种病毒粒子在细胞中的定位观察发现:当细胞核结构完整时,未成熟病毒粒子大

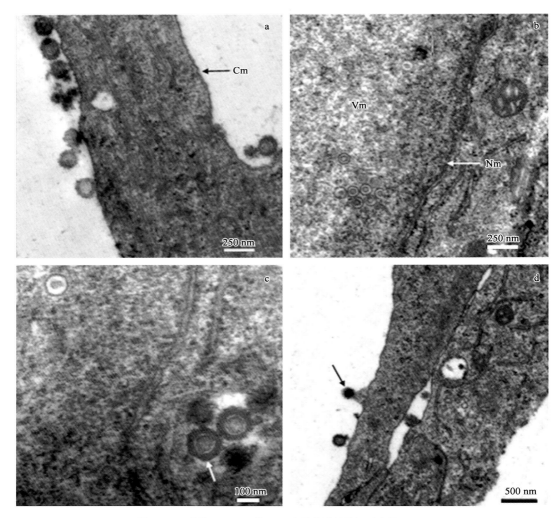

图 6－13 · 感染 CyHV－2 的 GiCB 细胞的过程观察(马杰等,2016)

量存在于细胞核内[图 6－15(a、c)],其中实心核衣壳在通过核膜时获得外膜[图 6－15(d)];成熟病毒粒子主要出现在细胞质中[图 6－15(e)],当病毒大量复制,导致细胞核崩解后,细胞质中可同时观察到成熟和未成熟的病毒粒子。对不同组织的镜检显示,脾脏、肾脏、头肾、肝胰脏、鳃和肠道中均可以观察到病毒粒子(林秀秀等,2016b)。

CyHV－2 对碘脱氧尿苷(IUdR)比较敏感,在 IUdR 浓度为 10.4 mol/L 时,病毒不能复制。CyHV－2 对乙醚、氯仿等有机溶剂敏感,经乙醚、氯仿处理后的病毒失去感染和致病能力。CyHV－2 经热处理后也会失去感染活性。CyHV－2 对 pH 的耐受范围较广,仅在 pH<4 或 pH>11 时才失去致病性。反复冻融会降低病毒的滴度。CyHV－2 不受盐度的明显影响,实验证实,在 0～20 g/L 的盐度下均能 100% 致死(Liang 等,2015;马杰等,

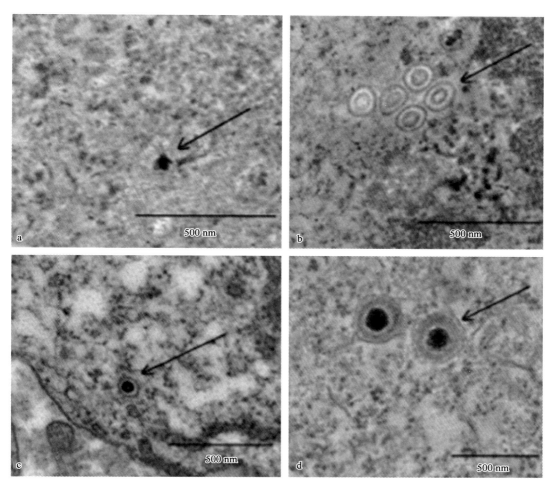

图 6 - 14 · 不同成熟期的 CyHV - 2 粒子（林秀秀等，2016b）

2016；袁锐等，2019）。

　　细胞培养是病毒分离鉴定与病毒病诊断最有效的方法。CyHV - 2 对细胞系专一性较高，常见的鱼类细胞系如草鱼卵巢细胞（CO）、草鱼肾细胞（CIK）、鲤上皮瘤细胞系（EPC）和胖头鲤肌肉细胞系（FHM）均对 CyHV - 2 不敏感，不能有效分离该病毒（魏钰娟等，2020；袁锐等，2019）。对 CyHV - 2 敏感的部分细胞系在分离 CyHV - 2 的过程中也存在一些问题，如锦鲤鳍细胞系（KF - 1），随着增殖代数的增加，细胞病变范围逐渐减小，传至第 3~5 代后，CPE 消失且检测不到病毒核酸（罗丹等，2014b；魏钰娟等，2020）。

　　近年来，新建立的细胞系被成功应用于 CyHV - 2 分离增殖，如金鱼鳍条细胞系（GFF）（Ito 等，2013）、异育银鲫脑组织细胞系（GiCB）（Ma 等，2015）、鲫尾鳍细胞系（GiCF）（Lu 等，2018）、鲫脊髓细胞系（CSC）（魏钰娟等，2020）、金鱼尾鳍细胞系（FtGF）

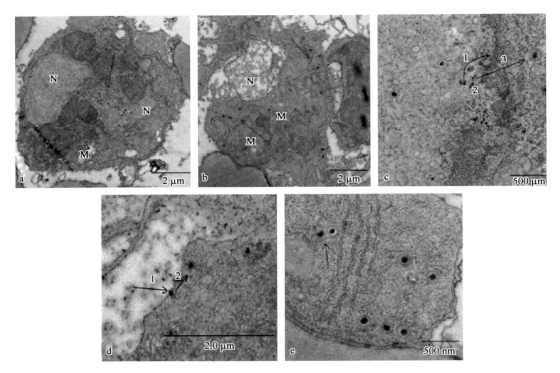

图 6 - 15 · CyHV - 2 在细胞中定位(林秀秀等,2016b)

(Dharmaratnam 等,2020)等。脑组织细胞系在 CyHV - 2 感染后第 6 天显示出典型的细胞病变效应,包括细胞收缩、变圆和细胞质空泡化的细胞融合。而且,CyHV - 2 在 GiCB 细胞系中的可持续繁殖已通过病毒感染和滴定、PCR、透射电子显微镜、免疫荧光测定和荧光原位杂交得到证实。病毒滴度达到 $10^{7.5\pm0.37}$ TCID$_{50}$/ml,并且在相关文献发表时,CyHV - 2 已在 GiCB 细胞系中成功传代 50 多次。鲫尾鳍细胞系(GiCF)在 CyHV - 2 感染后第 7 天时也能观察到典型的细胞病变效应。GiCF 对 CyHV - 2 的敏感性以及 CyHV - 2 在 GiCF 中的可持续增殖也同样得到了证实。病毒滴度达到 $10^{4.9\pm0.22}$ TCID$_{50}$/ml,截至相关文献发表时,CyHV - 2 已在 GiCF 细胞系中成功传代 30 次。鲫脊髓细胞系(CSC)在 CyHV - 2 感染后第 3 天即可观察到细胞聚合后溶解而出现的空斑,第 5 天空斑区域扩大,第 7 天细胞出现大片聚合病变。病毒滴度达到 $10^{9.33}$TCID$_{50}$/ml,经检测,CyHV - 2 病毒可在 CSC 细胞上稳定传代 7 次以上。

(3) 疾病诊断与病原检测技术

国内外已建立了针对 CyHV - 2 不同靶基因的常规 PCR 检测方法,如 Waltzek 基于 CyHV - 2 解旋酶基因构建的一种常规 PCR 检测方法,特异性良好,检测极限为 78 个拷贝

（Waltzek 等，2009）。谢亚君等（2019）以解旋酶和三联体蛋白两个基因的保守区域构建了一种双重 PCR 检测方法，该方法的检测极限为 $1.4×10^4$ 个拷贝（图 6-16）。

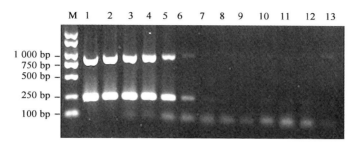

图 6-16 · 基于解旋酶和三联体蛋白基因构建的双重 PCR 检测方法（谢亚君等，2019）

相较于常规的 PCR 检测方法，巢式 PCR 检测方法有更高的灵敏性，能降低 CyHV-2 检测结果的假阴性。谢亚君等（2019）基于解旋酶基因构建了 CyHV-2 巢式 PCR 检测方法，其检测极限为 $2.4×10^2$ 个拷贝（图 6-17）。

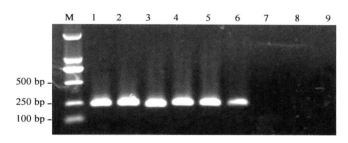

图 6-17 · 基于解旋酶基因构建的巢式 PCR 检测方法（谢亚君等，2019）

与常规 PCR 相比，qPCR 拥有更高的检测灵敏度。基于聚合酶基因设计引物和探针，Goodwin 等（2006b）首次建立了检测 CyHV-2 的 qPCR 方法，该方法的灵敏度达到了 1 个病毒基因拷贝数，其不仅能检测具有临床症状样本中的 CyHV-2，而且能有效检出隐性感染。国内外学者针对 CyHV-2 不同靶基因构建了一系列 qPCR 检测方法并利用该技术对 CyHV-2 开展常规流行病原学调查和掌握 CyHV-2 感染个体中病毒的组织分布特征。

数字 PCR 技术（ddPCR）与 qPCR 同样拥有定量分析的能力，而且具有更高的灵敏度，在病毒含量较低的情况下，比 qPCR 更具优势。郝中香等（2016）基于 CyHV-2 的 ORF6 基因构建了 ddPCR 检测方法，其检测灵敏度比 qPCR 略高，具有良好的特异性和较高的重复性。

在现场进行快速分子诊断方法方面，国内外研究人员建立了多种基于 LAMP 技术的 CyHV-2 检测方法，该方法不需要昂贵仪器，且操作简便（He 等，2015）。在等温扩增技术上进一步优化开发的竞争性互补介导核酸恒温扩增（CAMP）的检测方法，相较于 LAMP 方法，在保持高特异性和灵敏度的同时，引物设计更为简单，其检测结果同样可以通过添加羟基萘酚蓝实现目测。Preena 等（2022）基于重组酶聚合酶扩增（RPA）和侧流试纸（LFD）建立了 CyHV－2 快速检测方法。采用 CyHV－2 编码的 ORF72、ORF90、ORF25、ORF92、ORF4、ORF66、ORF72、ORF121 等病毒蛋白作为靶点，目前已初步建立了针对 CyHV－2 的免疫学诊断方法（Koug 等，2017；袁俊杰等，2017；Shen 等，2018；李双等，2019；Wu 等，2020；郭宝芝等，2021；Gao 等，2022；Guo 等，2022）。

（4）疾病防治技术

目前尚缺少有效的抗病毒药物，因此鱼类病毒病的预防是最为重要的途径。只有在鱼类养殖的各个环节进行防控，形成一套完整的综合防控技术，才能有效地预防疾病的发生。针对鲫造血器官坏死病的病原特性、流行病学特征与发病原因，防治应该做好以下几个方面的工作。

① 亲鱼、鱼种检疫：由于 CyHV－2 具有垂直传播的特性，一旦亲鱼携带病毒，病毒就能随着受精卵的发育传播到子代，因此鱼种场应定期对亲鱼进行检疫，杜绝亲鱼带毒繁殖。养殖户在购买鲫鱼种时，也可对购买的鲫鱼种进行检疫，避免购买到携带 CyHV－2 的鲫鱼种。

② 疫苗免疫：目前大量的疫苗研究还停留在实验室阶段。利用 β－丙内酯灭活疫苗可诱导非特异性和特异性抗病毒免疫反应，从而发挥保护鲫的作用（Zhang 等，2016）。研究发现，截短 CyHV－2 基因 *ORF25*、*ORF25C* 和 *ORF25D* 编码的 3 种膜蛋白能有效降低 CyHV－2 感染引起的死亡（Zhou 等，2015）。基于 *ORF25* 构建的核酸疫苗能有效提高实验动物的非特异免疫力，并且能有效提高实验动物的存活率（Huo 等，2020；Yuan 等，2020）。

③ 水质调控：有针对性地进行水质、底质改良，消除或降低有害因子，保持一个健康的水环境，以减少鱼类的应激。关于生物絮团方面的研究显示，适宜的总悬浮物浓度能明显降低异育银鲫的死亡率，并且能降低存活个体后期的载毒量（Qiao 等，2018）。

④ 投喂植物抗病毒药物：天然植物抗病毒药物除了对病毒的复制有直接的抑制作用以外，还能调节鱼体的免疫力、增强其对病原生物感染的抵抗力，且对鱼体没有明显的毒副作用。研究显示，盐酸小檗碱（BBH）可在体外和体内抑制 CyHV－2 复制，缓解由 CyHV－2 引起的炎症和氧化应激（Su 等，2021；Su 等，2022；Lu 等，2022）。

⑤ 合理水体消毒：碘制剂被证实是杀灭病毒最为有效的药物之一，并且碘制剂性温和、刺激性小，对养殖环境、水体和鱼体影响小。碘制剂包括聚维酮碘、季铵盐络合碘、氨

基酸碘等,治疗期间使用浓度为 0.3~0.5 ml/m³,可以连续泼洒 2~3 次,隔天 1 次。

⑥ 病鱼无害化处理:对所有因患造血器官坏死病死亡的鲫应采用深埋、集中消毒、焚烧等无害化处理,避免病原进一步传播。对所有涉及该疫病的池塘水体、患病鱼体的操作工具应采用高浓度高锰酸钾、碘制剂消毒处理。切忌将感染该病的池塘中的水排入进水沟渠。

细菌性败血症

(1) 流行病学特征

自 20 世纪八九十年代开始,细菌性败血症成为淡水养殖一种常见的细菌病,严重危害鲫、鳊、鲢、鳙、鲤和草鱼养殖(陈怀青和陆承平,1991)。该病主要流行于春末、夏初和秋季,水温 20~30℃ 均有可能发生,特别是在夏季来临之前和高温季节过后,水温持续在 25℃ 以上时发病率最高。该病流行范围广,遍及全国;感染普遍、广泛,几乎遍及所有家鱼,且各种年龄的鱼都可以感染。高密度养殖鲫、鲤、鲢、草鱼等的鱼塘出现这种传染病的概率可达近 98%,死亡率一般可达 50% 以上,高的可达 80% 以上甚至 100%。该病是由嗜水气单胞菌、温和气单胞菌、维氏气单胞菌等病原菌感染引起的细菌性败血病,其中由嗜水气单胞菌感染引起疾病的报道最多。

发病初期,病鱼的上下额、口腔、腹部、鳃盖、眼窝,以及身体两侧部位轻度充血,鳃瘀血或苍白。这一时期的病鱼肠道中还有食物。随着病情的发展,鱼体表严重充血、出血,眼球突出,眼窝内也有少量充血,肛门红肿,腹部膨大,腹腔内积有淡黄色透明腹水或红色混浊腹水;鳃、肝脏、肾脏的颜色比较淡,呈花斑状,病鱼严重贫血,肝脏、脾脏、肾脏肿大,脾呈紫黑色,胆囊明显浮肿,胆汁清淡,肠道黏膜及肠壁充血,此时肠道中没有任何食物(图 6-18)。

细菌性败血症按病情发展缓急程度、病程长短等分为急性、亚急性和慢性 3 种形式。急性感染,发病急速,来势凶猛,死亡严重,常在发病 1~2 天后出现大批死亡,对养殖塘表现为毁灭性的打击。该种类型多发生在鲫放养密度较大、投饵较多、水质过肥或"老化"、池水透明度较小的池塘中。慢性感染,病情发展比较缓慢,发病死亡一般每天 2~3 尾或 3~5 尾不等,没有明显的死亡高峰期,但发病时间长,累计死亡量也很大。亚急性感染,介于以上两者之间,发病时间较长,但无明显的死亡高峰。

图6-18 鲫患细菌性败血症

■（2）病原生物学特征

嗜水气单胞菌属于气单胞菌属，是一种革兰氏阴性短杆菌，单个或成对排列，大小为 0.5~1.0 μm，极生单鞭毛，部分有侧生鞭毛，有运动力，无荚膜和芽孢，兼性厌氧。生长合适的 pH 为 5.5~9.0，最适生长温度为 25~35℃。菌落特征为圆形、稍凸、表面光滑、边缘整齐、略湿润、半透明、无色或微黄色。菌落大小因培养时间和温度而异，多数菌株几乎不产色素，但大多数具有溶血性，且在血脂平板上生长旺盛，也会形成清晰的 β 溶血环。通常对磺胺、四环素、链霉素和氯霉素敏感，但对氨苄青霉素类有耐受性（陆承平，1992）。嗜水气单胞菌广泛分布于自然界各种水体中，寄主广泛，是水产养殖最常见的条件致病菌，是一种典型的人—兽—鱼共患病病原（Janda JM 和 Abbott SL，1998）。

嗜水气单胞菌的致病性与其产生的毒力因子密切相关。目前，关于嗜水气单胞菌产生的毒力因子主要有两类：致病相关的表面分子，包括脂多糖、外膜蛋白、S 层蛋白和菌毛等；毒力相关的分泌物质，包括外毒素，如气溶素、溶血素，分泌到胞外的蛋白酶，如丝氨酸蛋白酶、磷脂酶和核酸，分泌的信号相关蛋白，如 Ⅱ 型、Ⅲ 型分泌系统蛋白和孔蛋白等。这些毒力因子结构复杂，致病机理不同，也不是通过其中一种毒力因子发挥致病作用的。这些毒力因子在宿主体内相互协作，共同发挥致病作用（Yu 等，2005）。

脂多糖：脂多糖（lipopolysaccharide，LPS）是革兰氏阴性菌细胞壁的重要组分之一。该物质能对机体产生强有力的刺激，使宿主失去对细菌感染的初始免疫应答的控制，是嗜水气单胞菌的主要内毒素之一（Cohe J，2002）。嗜水气单胞菌引起的异育银鲫溶血性腹水，其主要原因即为病原产生和释放的内毒素类物（LPS）（Xu 等，2004）。脂多糖由类脂 A、O -抗原和核心多糖组成，其中类脂 A 是主要的毒性成分。除毒性作用外，O -抗原还有黏附因子的作用（Merino 等，1998），可以保护细菌免于吞噬或者被血清杀死，并且能介导细菌的致病性（Tomás JM，2002）。

S 层蛋白：嗜水气单胞菌的 S 层蛋白是由菌体外表面一层晶格状的蛋白（40~

200 kDa）规则排列包裹细菌而成,其排列方式有四角形、四方形、六角形等多种方式。S 层通常厚 5～10 nm,表面有直径 2～8 nm 的孔隙(Beveridge,1997),具有抵抗免疫细胞吞噬和抵抗补体消化的作用(Kay,1981)。S 层蛋白在嗜水气单胞菌自我保护和入侵过程中发挥着重要作用,但不是主要的致病因子(董传甫等,2003)。

菌毛:菌毛是革兰氏阴性菌重要的黏附素,能促进菌体在宿主细胞上定植,在嗜水气单胞菌中菌毛从 S 层晶格网孔伸出菌体,从而帮助嗜水气单胞菌在细胞上定植。根据菌毛形态的不同,可分为 W（wavy）和 R（ragid）两种类型。W 菌毛细而长,易弯曲,呈波浪状,菌毛数量少,是主要的黏附素,与菌株的黏附及血凝作用相关;R 菌毛短而硬,数量多,密布于细菌周围,与细菌的自凝作用有关,但与血凝作用无关(蒋启欢等,2012)。

溶血素:当嗜水气单胞菌感染水产动物时,临床表现主要是出血、败血症状,并且在动物体内、外都可以检测到溶血活性(Ross 等,2000)。溶血素可以破坏包括白细胞在内的其他各种细胞,且细胞会发生不可逆转的损伤,因此溶血素被认为是嗜水气单胞菌的主要毒力因子(蒋启欢等,2012)。有研究表明,在单因素条件下,嗜水气单胞菌的溶血素与其胞外产物的溶血特性存在一定的差异。同一菌株也可能同时具有不同基因型的溶血素基因(龚晖等,2009)。

气溶素:气溶素是一种单一多肽,具有细胞裂解性,能引起大多数嗜水气单胞菌和温和气单胞菌发生 β 溶血,无肠毒素作用,在对数期形成。其成熟蛋白可与真核细胞表面的特定糖蛋白受体结合,进而插入到脂质双分子层中,破坏细胞膜的渗透性,从而导致细胞死亡(李寿崧,2008)。

胞外蛋白酶:嗜水气单胞菌的胞外蛋白酶(extracelluar protease,ECPase)是一类具有细胞毒性、细胞溶解性、溶血性或者肠毒性的特异性蛋白质,为胞外产物的成分之一。胞外蛋白酶主要包括热稳定金属蛋白酶和热敏感丝氨酸蛋白酶(serine protease,Ser)(沈锦玉,2008)。有研究表明,胞外蛋白酶可以直接作用于宿主组织,使其发生溶解和坏死,机理主要是阻遏宿主的防御机制,可以协同其他毒力因子共同作用机体,有助于细菌入侵机体并引起感染,导致组织损伤,也会为细菌的增殖提供营养。同时,胞外蛋白酶还可以活化其他致病因子,其中嗜水气单胞菌分泌的无活性前体外毒素必须由胞外蛋白酶将其无活性前体 C 末端的蛋白降解后才能发挥生物学活性(Chacón 等,2003)。

Ⅱ型分泌系统(type Ⅱ secretion systerm,T2SS):T2SS 广泛存在于革兰氏阴性菌中,是细菌主要的跨膜运输途径,可帮助细菌将各种酶类、毒力因子运输到胞外。嗜水气单胞菌的 T2SS 由 *exeC－N* 和 *exeAB* 编码,并且 ExeA 与 ExeB 穿透内膜形成复合物,其中 ExeA 包含一个具有 N 端 ATP 酶活性的 ATP 连接位点,ExeA－ExeB 复合物为 T2SS 的组装提供能量(Bo 等,1991、1992;Howard 等,2006;Schoenhofen 等,2005)。在此机制下,嗜水气单胞菌通过 T2SS 来转运细胞外蛋白毒素(Liu 等,2015);此外,在嗜水气单胞菌中,Ⅱ 型分泌系统借此机制在细胞毒性、肠毒素、气溶素、淀粉酶和蛋白酶的分泌中起作用(Howard 等,2006;Schoenhofen 等,2005;Li 等,2010;王娜等,2011)。

Ⅲ型分泌系统:T3SS 是一个跨膜蛋白输出装置,可将毒力蛋白注入宿主细胞,干扰细胞代谢,影响病原菌与宿主的相互作用。T3SS 中 *aopB* 与 *aopD* 的失活可显著降低细菌的毒力,说明 T3SS 在嗜水气单胞菌 AH‐1 的致病性中发挥重要作用(Yu 等,2004)。

采用绿色荧光蛋白(GFP)标记的嗜水气单胞菌在鲫体内的动态分布研究结果表明,鱼鳃和受损皮肤可能是嗜水气单胞菌的主要入侵途径,肠道是该菌定值和繁殖的主要部位(陈营等,1999a、b;Chu 等,2008)。

■ (3)疾病防治技术

随着水产养殖规模的扩大、品种的增多和产量的增加,生态环境也受到了破坏,有害气体增多、有害细菌和条件致病菌大量滋生,造成养殖动物体质差、抗应激能力下降,极易引发水产动物细菌性疾病的暴发。在养殖过程中,病害发生后使用药物控制不但导致养殖成本上升,而且还导致产品品质下降。随着人们生活水平的不断提高,广大消费者对水产品质量安全的要求日益强烈。因此,实施生态防控是提高水产养殖动物体质、促进其健康生长的关键措施。

生态防控的基本原理是增强水产养殖动物的健康和抗病力、改善池塘养殖环境、有效抑制病原微生物的危害。它是调控水产养殖动物、病原微生物和水环境三者之间的关系,促进水产养殖动物在动态平衡中健康、快速生长的重要措施。

生态防控应遵循"抗应激为主,抗感染为辅"的指导原则,其目的是提高养殖动物机体对不良环境或应激源的耐受性,是机体不容易因应激反应过度而造成抵抗力下降,引发疾病甚至导致死亡。

清池、消毒是健康养殖和养殖成功的关键措施之一。清池主要是清除池底过多淤泥,保持淤泥厚度 10~15 cm,以改善底质、切断病原传播途径,这是控制水产养殖动物少生病的关键。消毒主要是使用生石灰等迅速、彻底杀灭病原和敌害生物。

苗种的质量直接影响养殖产量和养殖效益。引进体质好、免疫力强、无病无伤的优质苗种后,还应加强对苗种的消毒。有些苗种本身会带有一些病原体,清池、消毒过的塘口,若放养未经消毒处理的苗种,仍会把病原带入池内。在适宜环境和天气变化时,病原菌会大量繁殖,从而造成疾病暴发。因此,在苗种放养前一定要做好病害检查和隔离,待潜伏期过后,检查无病再进行投放。

应激管理是生态防控的核心。暴发性疾病一般都发生在环境恶变、鱼体出现应激反应后。换季时节是引发细菌性疾病的最大风险期,养殖者更应该加强应激管理。在气候条件差、pH 变化大、温差波动大、水质恶化等应激强度较大时,需全池泼洒维生素 C、黄芪多糖,4~6 h 后用蛋氨酸碘消毒一次。这种方法既能提高养殖动物的抗应激能力,也有利于苗种恢复健康,还能及时杀灭细菌和病毒,增强消毒效果。

加强养殖过程中溶氧管理。随着养殖时间的推移,池底因污物积累厌氧菌形成优势菌群,引起池底严重缺氧,造成亚硝酸盐、氨氮不能被完全氧化,使得条件致病菌嗜水气单胞菌恶性增殖,同时缺氧显著降低了养殖动物的免疫力,极易暴发细菌性败血症。为了降低池底污物存量,必须增加溶氧,为生物降解污物创造广泛接触的条件,以实现对污物的氧化和驱除。增加溶氧最有效的手段就是使用底层微孔增氧,改善水体循环,消除底部缺氧。在应激状态下,需快速增氧可以使用碳酸钠为主要成分的片状增氧剂进行全池抛撒。

养殖危机管理。环境恶变会对水产养殖造成极大危害,养殖者必须提前实施危机管理,及时采取切实有效的防控措施,避免养殖动物暴发疾病。拌料投喂优质、高效的维生素 C,可增强养殖动物的抗病和抗应激能力。深夜时使用增氧剂增加池底溶氧,增强养殖动物的活动,减少细菌增殖。进行水体消毒,杀灭细菌和病毒。降低投饵量,减少残饵和污物,降低对病原菌的营养供给。若遇暴雨天气,因降雨量较大而导致水体 pH 下降时,应利用雨停的间歇全池泼洒维生素 C,以提高养殖动物的抗应激能力、促进体质恢复。当使用硝化细菌、芽孢杆菌等好氧有益微生物时,应在使用前天晚上用一次以碳酸钠为主要成分的片状增氧剂,并在使用前 3~4 h 持续开动增氧机增加溶氧。

鲫寄生黏孢子虫病

(1) 流行病学特征

据国内外报道,感染养殖或野生鲫的黏孢子虫有 60 多种,其中常见种类有洪湖碘泡虫(*Myxobolus honghuensis*)、瓶囊碘泡虫(*M. ampullicapsulatus* Zhao,Sun,Kent,Deng & Whipps,2008)、培养碘泡虫(*M. cultus* Yokoyama,Ogawa & Wakabayashi,1995)、吴李碘泡虫(*Myxobolus wulii* Landsberg & Lom,1991)、武汉单极虫(*Thelohanellus wuhanensis* Xiao et Chen,1993)、多涅茨尾孢虫(*Henneguya doneci* Schulman,1962)、塔形碘泡虫(*M. pyramidis* Chen,1998)、汪氏单极虫(*Thelohanellus wangi*)等。

黏孢子虫是一类个体微小、结构简单、营体内寄生的后生动物(Okamura 等,2015),

广泛寄生于鱼类、两栖动物、鸟类、哺乳动物和极少数爬行动物。目前,大多数种类报道来自鱼类不同组织器官。黏孢子虫的生活史具有两宿主、两阶段的特征,分别在鱼类宿主体内发育形成成熟的孢子,在无脊椎动物宿主(如尾鳃蚓、水丝蚓、麦缨呈等环节动物)体内发育形成放射孢子虫(Okamura 等,2015)。目前,世界范围已发现的黏孢子虫约17 科、64 属、2 600 种。虽然多数种类的黏孢子虫对鱼类自然宿主不具备很高的致病性,但部分种类在扩散到新宿主或在养殖条件下可引起野生和养殖鱼类的严重疾病或死亡,给水产养殖业造成巨大经济损失。

近年来,异育银鲫养殖深受黏孢子虫病危害,如"喉孢子虫病"(洪湖碘泡虫病)、"肝孢子虫病"(吴李碘泡虫病)、"肤孢子虫病"(武汉单极虫病)等。每年 6—9 月黏孢子虫病暴发塘口占 30%以上,发病塘口的鱼类死亡率高达 80%,尤其以洪湖碘泡虫病危害最为严重。由于缺乏科学、有效的防控措施和药物,养殖中存在较严重的药物滥用和乱用情况,不但加剧患病鱼死亡,而且产生的药物残留给水产品质量安全造成严重隐患。

洪湖碘泡虫是当前异育银鲫养殖中引起苗种和成鱼发生"喉孢子虫病"的重要寄生虫病原,每年造成全国各地养殖异育银鲫大量死亡(Xi 等,2011)。洪湖碘泡虫可感染银鲫不同组织器官(伪鳃、鳃、肾脏、脾脏、肝脏、卵巢等),尤其以口咽部最为严重,在眼后的咽上壁与副蝶骨、咽鳃骨间形成大量发育成熟的孢子和孢囊(图 6 - 19);病鱼上浮,离群独游,头背部发黑,反应迟缓,摄食困难,眼球突出,鳃盖不能闭合,口咽腔上壁发炎、肿大,特别严重的出现溃烂和空洞,发病鱼由于严重贫血、炎症反应和继发感染而导致死亡(李振伟等,2016)。洪湖碘泡虫的孢子壳面观为南瓜子形,前方较尖,后方钝圆,无"V"形褶皱;缝面观呈瓜子形,孢子缝脊明显,近直线形;囊间突明显;两个极囊茄形,大小几乎相同,呈"八"字形分开,极囊约占孢子长度的 1/2;极丝清晰可见 9~10 圈。孢子长 17.9(16.7~18.5)μm,宽 9.1(8.4~9.6)μm,厚 6.8 μm;极囊长 8.8(8.4~9.6)μm,宽 3.2(3.0~3.6)μm。

图 6 - 19 · 鲫患洪湖碘泡虫病("喉孢子虫病")

吴李碘泡虫主要寄生在鲫肝脏(图 6 - 20)。被感染鱼腹部肿大,肝脏部分或全部被侵占和破坏,呈白色。吴李碘泡虫病可造成幼鱼和成鱼大量死亡。吴李碘泡虫的孢子壳面观似金字塔形,前方较尖,后方钝圆,有 1~3 个"V"形褶皱;缝面观呈瓜子形,孢子缝脊明显,近直线形;囊间突明显;两个极囊茄形,大小几乎相同,呈"八"字形分开,极囊约占孢子长度的1/2;极丝清晰可见 9~10 圈。孢子长 17.8(16.0~18.7)μm,宽 10.2(9.2~10.5)μm,厚 7.8 μm;极囊长 9.5(8.7~9.8)μm,宽 3.8(3.5~4.6)μm;孢外膜未观察到。

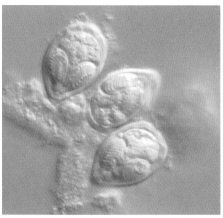

图 6-20 · 鲫患吴李碘泡虫病("肝孢子虫病")

武汉单极虫主要寄生在鲫鳞片下的表皮上,形成隆起的椭圆形包囊。每年 6—8 月银鲫(C. auratus gibelio)苗种期严重感染武汉单极虫会造成大量死亡。武汉单极虫的孢子壳面观为瓜子形,前方稍尖,后方钝圆;缝面观为梭状,孢子缝脊明显,近直线形;囊间突明显;极囊椭圆形,极囊约占孢子长度的1/2;极丝清晰可见 8~10 圈。孢子长 24.0(21.5~24.8)μm,宽 14.1(13.2~15.0)μm,厚 11.8 μm;极囊长 11.2(9.3~12.9.6)μm,宽 8.3(7.5~8.7)μm。

（2）病原生物学特征

自 Wolf 和 Markiw(1984)发现脑碘泡虫(M. cerebralis)生活史需要经历鲑鳟和正颤蚓(Tubifex tubifex)两种替换宿主(alternative host)体内的碘泡虫(Myxobolus)和三突放射孢子虫(Triactinospore)两个发育阶段以后,目前越来越多的黏体虫,如软孢子虫纲的鲑苔藓四囊虫、黏孢子虫纲的碘泡虫、单极虫、球孢虫、角形虫、尾孢虫、拟尾孢虫、四极虫、两极虫、楚克拉虫、霍氏虫以及细囊虫等多个类群,被广泛证实其完整的生活史需要经历两个交替宿主(无脊椎动物和脊椎动物)(图 6-21)。在黏体虫生活史中,多数种类的成熟孢子从鱼类宿主释放进入水体后,被底栖无脊椎动物宿主(如颤蚓 Tubifex spp.、苏氏尾鳃蚓 Branchiura sowerbyi 等)摄食,在肠上皮细胞间发生有性增殖并释放出放射孢子虫;放射孢子虫悬浮在水体中,与鱼类宿主相遇后再次侵染鱼体,通过移行、增殖和细胞分化,在靶组织或器官生成成熟孢子。

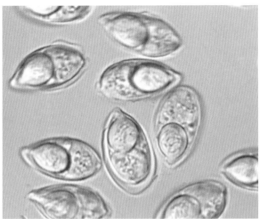

图6-21·鲫患武汉单极虫病("肤孢子虫病")

目前,国内鱼病研究学者通过在黏孢子虫病害高发的鲫养殖池塘广泛调查采样,从底泥栖息的苏氏尾鳃蚓(*Branchiura sowerbyi* Beddard,1892)中发现了橘瓣放射孢子虫(Aurantiactinomyxon)、新放射孢子虫(Neoactinomyxon)、雷氏放射孢子虫(Raabeia)、古氏放射孢子虫(Guyenotia)、棘皮放射孢子虫(Echinactinomyxon)和三突放射孢子虫(Triactinomyxon)等20余种放射孢子虫(Xi等,2013、2015、2017;Zhao等,2017)。基于18S rDNA序列比对分析发现,吴李碘泡虫、培养碘泡虫、武汉单极虫和汪氏单极虫等重要病原的放射孢子虫,证实了这些黏孢子虫病原的水蚯蚓(放射孢子虫)—鱼(黏孢子虫)感染传播途径(图6-22)。多数黏孢子虫感染鱼类主要传播途径是通过环节动物宿主水体释放的放射孢子虫。然而,在海水寄生肠黏体虫属(*Enteromyxum*)种类中呈现鱼—鱼水平传播模式,自然水体中发病鱼可以直接感染健康鱼。研究发现,肠黏体虫的传染模式与其寄生在鱼肠黏膜层密切相关。由于被感染鱼出现肠炎和脱黏,导致携带具感染力的病原滋养体(trophozoite)随肠黏膜排入水中,被健康鱼摄食后侵染和定殖在新宿主的肠道(Redonodo等,2004)。

"喉孢子虫病"的洪湖碘泡虫完整生活史仍然不清楚。在对国内不同地区的养殖异育银鲫进行检测发现,异育银鲫普遍具有很高的洪湖碘泡虫隐性感染率,并且在卵巢部位也有寄生(杨坤等,2020、2021、2022)。通过隐性感染异育银鲫母本人工授精、实验室条件下受精卵孵化、幼鱼培育,采用PCR、荧光定量PCR和寡核苷酸荧光原位杂交等检测手段进行亲本、卵和幼鱼等环节的检测分析发现,异育银鲫寄生洪湖碘泡虫存在经鱼卵传播途径(杨坤等,2021)。

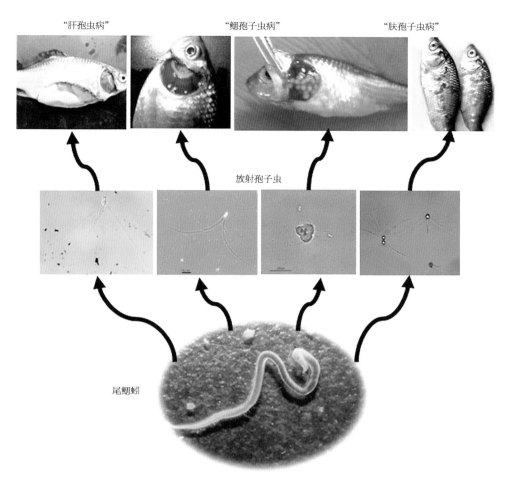

图6-22·鲫寄生黏孢子虫感染途径

目前,关于黏孢子虫在鱼体的发育过程仍然存在大量认知空白。在鲑鳟寄生脑碘泡虫(*M. cerebralis*)研究中发现,放射孢子虫在识别和侵染鱼体的初始阶段没有严格的宿主特异性(Kallert 等,2011;Eszterbauer 等,2019)。放射孢子虫在鱼体黏液所含的核苷肌酐、鸟苷等触发因子刺激下,极囊中的极丝射出,将孢体黏附到鳍条、鳃、皮肤或肠道;胞质体(sporoplasm)内的阿米巴状细胞钻入上皮细胞间,开始黏孢子虫在鱼体的前孢子生成阶段(presporogonic stage)发育(El-Matbouli 等,1995)。胞质体中的多细胞团发生解聚,形成单个原始细胞(primary cell)。原始细胞通过内分裂和出芽生殖产生多个次级细胞(secondary cells),这些细胞具有很强的阿米巴样运动能力和持续增殖活力,可以在宿主体内存活较长时期,并同时不断移行侵入内部组织;此后,通过血液或神经系统等被迁移到靶器官/组织(site of sporogony)(Bjork 和 Bartholomew,2010;Eszterbauer 等,2015;Sarker 等,2015)。当细胞移动到靶组织/器官后,进入孢子生成阶段(sporogonic stage):

细胞发生两两联合,一个细胞包裹另一个细胞形成泛孢子母细胞(pansporoblast);被包裹的内细胞通过分裂生成一定数目的生殖细胞并分化出成熟孢子所需的壳片、极囊、孢质细胞(El-Matbouli 等,1995;Alama-Bermejo 等,2012)。

不同种类黏孢子虫在鱼体的细胞增殖位点和迁移路径等方面存在较大差异。研究发现,莫氏球孢虫($S.$ $molnari$)感染鲤后在鳃和表皮最终形成成熟的孢子和孢囊,然而在鱼体血液循环系统经常会检测到大量不断增殖和处于不同发育时期的前孢子生成阶段细胞,这些发育阶段的细胞曾被称为鲤血液中的 UBO(unidentified blood objects)(Holzer 等,2014;Hartigan 等,2016)。脑碘泡虫($M.$ $cerebralis$)通过虹鳟的鳃、皮肤、鳍条侵染鱼体后,主要通过外周神经系统移行到达中枢神经系统软骨;此外研究发现其在感染早期也存在血液阶段,随时间推移病原在血液中的丰度逐渐下降(Sipos 等,2018)。角形虫($Ceratomyxa shasta$)的成熟孢子多数出现在虹鳟的肠道,但在胆汁经常能检测到大量发育阶段的病原体(Alama-Bermejo 等,2019)。

■(3)疾病防治技术

鉴于当前针对异育银鲫养殖中洪湖碘泡虫感染依然缺乏确切有效的治疗药物和异育银鲫普遍具有很高的隐性携带率(杨坤等,2020、2021、2022),从亲本筛选纯化入手,建立无特定病原(specific pathogen free,SPF)亲本,有利于解决异育银鲫养殖中洪湖碘泡虫病问题。水产苗种携带病原已成为养殖水生动物疾病高发的重要因素之一。无特定病原(SPF)苗种虽然不是养殖中所有疾病的终极解决方案,但它是控制重要传染性疾病的关键措施之一。建设无特定疫病苗种场是迈向动物疫病区域化管理的重要实践,已经被越来越多的国家和地区所认可。水产养殖用药减量行动方案中要求"强化苗种产地检疫,创建无规定疫病水产苗种场",是从苗种源头控制重大疫病、推动水产养殖业绿色发展和确保水产品质量安全的重要举措。

黏孢子虫病的防治。"肤孢子虫病"和"肝孢子虫病"的感染传播途径已发现通过池塘底泥中水蚯蚓释放的放射孢子虫感染。因此,苗种孵化用池塘和幼鱼养殖池塘的底泥要经常清淤,并用生石灰消毒,以杀灭塘底沉积的病原孢子和水蚯蚓。用鸡粪等动物粪肥肥水的池塘容易出现水蚯蚓,建议采用有机肥水膏类的商品。目前,发现"喉孢子虫病"的传播途径主要是通过隐性感染母本的卵直接传给子代。繁殖用亲本和新购买苗种的,进行病原 PCR 分子生物学检测是预防该病最有效的手段。

(撰稿:习丙文、陈凯、秦婷、谢骏)

7

贮运流通与加工技术

鲫是我国大宗淡水鱼类中的主要品种之一。根据《中国渔业年鉴》(2022 版)的统计数据,2021 年我国鲫养殖产量达 278.37 万吨,养殖产量在中国淡水养殖鱼类中仅次于草鱼、鲢、鳙、鲤,位居第五。江苏、湖北、江西、湖南、四川等地是我国鲫养殖的主产区,年产量均超过 20 万吨,其中江苏年产量超过 60 万吨,位居全国第一。鲫因其肉质细嫩、味道鲜美、价格实惠而深受大众的喜爱。但是,由于体型规格小、肌间骨刺多的特点,导致鲫加工难度大,目前仍以市场鲜销为主,加工产品少,加工比例低,尚未形成规模化加工产业。近年来,国内专家学者围绕鲫加工提质和方便食品开发开展了系列基础研究与技术应用开发工作,并取得了较大进展,为促进鲫加工产业发展提供了科技支撑。

鲫化学组成与加工特性

7.1.1 · 肌肉组织与主要化学组成

鲫属于有鳞硬骨鱼类,与其他大宗淡水鱼类相比,食用鲫规格较小,一般在 150 ~ 500 g/尾,鱼肉占鱼体重的 30% ~ 35%,鱼头占鱼体重的 15% ~ 20%,内脏、鳃、鱼鳞等加工副产物占鱼体重的 30 %以上。鱼骨、鱼鳞、内脏、鳃等部分一般不被食用,但可通过综合利用提升价值。

鲫是一种高蛋白、低脂肪、营养丰富且味道鲜美的水产品。肌肉化学组成主要包括水分、蛋白质、脂肪、灰分及少量碳水化合物和维生素等,各营养组分的含量受品种、性别、季节、鱼龄、饲料等因素的影响,不同生长期、捕获期与不同地区鲫肌肉的化学成分与组织结构有一定差异。了解鲫肌肉组成与营养成分是开发鲫贮运流通和加工技术的基础。

▪ (1) 水分

水分是影响鱼肉组织结构和加工性能的重要因素,鲫同其他淡水鱼类一样含有较高的水分,一般占 75% ~ 80%。高水分一方面赋予产品鲜嫩的质构特性,同时也导致其死后极易腐败变质,贮藏保鲜难度大。鲫中水分主要分为自由水和结合水两部分,占比分别为 75% ~ 80% 和 15% ~ 25%。不同水分在鱼肉加工过程中的作用和变化不同。自由水以游离状态存在于肌原纤维和结缔组织的网络结构中,其含量和分布状态随加工方式和过程而改变。例如,在干制加工过程中,自由水易蒸发脱除而达到脱水效果;在冷冻加工过程中,自由水易被冻结形成冰晶,冰晶大小与冻结速率及冻藏条件等有关,冰晶的生成和生长是造成冷冻鱼制品品质劣化的关键因素,这主要是由于形成的大冰晶会对肌肉组织细胞造成机械性损伤,导致解冻时汁液流失加重和鱼肉品质下降。结合水与蛋白质及碳水化合物中的羧基、羟基、氨基等形成氢键,在干制和冷冻过程中比较稳定,难于被蒸发脱除和冻结,也不易被微生物利用,对于加工产品品质变化影响较小。

（2）蛋白质

蛋白质是鱼类肌肉的主要成分之一。鲫肌肉组织中粗蛋白含量一般在 15%~20%,与其他大宗淡水鱼基本相同。按照溶解性特征,蛋白质分为可溶于水和稀盐溶液（$I = 0.05~0.15$）的肌浆蛋白、可溶于中性盐溶液（$I \geq 0.5$）的肌原纤维蛋白和不溶于水和盐溶液的肌基质蛋白。其中,肌原纤维蛋白占主导,一般占蛋白总量的 60%~70%;其次是肌浆蛋白,占 20%~30%;鱼肉中肌基质蛋白含量较少,一般占 2%~5%（夏文水等,2014）。

肌原纤维蛋白主要包括肌球蛋白、肌动蛋白、原肌球蛋白和肌钙蛋白等,其中肌球蛋白和肌动蛋白占肌原纤维蛋白总量的 80% 以上,是构成肌原纤维粗丝与细丝的主要成分。肌球蛋白和肌动蛋白在三磷酸腺苷（ATP）的存在下形成肌动球蛋白,不仅与肌肉的收缩和死后僵直有关,而且与加工、贮藏中蛋白质变性和凝胶形成等紧密相关。

肌浆蛋白是指存在于肌肉细胞肌浆中的水溶性（或稀盐类溶液中可溶的）蛋白质的总称,其种类复杂、分子质量较小。肌浆蛋白中含有大量的蛋白酶（如钙激蛋白酶、组织蛋白酶、基质金属蛋白酶等）、糖水解酶、肌酸激酶,以及血清蛋白、肌红蛋白、血红蛋白和细胞色素 C 等蛋白质。钙激蛋白酶和组织蛋白酶会促使鱼肉肌原纤维蛋白水解,基质金属蛋白酶可作用于胶原蛋白使其降解;另外,部分内源蛋白酶（如组织蛋白酶 L）可同时作用于肌原纤维蛋白和胶原蛋白,在内源蛋白酶的酶促水解作用下导致鱼肉结构蛋白降解、质构软化与食用品质下降。此外,组织蛋白酶易导致鱼糜凝胶劣化,因此在鱼糜生产过程中通常通过漂洗除去肌肉中的肌浆蛋白,以改善鱼糜白度和增强鱼糜凝胶强度。

肌基质蛋白是构成肌纤维间隙中结缔组织的主要成分,包括胶原蛋白和弹性蛋白,承担着支撑和骨架的作用,与鱼肉质构关系密切。胶原蛋白是肌基质蛋白的主导成分,其中 I 型和 V 型胶原蛋白在鱼肉中含量最高。与陆生动物肌肉相比,鱼肉中肌基质蛋白含量低,因此鱼肉组织比陆生动物肌肉柔嫩,在热加工和贮运流通过程中鱼肉质构也易发生软化和品质下降。

（3）脂肪

淡水鱼肌肉组织中脂肪含量较低,但脂肪含量及组成不仅影响鱼肉的营养价值,而且是烹饪或熟制加工过程中形成风味的重要前体物质。鲫背部肌肉脂肪含量较低，一般在 1%~3%；腹部鱼肉脂肪含量较高，甚至超过 10%。另外，鲫内脏脂肪含量丰富，占干基的 30%~50%。不同文献中报道的鲫不同部位脂肪含量数值差异较大，这主要与品种、规格大小、组织部位及喂养条件等因素有关。鲫脂质大致可分为非极性脂质和极性脂质，非极性脂质主要包括甘油三酸酯、固醇、固醇酯、蜡酯、二酰基甘油醚和烃类等；极性脂质主要包括磷脂、糖脂、磷酸酯及硫脂等（夏文水等，2014）。在鱼类贮藏和加工过程中，磷脂易水解氧化，一方面是形成特殊风味的重要前体物质，另一方面不饱和脂肪酸的过度氧化也会造成营养损失和品质劣变。

7.1.2 · 营养价值

（1）氨基酸组成

鱼肉蛋白质的营养价值不仅取决于肌肉蛋白质的含量，还与肌肉蛋白质的氨基酸组成有密切关系。鲫肌肉中氨基酸总含量约为 73%（以干基计），必需氨基酸所占比例为 27.65%~37.47%，鲜味氨基酸所占比例超过 40%，是鲫味道鲜美的重要原因。鲫肌肉氨基酸组成与品种、养殖条件等因素紧密相关。据报道，异育银鲫"中科 5 号"和彭泽鲫的丙氨酸、甘氨酸等 11 种氨基酸含量存在显著差异（王洋，2021）。根据蛋白质与氨基酸生物利用率评价模型，鲫蛋白质生物学价值（biological value，BV）和蛋白质净利用率（net protein utilization，NPU）与牛肉、猪肉大致相同；鲫氨基酸评分（amino acid score，AAS）值为 100 左右，与猪肉、鸡肉、禽蛋大致相同，而高于牛肉和牛奶；鲫蛋白质消化率达 97%~99%，与蛋、奶大致相同，而高于其他畜产肉类（夏文水等，2014）。由此可见，鲫具有优良的营养价值，同时鲫等水产品中赖氨酸（必需氨基酸的一种）含量丰富，可与谷物食品形成氨基酸互补效应。

（2）脂肪酸组成

鲫肌肉中的脂肪酸可分为饱和脂肪酸、单不饱和脂肪酸和多不饱和脂肪酸三类，不同脂肪酸的含量组成与捕捞季节、养殖条件和饲料配方等因素有关。与陆生动物相比，鲫等水产品中不饱和脂肪酸相对含量占比更高。有研究报道，鲫含有 35 种脂肪酸，其中饱和脂肪酸 13 种、不饱和脂肪酸 22 种，两者分别占总脂肪酸质量分数的 20.1% 和 78.7%；不饱和脂肪酸中多不饱和脂肪酸有 11 种，占总脂肪酸质量分数的 26.2%，且二十碳五烯酸（$C20:5$，EPA）和二十二碳六烯酸（$C22:6$，DHA）含量占比较高（魏永生等，2017）。EPA 和 DHA 是两种人体不可缺少的重要营养素，在人体大脑与视觉发育、心脑血管疾病预防、抑制"三高"等方面发挥着重要作用。因此,鲫也是补充 EPA 和 DHA 等营养素的重要来源。

7.1.3 · 加工特性

（1）冷冻变性

蛋白质冷冻变性是由于肌肉组织在冻结过程中细胞内冰晶的生成造成蛋白质空间结构变化,引起解冻后蛋白质原有的某些性质发生改变的现象。在冰晶生成和生长过程中,溶质浓缩产生局部高内压,导致肌肉组织间出现明显的裂缝和空隙,肌纤维粗丝和细丝排列紊乱、松散,A 带、I 带以及横纹模糊等蛋白变性现象。目前,在学术上对鱼肉蛋白冷冻变性的机制尚未形成统一的共识,主流学说包括结合水分离、水化作用和细胞液浓缩。

蛋白冷冻变性会引起蛋白质功能、理化特性和生化性质发生改变,具体表现为蛋白持水性能变差、肌原纤维蛋白溶解性降低、蛋白凝胶形成能力和肌肉组织弹性下降等,最终影响鱼肉的加工品质。与其他大宗淡水鱼类似,鲫肌原纤维蛋白组织比较脆弱,直接进行冻结贮藏时极易发生蛋白质冷冻变性,且冻结速度、冻藏温度和时间及贮藏过程中的温度波动等是影响蛋白变性程度的重要因素。冻结速度越快、冻藏温度越低、冻藏环境温度越稳定,鱼肉蛋白质变性程度就越小。评价鱼肉蛋白质冷冻变性程度的指标主要有蛋白溶解度、ATPase 活性、活性巯基含量、疏水性等。根据 ATPase 活性评价指标,鲫在 $-20℃$ 条件下冻藏 2 个月后,ATPase 活性残留率高于草鱼、鳙、鳊等鱼种,表明鲫耐冻性优于草鱼、鳙、鳊等淡水鱼种(夏文水等,2014);同时也发现,鲫肉在不同温度下($-10℃$、$-20℃$、$-30℃$ 和 $-40℃$)冻藏 90 天后蛋白变性速率有显著性差异,$-40℃$ 冻藏鱼肉 $Ca^{2+}-$ ATPase 活性下降速率仅为 $-10℃$ 条件下的 40%(曾名湧,2005)。不同鱼种间蛋白冷冻变性的差异与鱼类本身栖息环境温度及原料鱼冷冻前的新鲜度密切相关。鱼肉冷冻变性不仅会导致蛋白凝胶形成能力下降,也会影响鱼肉组织的质构、风味、色泽等食用品质,长时间冷冻的鱼肉往往会出现不同程度的肉质发暗、发柴及鲜味下降等品质劣化问题。

为了减缓鱼肉在冷冻加工过程中的蛋白变性程度,通常会添加糖类物质、氨基酸和磷酸盐等抗冻剂进行处理,以提高冷冻鲫及其加工产品的肌肉持水性能,较好地保持肉质和新鲜口味。白砂糖、海藻糖、山梨糖醇等糖和糖醇类物质作为冷冻鱼肉的抗冻剂在实际应用中较为普遍,糖类物质一方面可以与鱼肉蛋白质活性基团结合,增加蛋白聚集变性的难度;另一方面可以与鱼肉组织中自由水结合,降低自由水的流动性,从而在一定程度上阻碍冰晶的形成。磷酸盐等盐类物质是另一种常用的抗冻剂,其作用原理一般包括以下几个方面：① 磷酸盐可提高鱼肉的 pH,增加蛋白质与水分子之间的相互作用,增加结合水能力;② 磷酸盐可以螯合肌肉中的金属离子,使肌原纤维蛋白带更多负电荷,利用静电排斥作用增加蛋白质疏松结构,提高蛋白持水性能;③ 磷酸盐所提供的离子强度有利于肌原纤维蛋白的溶出,同时还可以解离鱼肉肌动球蛋白,从而增加结合水的能力。此外,不同的磷酸盐保水机理也存在差异。例如,三聚磷酸钠可以附着在蛋白质分子上,改善蛋白质分子的溶解性,增强与水的结合效果;焦磷酸钠更容易螯合金属离子,使蛋白结构疏松, 持水性增大。实际生产应用过程中可以根据产品具体类型和要求,选择糖类和磷酸盐组合使用,从而达到最佳的抗冻效果。

（2）加热变性

加热处理也是导致蛋白质变性的一个重要加工过程。鱼肉在热处理过程中蛋白质分子间相互作用发生改变,导致蛋白多肽链展开、肌肉收缩失水、蛋白质热凝固、质构与持水性发生变化。肌原纤维蛋白是鲫肌肉组织中的主要蛋白组分。研究发现,在鲫肌原纤维蛋白盐溶液热处理过程中,当温度超过 36℃时,溶液浊度开始增加,当温度进一步上升到40℃时,蛋白质分子间通过二硫键形成肌球蛋白重链聚合物,表明在 36~40℃ 范围内,鲫蛋白质逐渐发生变性(姚磊等,2010)。与海水鱼类相比,淡水鱼类栖息水域温度较高,其蛋白质热稳定性高于海水鱼。在不同种类的淡水鱼之间,鲫蛋白质热稳定性优于青鱼、草鱼、鲢、鳙等。鱼种类和新鲜程度、养殖水域温度以及加工过程中的腌制预处理等工序均会影响蛋白的热变性程度和过程。

在鲫烹饪和加工过程中常用的热处理方式包括煮、烤、煎、炸等。适度的加热处理诱导蛋白变性是形成鱼肉质构品质的重要过程,如鱼糜经适度加热处理形成具有三维网络结构的鱼糜凝胶,同时热处理也是形成鱼肉风味和色泽的重要技术手段。但是,由于鲫水分含量高,过度热处理不仅会导致鱼肉质构软烂和营养损失,同时在烤、煎、炸等高温处理过程中蛋白质会发生热分解并与糖类发生反应而生成吡啶、吡嗪或醛类物质及杂环胺(HCAs)类有害物质,影响产品的质量安全。因此,了解鱼肉蛋白的热变性规律和特点,选择合适的热处理方式和程度,对提高产品感官品质和质量安全具有重要意义。

（3）凝胶特性

凝胶特性是鱼肉蛋白的一个重要加工特性,对鱼糜制品凝胶质构的形成具有重要作用。肌原纤维蛋白是鱼糜形成弹性凝胶体的主要蛋白组分。在一定食盐浓度(一般2%~3%) 条件下,肌原纤维蛋白在鱼糜斩拌或擂溃过程中充分溶出并形成肌动球蛋白溶胶,经加热等处理后,鱼糜溶胶失去可塑性而形成富有弹性的蛋白凝胶体。鱼糜凝胶化方式有加热、酶交联、酸化、高压处理和生物发酵等，其中热凝胶化是鱼糜制品凝胶形成的主要方式。影响鱼肉蛋白凝胶特性的因素较多，包括鱼种、新鲜度、渔获季节、鱼体大小和加工工艺条件（如漂洗、斩拌和擂溃条件、加热条件和辅料）等。凝胶强度是评价鱼肉蛋白凝胶特性的主要指标。鲫蛋白的凝胶形成能力较弱，极易发生凝胶劣化现象。鲫鱼糜凝胶强度与弹性率分别约为 3 000 g/mm 和 21 g/mm，分别约为鲢鱼糜的 78% 和 76%，同时也远低于鳙和草鱼鱼糜的相应指标（夏文水等，2014）。因此，与其他淡水鱼相比，鲫并不是生产冷冻鱼糜及鱼糜制品的良好原料。有文献报道，鲫肌肉组织中蛋白含量与鲢、鳙、草鱼等淡水鱼基本相同，但蛋白质组成成分存在明显差异，其中鲫蛋白中盐溶性蛋白含量仅为 50% 左右，远低于鲢、鳙、草鱼等品种（>55%）。盐溶性蛋白含量低被认为是鲫鱼糜凝胶强度低的主要原因（刘海梅等，2007）。

7.1.4 · 宰后品质变化规律

鲫肌肉水分含量高、pH 呈中性、营养丰富等特点为微生物的生长繁殖提供了有利条件，同时鱼肉组织中内源酶系丰富且活性强。宰后肌肉组织在内源酶和微生物的作用下发生系列生化反应，导致鱼肉质构、风味品质劣化和腐败变质。鲫宰杀后肌肉组织所经历的变化过程大致可分为宰杀初期和僵直、解僵和自溶、腐败等阶段（余达威，2019）。

（1）宰杀初期和僵直

鲫宰杀后由于机体供氧系统中断，肌肉中的糖原经无氧糖酵解产生乳酸，同时，肌肉中三磷酸腺苷（ATP）部分分解产生磷酸，导致鱼肉 pH 从 6.5~6.8 下降至 6.0~6.2。肌肉 pH 降低会触发一系列后续反应，如破坏内质网、释放钙离子，激活的 Ca^{2+}-ATPase 作用于肌球蛋白和肌动蛋白形成肌动球蛋白，导致肌球蛋白粗丝和肌动蛋白细丝相互结合，使肌肉收缩而发生僵直现象。宰杀初期和僵直期内，鱼肉的鲜度与鲜活鱼无明显差异。鲫的僵直变化和持续时间与鱼体大小、年龄、栖息温度、宰杀前的生理及营养状态、致死方法和贮藏条件等因素有关，其中贮藏温度对宰后僵直期有显著影响，表现为贮藏温度越高僵直持续时间越短。

（2）解僵和自溶

僵直后期，随着鱼体组织中内源蛋白酶活性增加和微生物的生长繁殖，鱼肉将重新变得柔软而进入解僵和自溶阶段。肌肉解僵与结构蛋白降解密切相关，具体表现为 Z 膜弱化与断裂、肌原纤维片段化、结缔组织裂解等。一般认为，内源蛋白酶是造成肌原纤维蛋白和胶原蛋白等结构蛋白组分降解的主要因素,包括基质金属蛋白酶、钙激蛋白酶、溶酶体组织蛋白酶等。此外,胃蛋白酶、胰蛋白酶等消化酶类和微生物生长繁殖过程中产生的胞外酶也会对鱼肉蛋白降解产生作用。解僵和自溶程度会对鱼肉新鲜度、质构和风味品质产生明显影响。适度解僵有利于增加鱼肉中滋味活性成分,提高鱼肉的风味品质,但解僵后自溶会导致鱼肉质构迅速软化、风味劣化,加速腐败进程。图7-1为内源酶诱导蛋白降解引起鱼肉质构软化的示意图。鱼肉解僵与自溶的持续时间与贮藏温度、机体pH等因素有关,其中贮藏温度是最重要的影响因素。低温能够有效抑制内源酶活性和微生物生长,从而延缓肌肉解僵和自溶,有助于延长产品保鲜期。

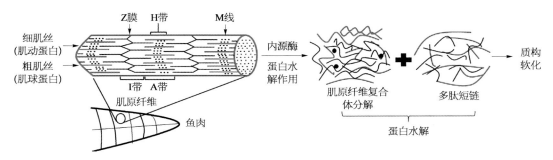

图7-1·内源酶诱导鱼肉蛋白水解和质构软化(余达威,2019)

(3) 腐败

在鱼肉解僵和自溶阶段,蛋白质被逐渐分解成多肽及氨基酸等小分子物质,为微生物生长提供了有利条件。在解僵和自溶后期,随着微生物作用的增强,使鱼肉进入腐败阶段,具体表现为体表发黏、鳃发暗、组织状态软化和氨臭味加重等。在肌肉组织自溶、腐败过程中,鱼肉蛋白质在内源蛋白酶和微生物胞外酶的作用下降解为多肽、氨基酸,进一步发生脱氨、脱羧反应,产生有机酸、氨、生物胺、硫化氢及吲哚类化合物;同时,在腐败阶段,鱼肉中的脂质二级氧化产物过量积累会产生大量的挥发性醛类、酮类、醇类等挥发性物质,导致鱼肉腥臭味加重,最终使鱼肉失去食用价值。在肌肉组织解僵和自溶期间,微生物数量较少。随着腐败进程的发展,部分微生物快速生长并形成菌群竞争优势,这些微生物称特定腐败菌(SSO)。李秀秀等(2017)采用PCR-DGGE分析证实,气单胞菌属(*Aeromonas*)、假单胞菌属(*Pseudomonas*)、不动杆菌属(*Acinetobacter*)等是冷藏鲫的特定腐败菌。这些腐败菌的生长繁殖会导致鱼肉品质迅速劣化,主要表现在胺类物质代谢积累、部分蛋白降解、产生黏液及带色成分等,其中含氮物质分解产生氨和胺类物质会导致鱼肉氨臭味增加、氧化三甲胺被还原成三甲胺而导致鱼肉土腥味加重、核苷酸降解成次黄嘌呤和肌苷而使鱼肉鲜味下降等。

7.1.5 · 原料新鲜度对加工产品品质的影响

鲫宰后随着贮藏时间的延长,在微生物、内源酶及非酶氧化等作用下导致鱼肉鲜度下降,产生表面失色、质地软化、不良风味加重等现象,进一步对鱼肉加工品质产生显著影响,如肌肉蛋白凝胶形成能力、持水性、乳化性等发生不同程度的下降。新鲜淡水鱼肉凝胶形成能力高于冻藏鱼肉,且鱼肉冻藏时间越长,凝胶形成能力越弱;冷冻前鱼体鲜度越低,解冻后肌肉汁液流失越多,加热失重率越高;在口感方面,新鲜度高的鱼肉加工成产品后质构和口感紧实,而新鲜度低的鱼肉熟化后质地更易出现软烂问题,并失去原有鲜味。因此,在实际生产过程中要严格控制原料新鲜度,以确保加工产品品质。

7.1.6 · 加工适应性

鲫是一种高蛋白、低脂肪、营养价值高且相对廉价的淡水鱼类,具有个体规格小、出肉率低、内脏与鱼鳞等副产物占比高、肌间刺多等特点(杨京梅和夏文水,2012),加工利用难度大。与青鱼、草鱼、鲢、鳙等较大体型淡水鱼类相比,鲫在采肉率、原料价格、蛋白凝胶形成能力等方面无竞争优势,不适合用作冷冻鱼糜的生产原料。在鲫加工利用过程中,需要根据鲫原料的特点,结合市场消费需求,选择合适规格的原料及加工方式,以获得最优的产品品质和加工效益。目前,鲫消费仍以餐饮和家庭鲜食烹饪为主,烹调处理方法主要包括煮汤、红烧、葱烤、油炸、清蒸等。随着人们生活方式和消费习惯的转变,尤其是"线上"消费的兴起,加速了鲫调理制品加工产业的发展。冷冻或冷藏调制鱼菜肴、方便鱼汤、营养休闲零食及副产物深加工利用等将成为鲫加工产业纵深发展的主要方向。

7.2

贮藏保鲜与加工技术

7.2.1 · 低温保鲜加工技术

与其他淡水鱼相同,鲫宰后极易腐败变质,因此在加工与流通过程中如何有效减缓鱼肉品质劣变、延长货架期,是当前急需解决的一个重要技术问题。目前,低温贮藏仍是鱼类保鲜应用最广泛的方法。贮藏期间,微生物生长代谢、内源酶酶促水解以及非酶氧化是导致鲫品质下降的主要原因。微生物生长和化学反应速率与贮藏温度紧密关联。化学反应速率取决于温度,温度降低,分子运动速度下降,反应速率降低。生物体内大多数化学反应的温度系数 Q_{10} 值为 2~3,也就是说贮藏温度每下降 10℃,化学反应速率会下降至原先的 1/2~1/3。此外,低温可以有效抑制微生物尤其是嗜温腐败菌的生长繁殖,但一般情况下低温并不能彻底杀死微生物,也不能使酶完全失活,即使在极低温(−50℃)的冻藏条件下,鱼肉中内源酶仍保持微弱活性,其作用效果会随着时间的延长而积累放大;同时,氧化反应也会持续进行,导致长期冻藏的鱼肉出现干耗、色变等现象。因此,低温贮藏并不能完全阻止鲫品质劣变反应,只能延缓或减弱微生物、酶及非酶引起的变质现象。低温保鲜技术根据贮藏的温度范围可进一步细分为冷藏保鲜、冰温保鲜、微冻保鲜和冻藏保鲜。

(1) 冷藏保鲜

冷藏保鲜是将整鱼或经分割的鱼产品的温度降低到接近冰点(0~8℃)并在此温度范围进行贮藏的一种保鲜方法。冷却速率和终点温度是抑制鱼肉生化变化和微生物繁殖的重要因素。冷却方法主要有冷风冷却、接触冰冷却、冷水冷却和真空冷却。

冷风冷却一般在−1~0℃的冷却间内进行。在实际冷藏作业中,一般需要预先将冷却间环境温度降低并保持在−1~0℃,将样品放入冷却间后需要继续用冷风冷却,将样品中心温度迅速降低至接近 0℃时再放入高温冷库贮藏或者直接放在冷却间贮放(夏文水等,2014)。由于空气的对流传热系数小、冷却速度慢,不能大批量处理鱼货,而且长时间用冷风冷却容易引起鱼体干耗和氧化。

接触冰冷却包括干冰法和水冰法。干冰法是将碎冰撒在鱼层上,形成一层冰一层鱼的样式或将碎冰与鱼混拌在一起(在商超水产柜台中普遍使用),通过冰层控温实现鱼肉的冷藏环境;水冰法是先用冰给水降温(0℃),然后把鱼类浸泡在冰水(冰与水的混合物)中使鱼体快速降温,但鱼体在冰水中长时间浸泡会导致鱼肉吸水膨胀、变色、变质。

冷水冷却包括冷水浸渍或喷淋冷却。冷水比空气具有较高的热容量和放热系数,冷却速率较快。

真空冷却是在低压环境利用水分蒸发带走热量的冷却方法。此法在鱼类加工保鲜中应用较少。

冷藏保鲜主要用于原料鱼的短时间存放,也可用于分割加工的生鲜或调理产品的短时间贮藏保鲜(王洋,2021)。在 0~8℃的冷藏温度范围内,鱼肉自身的内源酶活性及微生物生长受到一定程度抑制,但仍能缓慢进行,故冷藏只能减缓鱼品的变质速率。研究表明,经洁净处理的鲫在 4℃贮藏条件下货架期为 7~9 天(田光娟等,2017a;李越华等,2013)。包玉龙等(2013)比较了两种不同冷藏条件下鲫品质的变化规律,发现 0℃冷藏鲫在感官分值、挥发性盐基氮、菌落总数和生物胺等多项指标上的劣变速度低于 4℃冷藏鲫,表明在冷藏过程中控温越低越有利于保持鱼肉品质。目前,生鲜鱼肉通常是以菌落总数、挥发性盐基氮等指标进行质量评判,结合熟制后产品的感官评价。冷藏 2~3 天产品新鲜度较高。鲫冷藏保鲜货架期长短与冷藏前原料鲜度、卫生条件、隔热效果及环境温度高低等有关。

(2) 冰温保鲜

冰温保鲜是指在鱼体冰点至 0℃ 温度范围内进行保鲜的一种方法。与冷藏保鲜相比,冰温保鲜温度更低且不使鱼肉中的自由水发生结冰现象,同时鱼肉中的腐败菌和内源酶活性受到更大程度的抑制,因此,该技术的保鲜效果优于传统的冷藏保鲜。冰温保鲜鱼肉的货架期一般为冷藏保鲜鱼肉的 1.2~1.5 倍(葛黎红,2017)。目前,国内外学者已对鲫冰温保鲜技术开展了较多研究,通过分析挥发性盐基氮、菌落计数、核苷酸关联物等鲜度指标变化评价了鲫冰温保鲜过程中的品质劣变规律。Li 等(2014)以 ATP 相关代谢产物、K 值、pH 和质构为特性指标,考察了鲫在冰温贮藏过程中品质和新鲜度相关指标的变化情况。由于冰温贮藏的温度带较小,实际应用过程中温度难以精准控制,目前在生产实践中会采用适当方式拓宽冰温区的方法,如添加适当的食盐、蔗糖等物质调节鱼肉冰点,增加该保鲜技术的实用性。

(3) 微冻保鲜

微冻保鲜是指将鱼肉产品置于产品 -5℃ 至冰点之间的温度范围(一般为 -3℃ 左右)进行贮藏的方法,也称为过冷却保鲜或部分冷冻保鲜。淡水鱼的冰点一般在 -2~0℃ 之间。在微冻温度范围内,部分鱼体处于冻结状态,微生物生长与代谢活动基本被抑制,同时酶促反应与化学变化的抑制也非常明显。根据微生物或挥发性盐基氮等鲜度指标评定,微冻鱼肉的货架期比冷藏产品的延长 1.5~3 倍。然而,在微冻保鲜过程中,鱼肉中部分自由水的结晶现象不可避免地造成鱼肉组织结构损伤,引起鱼肉品质下降,如加剧汁液流失和质构软化。需要指出的是,目前关于微冻保鲜技术的应用效果仍存在一定争议。一方面,尽管微冻贮藏温度低于冷藏温度,能够更加有效地抑制微生物生长和生化反应,有助于延长产品的货架期,但微冻贮藏温度带与食品的最大冰晶生成温度带(-5~-1℃)高度重叠,鱼肉微冻贮藏条件下温度波动会造成冰晶生成与生长,导致大冰晶体形成,最终影响产品的品质;另一方面,极为严格的控温要求也使得该技术在实际应用中受到较大限制。

近年来,国内学者对鲫微冻保鲜技术开展了较多的研究,探索微冻鲫品质变化规律,为技术应用提供了理论基础。曾名勇等(2001)发现微冻贮藏可显著抑制鲫菌落总数增长并维持低水平的挥发性盐基氮和 K 值,但鱼肉中 ATPase 活性下降仍比较明显;李越华等(2013)也发现鲫在微冻条件下挥发性盐基氮、K 值、菌落总数及脂质氧化等指标水平增速缓慢,鱼肉货架期为 24 天,是冷藏货架期的 3 倍。目前,鱼类的微冻保鲜法主要有冰盐混合微冻法、鼓风冷却微冻法和低温盐水微冻法。前两种方法研究较多,冰盐混合微冻法主要利用盐降低混合溶液的冰点(一般食盐浓度 5% 左右);鼓风冷却微冻法是采用制冷机先将空气冷却至较低温度后再吹向鱼体,使其表面温度降到-3℃左右并进行贮藏。低温盐水微冻保鲜是先将盐水冷却到-5℃左右,再将鱼浸泡在低温盐水中使鱼体温度降至-3℃左右进行贮藏的一种保鲜方法。

■ (4) 冻藏保鲜

冻藏保鲜是一种将鱼体温度降到-18℃以下并在-18℃以下进行贮藏的方法。冻藏条件下鱼体中的自由水基本被冻结,内源酶活性和细菌生长基本被抑制,因此冻藏鱼肉货架期可达 6 个月甚至更长。但是,鱼肉冻藏期间仍会发生干耗、色泽退变、脂质氧化、冰晶长大等现象,品质劣变在缓慢发生。冻结速度是影响冷冻鱼肉中冰晶形成的关键因素。缓慢冻结时,冰晶体大多在细胞的间隙内形成,冰晶量少而粗大;快速冻结时,冰晶数量多而细小,主要分布在细胞内。冰晶的形成,一方面易引起细胞机械损伤,尤其是缓冻过程中大冰晶的形成,容易造成鱼肉解冻期间汁液流失加重、质构软烂、口感变差等现象发生;另一方面,鱼肉蛋白质在冻藏温度下因微环境变化(如溶质浓缩等)会发生变性,导致鱼肉持水性和食用品质下降。常用的鱼肉冻结方法主要有鼓风冻结、平板冻结(或间接接触冻结)和液氮冻结等。影响冻藏保鲜效果的因素有原料鱼状态和新鲜度、预处理方式、冻结方法及贮藏条件等。

目前,国内学者在鲫冻藏保鲜方面的研究主要集中于产品品质的变化规律、冻藏保鲜工艺优化及新型保水剂开发利用等方面。卞欢等(2020)比较了不同质量浓度的海藻糖、碳酸氢钠、马铃薯淀粉处理对冷冻鲫肉的持水性和质构特性的影响,并利用海藻糖开发了一种速冻鲫无磷保水配方;张南海(2018)比较了多种冻结方式、冻藏温度及解冻方法对鲫品质的影响,证实冻结与冻藏温度越低对保持鲫品质越有利,同时还指出,相比于静水解冻和流水解冻,低温高湿解冻法可以更好地保持鲫蛋白质的持水性和鱼肉质构特性,品质更加接近新鲜鱼肉;张一江和黄海(2008)比较了鲫在-40~-10℃冻藏过程中胶原蛋白的变性情况,结果表明,胶原蛋白在冻藏过程中总体呈下降趋势,且变化程度与冻藏温度呈正相关,并最终影响鱼肉的物性特征。

下面列出 4 种低温保鲜技术的比较(表 7-1),供参考。

表 7 - 1 · 4 种低温保鲜技术比较

项目	冷藏	冰温	微冻	冻藏
温度	0~8℃	冰点~0℃	-5℃~冰点	-18℃及以下
原理	鱼体内源酶和微生物受到抑制,但物理和生化变化依然缓慢进行	不冻结,生物化学变化和物理变化较大程度抑制	部分冻结状态,微生物几乎不能繁殖,内源酶活性和脂肪氧化得到更高程度抑制	自由水全部冻结,生化变化强烈抑制
优点	操作简单方便,家庭、超市广泛适用	货架期为冷藏保鲜的1~1.5倍	货架期为冷藏保鲜的1.5~3倍	长期保鲜,6个月甚至更长
不足	品质劣化明显,保质期短	温度控制极为严格	温度控制极为严格,容易生成冰晶,损伤肌肉组织	解冻汁液流失,干耗、色泽劣化,脂肪氧化

7.2.2 · 低温保鲜辅助技术

（1）生物保鲜技术

针对非冻结低温保鲜鲫货架期短的实际问题,在低温基础上组合应用具有抗菌、抗氧化等生物活性的天然物质来延长鱼肉货架期的方法称为生物保鲜技术。根据活性物质的来源,生物保鲜剂可以分成动物源(如壳聚糖、溶菌酶等)、植物源(如茶多酚、葡萄籽提取物、丁香精油等)和微生物源(如乳酸链球菌素、ε-聚赖氨酸等)三大类;根据具体应用方式又可分为可食用膜包裹、可食用涂膜及溶液浸渍处理 3 种。目前,在鲫生物保鲜研究中,国内外研究者更多关注于高效生物保鲜剂的挖掘利用及鱼肉保鲜效果研究。姚磊(2019)应用鱼鳞明胶、迷迭香提取物及植酸制备可食膜,发现活性膜包裹可有效抑制鱼肉品质下降,延长冷藏鲫货架期。郭丽等(2017)发现将透明质酸涂膜与微冻贮藏结合能延缓鲫品质下降的速度,当透明质酸为 0.9%时,鲫的保鲜效果较好,其挥发性盐基氮、脂质氧化及电导率相比对照组显著下降。高轶楠等(2017)采用茶多酚、柠檬酸和乳酸链球菌素 3 种主剂复配的复合型保鲜剂结合气调保鲜技术开发生鲜鲫鱼片的高效保鲜工艺,并证实复合型保鲜剂结合气调技术具有显著的协同保鲜效应,冷藏条件下保鲜鱼片在第 15 天时微生物数量仅为 4.54 lg cfu/g,且色泽品质保持良好。田光娟等(2017b)比较了不同茶多酚浓度浸渍处理对鲫鱼片的保鲜效果,发现在一定范围内冷藏鲫鱼片的贮藏效果随着茶多酚浓度的增加而增加,其中浓度为 2.5%的茶多酚对鲫鱼片的保鲜效果最为显著。刘敏等(2015)开发了基于壳寡糖的鲫生物保鲜工艺,当保鲜处理液浓度为 2%时,冷藏鱼肉货架期较对照组显著增加。

生物保鲜技术在使用效果、安全性及工艺简单性等方面具有竞争优势,相比于传统的化学防腐剂保鲜也具有更加广泛的接受度,开发高效持续、绿色环保、低成本、低感官影响的生物保鲜剂及组合应用技术是鲫及其他淡水鱼调理保鲜技术研究的一个重要方向。

■ (2) 气调包装技术

气调包装(modified atmosphere packaging,MAP)通过调节包装环境中的气体成分比例,降低环境空气中 O_2 分压和提高 CO_2 分压,达到抑制微生物生长及脂质氧化的效果,从而延长食品货架期。气调包装技术根据气体控制要求不同,可进一步细分为改良气体贮藏(modified atmosphere storage,MAS)和控制气体贮藏(controlled atmosphere storage,CAS)。MAS 是气体各组分的比例进入包装容器时就已固定,贮藏过程中不再对气体组成做任何控制;CAS 是产品低温气调保鲜过程中环境空气组分一直受到调控,气体组分相对稳定。MAS 和 CAS 所使用的气体以二氧化碳(CO_2)、氮气(N_2)和氧气(O_2)为主,少数情况下也会添加一氧化碳、氮氧化物等气体。N_2 是惰性气体,用作混合气体的充填气体,可防止包装变形或汁液渗出;高浓度 CO_2 能够抑制好氧菌生长,特别是对适冷菌具有较强的抑制作用;混合一定浓度的 O_2 能够对厌氧菌起到抑制作用。目前,气调包装技术已在生鲜鲫鱼片中开展应用研究,田光娟(2018)研究了气调包装技术对冷藏鲫鱼片保鲜效果的影响,通过不同气体浓度配比的应用效果分析,确定 $65\%CO_2 + 10\%O_2 + 25\%N_2$ 为最佳的鲫鱼片气调包装方案,其货架期可达 12 天。唐亚丽等(2011)也发现,用 $60\%CO_2 + 10\%O_2 + 30\%N_2$ 气调方案可有效延长鲫的冷藏货架期。气调包装一般不单独使用,通常与低温贮藏保鲜技术组合应用可达到较好的保鲜效果。

7.2.3 · 生物发酵加工技术

鲫体型较小、肌间骨刺多、蛋白凝胶形成能力较弱,生物发酵为鲫加工利用提供了一种有效的技术手段。在微生物的发酵作用下,一方面可实现对鱼肉蛋白质、脂肪及糖类等大分子物质分解与转化形成鲜味肽、呈味氨基酸、风味酯等物质,赋予产品独特的感官风味;另一方面,大分子物质分解转化为小分子物质,也可提高产品的可消化性与营养价值。发酵鱼制品因其独特的风味特征受到广大消费者欢迎。影响发酵鱼发酵进程和产品品质的因素主要有发酵微生物的种类与接种量、发酵工艺条件(如温度、时间)、盐含量、水分含量、pH 等。目前,传统发酵鱼制品多采用自然发酵,但自然发酵鱼产品一般具有含盐量高、质量稳定性差、生产周期较长等缺点,标准化、工业化程度低。因此,利用现代生物发酵技术,通过菌群协同、菌-酶/菌-环境耦合等工艺实现发酵鱼制品增鲜、增香、增质、减腥、减盐效果,以提高产品品质、安全性及生产效率是发酵鱼制品加工技术发展的重要方向。

目前关于鲫生物发酵技术与产品开发方面的研究主要有发酵鱼露、发酵鱼肠和糟鲫软罐头等。李林笑等(2017)探究了米曲霉发酵鲫基料酿造鱼鲜酱油的工艺,优化确定了料水比、发酵温度、加盐量、接种量和发酵时间等工艺参数,所得鱼鲜酱油呈红褐色,通体澄清,鲜味醇厚,有浓郁的酱香和酯香。张芸等(2019)利用鲫整鱼制备酶解基料,进一步利用戊糖片球菌发酵实现蛋白酶解液中氨基酸态氮含量增加25%、多肽含量增加33%,达到调味料基液去腥、增香、增鲜的目的。徐云强等(2018)分析了低盐鲫鱼露发酵过程中氨基酸组成与动态变化,证实鲫鱼露中呈味氨基酸十分丰富,含量依次为鲜味类>甜味类>芳香族类,赋予产品鲜甜的特征风味。吕鸣春等(2017)利用鲫为原料开发风味与功能性兼具的鱼肉发酵香肠,通过工艺优化确定合适的发酵剂接种量和发酵时间,最终产品口感较佳、表面鲜亮、肉质细腻、有特殊香味,同时发酵鱼肠具有良好的 ACE 抑制率和体外抗氧化活性。应用现代微生物发酵技术对传统发酵鱼制品进行工艺改进和品质提升,有助于促进传统发酵鱼制品走向工业化、规模化、标准化生产,从而推动鲫及其他水产品高质化生物加工与产业发展。

7.2.4 · 鱼汤加工技术

鲫营养丰富,富含优质蛋白,氨基酸组成评分高,易于人体消化吸收,具有很高的食用价值。传统中医理论认为,鲫及其汤羹类制品具有良好的食疗功效。据《本草纲目》记载,鲫鱼汤具有下乳、利水消肿、益气健脾、止痛等功效。因此,将鲫烹饪加工成汤羹类方便食品是鲫增值利用的一个重要途径。近年来,国内学者围绕鲫鱼汤加工技术研究主要开展了以下 3 方面的工作。

一是鲫鱼汤烹饪加工中水溶性营养素的溶出规律与工艺优化。韩忠等(2020)分析了鲫鱼营养汤的燃气煲汤工艺,通过分析不同加热功率与加热时间下水溶性蛋白质、脂肪、游离氨基酸与肌苷等营养成分和风味成分的含量变化,确定合适的烹饪工艺,保证产品较佳的营养风味并实现对低嘌呤含量的有效控制;王汉玲(2020)分析了鲫鱼汤在不同的熬煮时间、料液比及盐含量条件下营养成分的含量变化,并比较了鲫鱼清汤和白汤的基本物理属性与风味特征,为建立鲫鱼汤品质评价标准提供了基础;诸永志等(2018)通过优化加热温度、加盐量及料液比等加工参数提高鲫鱼汤原料蛋白质溶出率,最优条件下的蛋白溶出率达到 16.42%。

二是功能性鲫鱼汤产品开发与功能评价。主要通过复配药食两用的植物原料来提高鲫鱼汤特定的滋补功能,如复配通草、木瓜、山药、黄芪等增加汤品催乳、减缓肝硬化、消肿等作用。

三是方便型鲫鱼汤产品开发以适应当前便捷化的消费新业态。贡雯玉(2015)利用鲫鱼皮、鱼鳞胶原凝胶特性,通过配方优化和风味改进开发凝胶型鲫鱼汤,产品运输方便、营养丰富,同时满足"加热为汤、冷食为冻"不同场景的食用需求。

鲫鱼汤饮食文化历史悠久,通过现代食品加工技术赋予此类产品新特点、新模式,围绕市场消费新需求开发鲫鱼浓汤宝、冲泡型鲫鱼汤、即食型鲫鱼汤等产品,实现传统与创新的有机结合,具有广阔的研究价值与市场潜力。

7.2.5 · 干制加工技术

干制是水产品加工保藏的主要方法之一。水产品原料直接或经过盐渍、预煮等预处理后,在自然或人工条件下脱水的过程称为水产干制加工。利用鲫体型较小的特点,结合调味处理,可将整鱼脱水干制成高蛋白休闲风味食品,具有耐保藏、风味口感好、方便即食等优点,市场前景广阔。水分含量对微生物生长繁殖和食品腐败变质有显著影响。食品保藏特性与其水分活度(A_w)紧密关联。不同微生物都有其最适生长的 A_w。一般而言,多数细菌生长繁殖所需的最低 A_w 值为 0.90,嗜盐细菌为 0.75,耐干燥霉菌和耐高渗透压的酵母为 0.65。因此,通过脱水降低 A_w 是贮藏食品的重要技术手段。将鲫的 A_w 值降低到 0.70 以下,可抑制绝大部分微生物生长繁殖,这也是鲫干制品具有耐贮藏特性的主要原因。在鲫等水产品干制加工过程中,干燥速度取决于水分在鱼体内部的迁移速度和表面蒸发速度两个因素,两者的相对速度差会随着干制进程而发生变化。食物干燥过程一般可分为增速干燥、恒速干燥和降速干燥 3 个阶段。在鱼体干燥过程中,物料经过预热后,干燥先经过速率上升(增速期),然后就较快地进入恒速干燥阶段。当达到临界水分含量时,水分从表面跑向干燥空气中的速率就会快于水分补充到表面的速率,此时干燥速率取决于内部水分迁移速度,也就进入到降速干燥阶段。延长产品恒速干燥的时间,有利于食品的脱水干燥。影响干燥的因素包括温度、空气流速、空气相对湿度、真空度以及物料本身特性。过高的干燥温度会导致水分表面蒸发速度远大于内部迁移速度,造成食品表面形成表层硬壳,影响食品的进一步脱水和最终产品品质。

干制方法可分为自然干制和人工干制两大类。自然干制法是指在自然环境条件下干制食品的方法,包括晒干、阴干。目前,实际生产中应用较多的是人工干制法。在常压或减压环境中用人工控制的工艺条件进行干制食品,一般需要有专用的干燥设备。在鱼制品干制加工中常用的干燥方法主要有热风干燥、真空干燥、冷冻干燥、远红外干燥、微波干燥,以及不同干燥方式的联合使用等,每种方法各有特点。冷冻干燥可以最大限度地保持食品原有的色香味,但是加工周期长、能耗大、成本较高;微波等辐射干燥内外部受热较均匀、加热速度快、热效率高,但规模化批量生产能力有一定限制;组合干燥可实现两种或两种以上干燥方法的优势互补,但对设备要求会更高。因此,在生产应用过程中,要根据原料特点和目标产品品质要求选择合适的干燥方法。

直接将鲫简单脱水制成鲫鱼干的加工较少,结合赋味工艺生产调味鲫鱼干,弥补传统干制品口味单一的缺陷,是近年来鲫干制加工的重要方向。田莉娟等(2015a)通过热风干燥与烤制工艺优化,建立了一种即食酥脆鲫加工工艺,产品整体酥脆、色泽金黄、烤香味浓郁,有效解决了鲫刺多肉少、加工难度大等问题,为调味酥脆鲫加工提供了可靠的工艺方案。另外,在调味干制鲫加工过程中,各工艺阶段水分含量对产品的质构与色泽有重要影响。田莉娟等(2015b)探讨了烤前水分含量及最终水分含量对酥脆鲫质构和色泽的影响,明确了烤前鲫水分含量对产品特性的影响规律,确定烤前水分含量在55%、二次干燥之后最终水分含量为5%的产品品质最佳。

7.2.6 · 副产物综合利用技术

鲫体型小,加工过程中副产物占比较高,占鱼体重的30%以上。根据不同副产物的原料特性开展副产物的高值化综合利用,实现变废为宝的产业效应,对促进鲫加工产业链的延伸与效益提升具有重要意义。基于鲫整体性加工的特点,加工过程中副产物主要以鱼鳞、内脏为主体。鲫鱼鳞较大,便于收集加工。鱼鳞中含有丰富的蛋白质和多种矿物质,其中蛋白质以胶原蛋白为主,而矿物质中 Ca、Fe 和 Zn 含量较高,同时也含有少量的 Mg 及 P 等元素。目前,关于鱼鳞的深加工利用研究主要集中于鱼鳞胶原蛋白、鱼鳞抗菌肽提取与产业化应用。鱼鳞胶原蛋白的提取方法,根据介质的不同,可以分为酸提取法、酶提取法、热水提取法和碱提取法等,通常为几种方法联合使用。为提高胶原蛋白的得率,在提取前会采用盐酸或者 EDTA 对鱼鳞进行前处理,去除鱼鳞表面的无机物层,使得分布在鱼鳞纤维质层的胶原纤维暴露,从而被溶剂提取出来。聂小宝等(2012)采用盐酸溶液脱钙和乙酸-乙酸钠缓冲液提取鲫鱼鳞胶原蛋白的方法,工艺优化后胶原蛋白提取率为1.14%。一般而言,通过简单浸提的胶原蛋白提取率较低,在提取工艺中加入酶解处理(如胃蛋白酶)可提高胶原蛋白溶出率。此外,鱼鳞抗菌肽制备与利用也是当前鲫副产物加工利用的一个方向。王巧巧(2017)采用双酶酶解法制备鲫鱼鳞抗菌肽,并发现其对革兰氏阳性菌和革兰氏阴性菌均有良好的抑菌效果,在此基础上以抗菌肽为生物保鲜剂成功应用于生鲜淡水鱼片的保鲜。另外,鲫鱼鳞抗菌肽在果蔬保鲜中的应用也有报道。

鱼内脏主要由鱼肝、鱼肠、鱼鳔、鱼胆和鱼生殖腺等器官及脂肪组织组成,富含蛋白质、脂肪和脂溶性维生素等营养成分,具有良好的利用价值。目前,鱼内脏加工利用主要有鱼油提取、蛋白质提取、酶制剂提取、鱼鳔加工利用及鱼精蛋白提取等。在鲫内脏利用研究中,鱼油提取与利用关注度相对较高,常用的提取方法有蒸煮法、淡碱水解法、水酶法提取和超临界流体萃取法。李文佳(2014)比较了淡碱水解法和水酶法提取鲫内脏鱼油效率的差异,并确定水酶法在鱼油提取中的优势,通过精炼脱腥工艺可使产品达到一级鱼油标准。提取的鲫鱼油还可以通过微胶囊化处理,提高产品稳定性及应用范围(王芳,2009)。此外,鲫内脏中含有丰富的内源酶,是良好的"酶制剂库",相关研究从鱼内脏分离得到胰蛋白酶和胰凝乳蛋白酶,通过制备两种酶的多克隆抗体为今后商业化应用奠定基础(杨锋,2009)。然而,在鲫内脏蛋白提取、鱼鳔加工等方面尚未有研究报道。整体而言,由于鲫规模化加工产业尚未形成,鲫副产物加工利用的研究和应用仍较少,副产物综合利用的程度较低,相关技术仍有待更加深入、系统的研究,以促进鲫资源的高值化和高质化利用,提升产业综合效益。

7.3
品质分析与质量安全控制

鲫水分含量高,营养丰富,在加工与贮运过程中极易腐败变质,因此需要在加工原料、加工过程及成品质量方面建立相应的品质评价与质量控制方法,以保障产品质量安全和产业健康发展。鲫原料及加工产品质量检测的方法与其他水产品的检验分析方法基本一致,根据被检测目标的性质和检测目的主要分为感官检验、理化检验和微生物检验 3 种。

(1) 感官评价

感官评价是通过评价者的嗅觉、视觉、触觉、味觉等对鲫品质进行评定的方法。根据 GB/T 37062—2018《水产品感官评价指南》,不同水产品的感官评价特征性描述有差异性。例如,对于整鱼而言,可通过观察眼球、鳃、腹部膨胀程度等方式进行新鲜度鉴别;对于生鱼片产品而言,可通过观察鱼肉色泽、气味、质地等指标进行新鲜度鉴别。根据食品安全国家标准 GB 2733—2015《鲜、冻动物性水产品》规定,生鲜鲫应具有鱼肉应有色泽、应有气味(无异味)、正常组织状态、肌肉紧实有弹性等感官要求;对于熟制水产品而言,主要通过外观、气味、滋味、质地等指标进行产品品质评价。

(2) 理化检验

理化检验法依赖设备分析对鱼肉理化指标进行测定,结合参考标准或推荐值鉴别新鲜度,具有客观性强、稳定性高的特点,但仪器分析往往不能反映产品的全部特点。鲫等生鲜水产品常用的理化评价指标主要包括挥发性盐基氮(TVB－N)和 K 值。根据食品安全国家标准 GB 2733—2015《鲜、冻动物性水产品》规定,鲜冻鲫肉 TVB－N 应 ≤20 mg/100 g,因此该标准限值可用于判断鱼肉是否具有食用价值;K 值评价是利用核苷酸关联物所占百分比进行分析,K 值越小鱼肉鲜度越高。目前国家标准或行业标准中 K 值未做限值规定,但根据推荐值,当 K 值<20%、20%~60%和>60%时,可认为鱼肉分别处于良好鲜度、中等鲜度和腐败状态。另外,也有研究将三甲胺、腐胺、尸胺等推荐为鱼肉品质评价的理化检验指标。随着技术的不断发展,一些新型表征鱼肉新鲜度的化学或生物标记物也被逐步开发出来,如肌钙蛋白 T 含量、线粒体膜电位大小($\Delta\Psi m$)、线粒体活性等。

(3) 微生物检验

微生物检验法是利用细菌总数来评价鲫鲜度的一种方法。目前国家标准、行业标准已取消对生鲜水产品微生物的数量限值。但根据 ICMSF(国际食品微生物规范委员会)推荐标准,生鲜水产品菌落总数应 ≤10^7 CFU/g。对于即食生制动物性水产品,GB 10136—2015《动物性水产品》对菌落总数和大肠菌数有限量规定,两者分别小于 10^5 CFU/g 和 10^2 CFU/g,同时不得检出吸虫囊蚴、线虫幼虫、绦虫裂头蚴等寄生虫。

为了提高鱼肉品质分析的准确性,通常采用感官、理化、微生物多种方法联合评价,通过整体性分析判断鱼肉所处的鲜度状态。然而,传统的理化品质评价方法具有耗时、依赖设备等局限性,随着分析检测技术的发展,更多鱼肉品质评价新型方法不断出现,如电子鼻分析、光谱分析、智能比色卡、快检试剂盒等方法,可更好满足便捷、准确的分析要求。

目前,对于多种品质和质量安全评价指标的检测方法已建立了相应的国家或行业标准,为具体评价指标的分析提供了标准方法。根据 GB 5009—2016《食品安全系列国家标准》中所规定的方法,可对鲫原料及加工产品中的水分、蛋白质、脂肪、灰分、矿物质、重金属元素及添加剂成分等进行检测;根据 GB/T 19857—2005《水产品中孔雀石绿和结晶紫残留量的测定》、GB/T 20756—2006《可食动物肌肉、肝脏和水产品中氯霉素、甲砜霉素和氟苯尼考残留量的测定 液相色谱-串联质谱法》、GB/T 20752—2006《猪肉、牛肉、鸡肉、猪肝和水产品中硝基呋喃类代谢物残留量的测定 液相色谱-串联质谱法》、SN/T 1960—2007《进出口动物源性食品中磺胺类药物残留量的检测方法 酶联免疫吸附法》、SC/T 3015—2002《水产品中土霉素、四环素、金霉素残留量的测定》等标准可对孔雀石绿、结晶紫、氯霉素、硝基呋喃等农(兽)药残留进行检测。另一方面,为了保障鲫加工产品卫生安全,企业在生产过程中应根据 HACCP 体系认证要求积极进行生产过程控制和管理。

　　HACCP 是一个确认、分析、控制生产过程中可能发生的生物、化学、物理危害的系统方法,是一种有效的质量保障管理体系,由危害分析、确定关键控制点、确定关键限值、确定监控 CCP 的措施、确立纠偏措施、确立有效的记录保存程序以及建立审核程序以证明 HACCP 系统是在正确运行中等 7 个基本原理组成。HACCP 的实施有利于保障加工产品的质量安全。同时,为了提高加工企业的责任心、建立产品质量安全承诺制度、保障消费者的合法权益,加工企业还需建立鲫产品品质追溯系统,保证产品质量,做到标识清楚、追溯畅通、分析有依据、改进有措施,从而提高消费者对产品品质的认知度和认可度(夏文水等,2014)。

(撰稿：许艳顺、余达威)

参考文献

［1］安苗,周其椿,曹恒源,等.贵州两地理群体鲫的系统发育及遗传分化[J].水产学报,2016,40(2)：178－188.

［2］白海锋,高丽萍,李红娟,等.西北地区异育银鲫"中科5号"苗种培育试验[J].科学养鱼,2021,37(6)：83－84.

［3］包玉龙,汪之颖,李凯风,等.冷藏和冰藏条件下鲫鱼生物胺及相关品质变化的研究[J].中国农业大学学报,2013,18(03)：157－162.

［4］卞欢,吴莹慧,闫征,等.无磷保水剂对速冻鲫鱼质构特性的影响[J].肉类研究,2020,34(02)：86－91.

［5］蔡春芳,陈立侨,叶元土,等.饲料糖对彭泽鲫生长和生理机能的影响[J].水生生物学报,2010,34(1)：170－176.

［6］蔡春芳,陈立侨,叶元土,等.增加投喂频率改善彭泽鲫对饲料糖的利用[J].华东师范大学学报:自然科学版,2009(2)：88－104.

［7］蔡春芳,宋学宏,王永玲.不同糖源及铬对异育银鲫生长和糖耐量的影响[J].水产学报,1999,23(04)：432－434.

［8］蔡春芳,王永玲,陈立侨,等.饲料糖种类和水平对青鱼、鲫生长和体成分的影响[J].中国水产科学,2006,13(3)：452－459.

［9］陈怀青,陆承平.家养鲤科鱼暴发性传染病的病原研究[J].南京农业大学学报,1991,14(4)：87－91.

［10］陈家林,韩冬,朱晓鸣,等.不同脂肪源对异育银鲫的生长、体组成和肌肉脂肪酸的影响[J].水生生物学报,2011,35(6)：987－997.

［11］陈家林.异育银鲫必需脂肪酸需求及不同脂肪源营养价值的评价[D].中国科学院研究生院,2008.

［12］陈林.芙蓉鲤鲫饲料适宜蛋白质、脂肪及淀粉含量[D].安徽大学,2016.

［13］陈营,秦磊,陆承平.绿色荧光蛋白标记的嗜水气单胞菌在鲫体内的动态分布[J].水产学报,1999b,23(S1)：97－99.

［14］陈营,夏晓勤,陆承平.绿色荧光蛋白标记可移动载体质粒的构建及其在嗜水气单胞菌的表达[J].农业生物技术学报,1999a,7(4)：329－332.

［15］陈玉琳,朱传龙,宗琴仙,等.大阪鲫生物学的研究[J].水产学报,1986,10(3)：229－247.

［16］陈豫华,宋琨,赛清云,等.宁夏地区异育银鲫"中科3号"主养高产模式试验[J].科学养鱼,2016(1)：82－83.

［17］陈桢.金鱼家化史与品种形成的因素[J].动物学报,1954(2)：89－116.

[18] 程汉良,姬南京,彭永兴,等.彭泽鲫葡萄糖激酶基因全长 cDNA 克隆及表达分析[J].动物营养学报,2011,23(07):1167-1175.

[19] 邓朝阳.鲫 4 个群体线粒体 Cyt b 序列和 D-loop 区较分析[J].现代农业科技,2015(9):277-279,283.

[20] 邓际华,梁成斌,杨晔,等.兴安岭地区"大青眼"异育银鲫"中科 5 号"养殖初探[J].科学养鱼,2022(1):14-15.

[21] 邓星星,吕光俊,雷骆,等.银鲫 apelin 基因的克隆、组织表达谱和摄食关系的初步研究[J].基因组学与应用生物学,2020,39(2):524-532.

[22] 邓志武,樊海平.莲田福瑞鲤和异育银鲫"中科 3 号"养殖试验[J].科学养鱼,2018(4):79-80.

[23] 丁华静,马天利,周捷,等.崇明地区异育银鲫"中科 5 号"池塘主养试验[J].科学养鱼,2022(4):79-80.

[24] 丁立云,陈文静,贺凤兰,等.不同脂肪源饲料对养成期彭泽鲫生长、体组成和血清生化指标的影响[J].中国饲料,2021(05):62-66.

[25] 丁立云,陈文静,贺凤兰,等.饲料碳水化合物水平对养成期彭泽鲫生长性能、抗氧化及血清生化指标的影响[J].水产学杂志,2022,3(1):16-21.

[26] 丁立云,饶毅,陈文静,等.投喂频率对彭泽鲫幼鱼生长性能、形体指标和肌肉品质的影响[J].江苏农业科学,2017,45(19):228-231.

[27] 丁文岭,张德顺,蒋玉军,等.异育银鲫"中科 3 号"成鱼池混养鳜鱼健康高效养殖技术试验[J].科学养鱼,2015(1):84-85.

[28] 冬方.鲫耐盐碱基因的筛选及验证[D].上海海洋大学,2015.

[29] 董传甫,林天龙,俞伏松,等.嗜水气单胞菌细胞外膜蛋白及 S 层蛋白分析[J].中国水产科学,2003,10(3):201-205.

[30] 董传举,李学军,孙效文.我国鲫种群遗传多样性及起源进化研究进展[J].水产学报,2020,44(6):1046-1062.

[31] 董仕,王茜,乔之怡.应用 RAPD 和同工酶遗传标记鉴别彭泽鲫中的克隆[J].集美大学学报(自然科学版),2003,8(3):208-212.

[32] 董学兴,吕林兰,黄金田,等.饥饿后再投喂对异育银鲫血液生理和非特异性免疫指标的影响[J].中国农学通报,2011,27(23):76-79.

[33] 段元慧,朱晓鸣,韩冬,等.异育银鲫幼鱼对饲料中维生素 K 需求的研究[J].水生生物学报,2013,37(01):8-15.

[34] 段元慧.异育银鲫幼鱼对五种维生素的需求量及泛酸、胆碱在高碳水化合物饲料中作用的研究[D].中国科学院研究生院,2011.

[35] 樊海平,秦志清,薛凌展.草鱼苗种培育池套养异育银鲫"中科 3 号"试验[J].科学养鱼,2015(4):83-84.

[36] 樊海平,薛凌展,杨晓燕,等.异育银鲫'中科 5 号'稻田养殖效果分析[J].中国农学通报,2020,36(31):144-147.

[37] 樊冀蓉,吴仁协,赵元君,等.中国鲷科鱼类分类和系统发育研究进展[J].中国水产科学,2011,18(2):472-480.

[38] 范嗣刚,张琼宇,罗琛.鲫 Rag 基因的克隆及表达分析[J].水生生物学报,2009,33(4):603-612.

[39] 方进,邓院生,王俊,等.急性病毒性鲫鳃出血病的病理变化[J].中国水产科学,2016,23(02):336-343.

[40] 方旭,滕淑芹,杨建利,等."中科 3 号"异育银鲫池塘高产高效健康养殖技术[J].中国水产,2017(3):91-92.

[41] 费树站,巫丽云,郭伟,等.饲料脂肪水平对长养殖周期异育银鲫"中科 3 号"生长和脂代谢的影响[J].水生生物学报,2022,46(1):48-57.

[42] 冯杰,陈继明,姚德兴.淡水白鲳塘套养"中科 3 号"异育银鲫试验总结[J].科学养鱼,2014(8):40-41.

[43] 冯杰,许金华.主养白鲢亲鱼塘套养异育银鲫"中科 3 号"养殖模式初探[J].科学养鱼,2016(3):85-86.

[44] 符文,彭亮跃,肖亚梅.人工雌核生殖技术及其在鱼类育种中的应用[J].中国农业科技导报,2022,24(2): 42－48.

[45] 付辉云,万国湲,傅义龙,等.饲料脂肪水平对彭泽鲫免疫、抗氧化和肠道消化酶活性的影响[J].饲料研究, 2020,43(01): 14－17.

[46] 甘力,张义兵,孙钒,等.鲫 Nub1 基因的克隆及特征分析[J].水生生物学报,2010,34(4): 702－708.

[47] 高宏伟,陈晓霞,王博涵,等.基于不同密度的异育银鲫"中科 3 号"苗种培育成活率及生长效果[J].安徽农业科学,2015,43(29): 64－65,82.

[48] 高丽霞,李学军,李永东,等.淇河鲫与两野生鲫群体遗传多样性的 ISSR 分析[J].水产科学,2011,30(7): 421－424.

[49] 高攀,焦飞,刘晶,等.饲料脂肪水平对大规格额尔齐斯河银鲫生长性能、饲料利用、体成分及血清生化指标的影响[J].动物营养学报,2021,33(4): 2178－2186.

[50] 高世阳.加工工艺对饲料品质及异育银鲫生长表现的影响[D].中国科学院大学,2019.

[51] 高娃,温虹,王浩,等.鲤疱疹病毒Ⅱ型主要免疫原性蛋白的鉴定[J].水产学报,2020,44(9): 1441－1447.

[52] 高轶楠,李喜宏,田光娟,等.生鲜鲫鱼片保鲜技术研究[J].食品科技,2017,42(12): 138－141.

[53] 葛黎红.内源蛋白酶在低温保鲜草鱼质构劣化中的作用与控制研究[D].江南大学,2017.

[54] 葛立安.亚硝酸盐胁迫下维生素和对异育银鲫免疫功能的影响[D].华中农业大学,2008.

[55] 葛伟,单仕新,蒋一珪.雌核发育银鲫的受精生物学研究——天然雌核发育银鲫繁殖方式的讨论[J].水生生物学报,1992,16(2): 3－6,99.

[56] 龚晖,林天龙,徐长安,等.嗜水气单胞菌气溶素的纯化及溶血特性分析[J].中国人兽共患病学报,2009,25(5): 422－425.

[57] 贡雯玉.凝胶型鲫鱼汤产品的开发与研究[D].南京农业大学,2015.

[58] 顾鸢.基因编辑技术育种产业的发展与机遇[J].农经,2021(4): 31－35.

[59] 顾兆俊,刘兴国,田昌凤,等.异育银鲫"中科 3 号"、长丰鲢、松浦镜鲤分隔式高效混养模式[J].科学养鱼,2015(11): 84.

[60] 桂建芳,龚珞军,程成立.新品种异育银鲫"中科 3 号"简介[J].渔业致富指南,2008(11): 51.

[61] 桂建芳,梁绍昌,朱蓝菲,等.人工复合四倍体异育银鲫卵子应答父本种精子和母本种精子两种不同发育方式的发现[J].科学通报,1992,37(11): 1030－1033.

[62] 桂建芳,梁绍昌,朱蓝菲,等.异育银鲫人工繁育群体中复合四倍体的发现及其育种潜力[J].科学通报,1992, 37(7): 646－648.

[63] 桂建芳.银鲫天然雌核发育机理研究的回顾与展望[J].中国科学基金,1997,11(1): 11－16.

[64] 桂建芳,周莉,王忠卫,等.异育银鲫"中科 5 号"[J].中国水产,2018(8): 64－69.

[65] 郭海燕,李双,朱杰,等.异育银鲫"中科 5 号"的规模化繁育和养殖推广[J].科学养鱼,2022(2): 79－81.

[66] 郭建林,叶元土,蔡春芳,等.饲料中添加铁、铜、锰和锌对异育银鲫生理机能的影响[J].饲料研究,2008(11): 5－9.

[67] 郭丽,王鹏,姜喆,等.透明质酸涂膜对鲫鱼微冻贮藏保鲜效果的影响[J].食品与机械,2017,33(12): 120－124.

[68] 郭水荣,姜路辛,陈凌云,等.异育银鲫"中科 3 号"夏花鱼种高产培育技术[J].科学养鱼,2018(1): 81.

[69] 韩忠,戴临雪,余旭聪,等.鲫鱼营养汤的燃气煲汤工艺[J].现代食品科技,2020,36(06): 219－225,32.

[70] 郝中香,林华,佘容,等.鲤疱疹病毒 2 型微滴式数字 PCR 快速检测方法的建立[J].中国兽医科学,2016, 46(02): 167－173.

[71] 何吉祥,崔凯,徐晓英,等.投喂频率对异育银鲫高糖、高脂饲料利用的影响[J].动物营养学报,2014,26(6): 1698－1705.

［72］何吉祥,崔凯,徐晓英,等.异育银鲫幼鱼对蛋白质、脂肪及碳水化合物需求量的研究［J］.安徽农业大学学报,2014,41(1)：30-37.

［73］何菊云,张涛,董延.添加水产DL-蛋氨酸对摄食低鱼粉饲料的异育银鲫幼鱼(*Carassius auratus gibelio*)生长性能及经济成本的影响［J］.饲料与畜牧,2016(10)：60-65.

［74］何志刚,刘文革,伍远安,等.饲料脂肪水平对芙蓉鲤鲫形体指标、组织脂肪含量与脂肪酸组成的影响［J］.饲料研究,2016b(6)：36-41.

［75］何志刚,王金龙,伍远安,等.饲料脂肪水平对芙蓉鲤鲫幼鱼血清生化指标、免疫反应及抗氧化能力的影响［J］.水生生物学报,2016a,40(4)：655-662.

［76］胡慧花.不同饲料蛋白源对不同规格异育银鲫、青鱼、草鱼生长和品质的影响［D］.中国科学院大学,2018.

［77］宦海琳,汪益峰,周维仁,等.L-肉碱、甜菜碱、氯化胆碱对异育银鲫生长性能及肌肉品质的影响［J］.饲料工业,2009,30(24)：31-33.

［78］黄志平.异育银鲫"中科5号"池塘主养试验［J］.科学养鱼,2021(5)：82-83.

［79］贾鹏,薛敏,朱选,等.饲料蛋氨酸水平对异育银鲫幼鱼生长性能影响的研究［J］.水生生物学报,2013,37(2)：217-226.

［80］贾智英,石连玉,刘晓峰,等.黑龙江水系不同倍性鲫的遗传多样性［J］.遗传,2008,30(11)：1459-1465.

［81］姜大丽,李治国,姜永杰.低温条件下饲料不同蛋白和脂肪水平对异育银鲫生长及血清生化指标的影响［J］.当代水产,2021,(3)：75-79.

［82］蒋芳芳.银鲫在全国主要水域的生态分布格局及其不同地理种群的遗传多样性研究［D］.中国科学院大学,2012.

［83］蒋明健,翟旭亮,张波,等."中科3号"异育银鲫养殖试验［J］.科学养鱼,2015(5)：81-82.

［84］蒋启欢,叶应旺,胡王,等.嗜水气单胞菌毒力因子及病害控制技术研究进展［J］.现代农业科技,2012(06)：324-327.

［85］蒋一珪,梁绍昌,陈本德,等.异源精子在银鲫雌核发育子代中的生物学效应［J］.水生生物学集刊,1983,8(1)：1-13.

［86］金万昆.水产良种——津新乌鲫［J］.农村百事通,2016(8)：33.

［87］匡天旭,帅方敏,陈蔚涛,等.西江鲫的遗传多群体结构［J］.南方水产科学,2018,14(5)：29-35.

［88］雷晓中,朱勇夫,李金忠,等.四倍体异育银鲫长丰鲫池塘大规格鱼种培育试验［J］.养殖与饲料,2017(4)：12-14.

［89］冷向军,王冠.投饲频率对异育银鲫饲料中添加晶体氨基酸的影响［J］.饲料研究,2005(12)：50-52.

［90］李风波.银鲫不同群体的分布格局、遗传多样性和系统关系研究［D］.中国科学院水生生物研究所,2007.

［91］李风波,周莉,桂建芳.新疆额尔齐斯河水系银鲫克隆多样性研究［J］.水生生物学报,2009,33(3)：363-368.

［92］李桂梅,解绶启,雷武,等.异育银鲫幼鱼对饲料中缬氨酸需求量的研究［J］.水生生物学报,2010,34(06)：1157-1165.

［93］李桂梅.异育银鲫幼鱼对饲料苏氨酸、亮氨酸、缬氨酸和异亮氨酸需求量的研究［D］.中国科学院水生生物研究所,2009.

［94］李海燕.投喂策略对异育银鲫品质调控的研究［D］.中国科学院大学,2013.

［95］李红霞,刘文斌,李向飞,等.饲料中添加氯化胆碱、甜菜碱和溶血卵磷脂对异育银鲫生长、脂肪代谢和血液指标的影响［J］.水产学报,2010,34(2)：292-299.

［96］李红燕.不同遗传背景异育银鲫对饲料糖、脂利用和镉的生理响应策略比较研究［D］.中国科学院大学,2021.

［97］李鸿鸣,孙效文.应用大规模家系选育技术促进辽宁海水养殖业的可持续发展［J］.沈阳农业大学学报,2002,4(1)：7-10.

［98］李金生.异育银鲫（*Carassius auratus gibelio*）饲料铜锌营养研究［D］.中国科学院水生生物研究所,1990.

［99］李林笑,夏炎,吴文锦,等.米曲霉发酵鲫鱼基料酿造鱼鲜酱油的工艺研究［J］.食品科技,2017,42（07）：265－272.

［100］李青,何斌,赵海涛.鲫 Vitellogenin 基因的克隆与组织表达分析［J］.河南农业科学,2021,50（2）：151－161.

［101］李寿崧,郭立新,江树勋,等.嗜水气单胞菌气溶素基因的克隆与序列分析［J］.微生物学通报,2008,35（05）：700－704.

［102］李文佳.水酶法淡水鱼油提取及鱼油腥味成分分析研究［D］.江南大学,2014.

［103］李向松.草鱼、异育银鲫和青鱼对饲料中碳水化合物利用的研究［D］.中国科学院大学,2014.

［104］李秀秀,曾维伟,陆兆新,等.鲫鱼贮藏过程中微生物菌相 PCR－DGGE 分析及其防腐保鲜［J］.食品科学,2017,38（05）：274－280.

［105］李学军,胡灿灿,王磊,等.鱼类家系选育的研究进展［J］.水产科学,2016,35（1）：81－86.

［106］李圆泽.饲料硒对异育银鲫"中科五号"生长性能、组织硒和镉蓄积及血液生化指标的影响［D］.大连海洋大学,2022.

［107］李越华,俞所银,任青,等.鲫鱼在冷藏和微冻贮藏下品质变化的研究［J］.食品工业科技,2013,34（14）：335－338+362.

［108］李振伟,陆宏达,操艮萍,等.异育银鲫咽碘泡虫病组织病理与病理生理［J］.中国水产科学,2016,23（6）：1339－1350.

［109］李志,周莉,王忠卫,等.异育银鲫 A⁺系和 F 系肌间骨的比较分析［J］.水生生物学报,2017,41（04）：860－869.

［110］李忠,梁宏伟,王忠卫,等.四倍体异育银鲫新品种"长丰鲫"肌肉品质和营养成分分析［J］.水生生物学报,2016,40（4）：853－858.

［111］李忠,邹桂伟,桂建芳,等.长丰鲫［J］.中国水产,2017（3）：74－79.

［112］梁克.长丰鲫池塘套养对比试验初探［J］.农村科学实验,2019（15）：84－85.

［113］梁前进,彭奕欣,余秋梅.野生鲫和五个金鱼品种的判别分析和聚类分析［J］.水生生物学报,1998,22（3）：236－243.

［114］廖红,林华,郝中香,等.鲤疱疹病毒 2 型 ORF5 截短基因的克隆表达及免疫原性研究［J］.中国兽医科学,2016,46（11）：1394－1400.

［115］林仕梅,曾端,叶元土,等.异育银鲫对四种维生素需要量的研究［J］.动物营养学报,2003,15（3）：43－47.

［116］林秀秀,叶元土,吴萍,等.感染鲤疱疹病毒Ⅱ型（CyHV－2）的异育银鲫血液理生化指标及相应组织学变化［J］.水产学杂志,2016a,29（2）：16－23.

［117］林秀秀,叶元土,吴萍,等.鲤疱疹Ⅱ型病毒（CyHV－2）感染对异育银鲫（*Carassius auratus gibelio*）组织器官的损伤作用［J］.基因组学与应用生物学,2016b,35（3）：587－594.

［118］林秀秀,叶元土,吴萍,等.异育银鲫造血器官坏死症病鱼体内鲤疱疹病毒Ⅱ型的电镜观察与超微病理学特征［J］.水产学杂志,2016c,29（01）：17－23.

［119］刘海梅,严菁,熊善柏,等.淡水鱼肉蛋白质组成及其在鱼糜制品加工中的变化［J］.食品科学,2007,28（2）：40－44.

［120］刘昊昆.饲料中豆粕替代鱼粉蛋白对不同生长阶段鲫的影响［D］.中国科学院水生生物研究所,2014.

［121］刘良国,赵俊,陈湘粦.彭泽鲫两个雌核发育克隆与三个鲫品系的 RAPD 分析［J］.淡水渔业,2005,35（2）：13－16.

［122］刘良国,赵俊,谢文平.丰产鲫的生物学特性及人工繁养技术［J］.淡水渔业,2004,34（2）：49－51.

［123］刘良国,周杰,马绪亮,等.洞庭湖区两个鲫群体的遗传多样性分析［J］.水利渔业,2007,27（3）：74－76.

［124］刘敏,包静,刘均忠,等.壳寡糖抗氧化性及对鲫鱼保鲜性能的研究［J］.安徽农业科学,2015,43（20）：

268 - 271.

[125] 刘沙,桂建芳.银鲫 dmrt2b 基因的分子特征及功能分析[J].水生生物学报,2011,35(3)：379 - 383.

[126] 刘少军,王静,罗凯昆,等.淡水养殖新品种——湘云鲫 2 号[J].当代水产,2010(1)：62 - 63.

[127] 刘文斌,詹玉春,王恬.四种饼粕酶解蛋白对异育银鲫的营养作用研究[J].中国粮油学报,2007,22(5)：108 - 112.

[128] 刘晓娟,郭勋,王春芳,等.基于生物能量学原理构建异育银鲫生长、饲料需求和污染排放模型[J].水生生物学报,2018,42(2)：221 - 231.

[129] 刘晓娟.运用生物能量学模型预测异育银鲫和草鱼生长、饲料需求和废物排放[D].华中农业大学,2018.

[130] 刘晓庆,朱晓鸣,韩冬,等.饲料鱼粉、菜粕比例对异育银鲫生长和饲料利用的影响[J].水生生物学报,2014,38(4)：657 - 663.

[131] 刘颖.饲料蛋白水平及蛋白质量对彭泽鲫养殖全期生长的影响[D].中国农业科学院,2008.

[132] 柳鹏,祖岫杰,刘艳辉,等.异育银鲫"中科 3 号"盐碱池塘健康养殖试验[J].水产科技情报,2016,43(1)：54 - 56.

[133] 龙勇,李芹,罗莉,等.饲料蛋白水平对异育银鲫雌性性腺发育的影响[J].水生生物学报,2008,32(4)：551 - 557.

[134] 楼允东.国外对鱼类多倍体育种的研究[J].水产学报,1994,6(4)：95 - 98.

[135] 楼允东.江西"第四红"——萍乡红鲫[J].科学养鱼,2017(6)：84 - 85.

[136] 楼允东,李元善.鱼类育种学[M].上海：百家出版社,1989：24 - 26.

[137] 鲁翠云,匡友谊,郑先虎,等.水产动物分子标记辅助育种研究进展[J].水产学报,2019,43(1)：36 - 53.

[138] 鲁翠云,杨彦豪,佟广香,等.同水体银鲫与普通鲫遗传多样性比较研究[J].水产学杂志,2006,19(2)：42 - 50.

[139] 陆承平.致病性嗜水气单胞菌及其所致鱼病综述[J].水产学报,1992,16(3)：282 - 288.

[140] 陆建平,周卫华,杨洁,等.异育银鲫"长丰鲫"鱼种培育试验[J].科学养鱼,2017(4)：9 - 10.

[141] 吕鸣春,潘晴,曾小群,等.特色鱼肉发酵香肠的制备及功能性研究[J].宁波大学学报(理工版),2017,30(04)：29 - 34.

[142] 罗丹,梁利国,谢骏,等.鲤疱疹病毒Ⅰ、Ⅱ、Ⅲ型研究进展[J].水生态学杂志,2014,35(03)：94 - 100.

[143] 罗静,张亚平,朱春玲.鲫鱼(Carassius auratus)遗传多样性研究[J].云南大学学报(自然科学版),1999,21(S3)：226 - 227.

[144] 罗琳,丁建中,薛敏,等.加工工艺、投喂率、投喂频率对鲫鱼生长性能及消化率的影响[J].渔业现代化,2007,34(5)：43 - 46.

[145] 罗琳,刘顺,欧自磊,等.饲料中不同水平糖对白鲫生长、抗氧化能力及肌肉成分的影响[J].饲料研究,2021,44(01)：55 - 59.

[146] 骆小年,刘刚,闫有利.我国观赏鱼种类概述与发展[J].水产科学,2015,34(9)：580 - 588.

[147] 马杰,周勇,范玉顶,等.鲤疱疹病毒Ⅱ型的理化及生物学特性和超微形态发生[J].水产学报,2016,40(3)：475 - 483.

[148] 马志英.异育银鲫对饲料精氨酸、组氨酸、苯丙氨酸、色氨酸和牛磺酸的需求量研究[D].中国科学院水生生物研究所,2009.

[149] 马志英,朱晓鸣,解绶启,等.异育银鲫幼鱼对饲料苯丙氨酸需求的研究[J].水生生物学报,2010,34(5)：1012 - 1021.

[150] 麦康森.水产动物营养与饲料学[M].北京：中国农业出版社,2011.

[151] 梅玲玉,韩冬,巫丽云,等.饲料不同水平碳水化合物对全养殖周期异育银鲫"中科 3 号"生长和糖代谢的影响[J].水生生物学报,2021,45(3)：557 - 565.

［152］孟少东,姜新宇,葛恒,等.鲤疱疹病毒Ⅱ型ORF4蛋白在杆状病毒表达系统中的表达及其免疫原性分析[J].大连海洋大学学报,2021,36(3)：393-398.

［153］缪凌鸿,刘波,戈贤平,等.高碳水化合物水平日粮对异育银鲫生长、生理、免疫和肝脏超微结构的影响[J].水产学报,2011,35(02)：221-230.

［154］莫赛军,宋平,罗大极,等.鲫生长激素Ⅰ基子2的多态性分析[J].遗传学报,2004,31(6)：582-590.

［155］牟希东,白俊杰,汪学杰,等.金鱼品系的遗传多样性分析及亲缘关系初探[J].中国农学通报,2007b,23(2)：458-461.

［156］牟希东,白俊杰,汪学杰,等.三个不同养殖群体金鱼遗传多样性的RAPD分析[J].海洋渔业,2007a,29(1)：20-24.

［157］聂细荣,薛明洋,林格,等.鲤疱疹病毒Ⅱ型ORF25B编码蛋白诱饵载体的构建及其互作蛋白的筛选[J].微生物学报,2021,61(10)：3103-3113.

［158］聂小宝,潘洪民,程丽林,等.鲫鱼鱼鳞胶原蛋白提取工艺的研究[J].山东农业科学,2012,44(01)：109-111.

［159］农业农村部渔业渔政管理局.中国渔业统计年鉴[M].北京：中国农业出版社,2019.

［160］潘洪强,徐杰,潘莉,等.异育银鲫"中科5号"亲本培育技术[J].科学养鱼,2021(9)：10-11.

［161］裴丽丽,黄芳,李瑰婷,等.鲫TNFSF13b(BAFF)基因的克隆、可溶性表达及生物学功能分析[J].中国生物工程杂志,2016,36(12)：21-27.

［162］裴之华,解绶启,雷武,等.长吻鮠和异育银鲫对玉米淀粉利用差异的比较研究[J].水生生物学报,2005,29(3)：239-246.

［163］彭俊杰,张琪,贾路路,等.鲤疱疹病毒Ⅱ型(CyHV-2)ORF25蛋白的原核表达及单克隆抗体的制备[J].华中农业大学学报,2017,36(02)：96-101.

［164］钱雪桥.长吻鮠(Leiocassis longirostris Günther)和异育银鲫(Carassius auratus gibelio)饲料蛋白需求的比较营养能量学研究[D].中国科学院水生生物研究所,2001.

［165］秦菠,张博,周艳芬,等.鲫γ-氨基丁酸受体β3亚基基因克隆及其分析[J].农药学学报,2014,16(5)：508-516.

［166］邱文彬.异育银鲫"中科3号"池塘高产健康养殖试验[J].科学养鱼,2017(10)：79-81.

［167］邱小琼.牛磺酸对鲫鱼消化率影响的研究[J].水利渔业,2007,27(1)：101-102.

［168］邱小琼,赵红雪,魏智清.牛磺酸对鲫鱼密闭缺氧存活时间和血红蛋白含量的影响[J].信阳师范学院学报：自然科学版,2006,19(2)：179-181.

［169］饶发祥.鲫种类生物学特性及其特殊的繁殖方式[J].北京水产,1996(1)：21-23.

［170］任岗,寿建昕,沈文英.饥饿和恢复投喂对异育银鲫生长和卵巢发育相关指标的影响[J].水产科学,2010,29(9)：515-518.

［171］任宏伟,俞梅敏,茹炳根,等.白鲫鱼金属硫蛋白全长Cdna：MT-A,MT-B的克隆及其基因分型[J].科学通报,2000,45(14)：1520-1525.

［172］桑永明.方正银鲫幼鱼对饲料蛋白质和脂肪需求量的研究[D].东北农业大学,2018.

［173］桑永明,杨瑶,尹航,等.饲料蛋白水平对方正银鲫幼鱼生长、体成分、肝脏生化指标和肠道消化酶活性的影响[J].水生生物学报,2018,4(4)：736-743.

［174］申佳民,刘少军,孙远东,等.新型三倍体鲫—红鲫(♀)×四倍体鲫鲤(♂)[J].自然科学进展,2006,16(8)：947-952.

［175］沈锦玉.嗜水气单胞菌的研究进展[J].浙江海洋学院学报,2008,27(1)：78-86.

［176］沈俊宝,刘明华,刘刚,等.黑龙江银鲫新品系——松浦鲫的培育[J].淡水渔业,1991(5)：7-9.

［177］沈丽红,郑诚,徐霞倩,等.异育银鲫"中科5号"鱼种养殖试验[J].科学养鱼,2019(6)：8.

［178］石亚庆. 两种脂肪水平下湘云鲫饲料中磷酸二氢钙适宜添加量研究［D］. 西南大学，2016.

［179］宋学宏，蔡春芳，赵林川，等. 饲料 Vc 对异育银鲫的生理效应及其适宜添加量［J］. 中国水产科学，2002，9（4）：359－362.

［180］宋雪荣. 不同品系银鲫对饲料中碳水化合物利用的比较研究［D］. 中国科学院大学，2018.

［181］孙宝柱，费香东，张景龙，等. 异育银鲫"中科 3 号"水花成活率 80% 培育技术［J］. 科学养鱼，2013（2）：6－7.

［182］孙效文. 鱼类分子育种学［M］. 北京：海洋出版社，2010：3－12.

［183］孙远东，张纯，刘少军，等. 人工诱导雌核发育日本白鲫［J］. 遗传学报，2006，33（5）：405－412.

［184］谭青松. 异育银鲫和长吻鮠对饲料碳水化合物利用的比较研究［D］. 中国科学院研究生院，2005.

［185］唐亚丽，卢立新，吕淑胜. 抗菌涂膜与气调包装对生鲜净鱼保鲜的影响［J］. 北京工商大学学报（自然科学版），2011，29（06）：58－62.

［186］陶敏，刘少军，龙昱，等. 不同倍性鲫鲤鱼 Dmc1 基因 cDNA 的克隆及其表达分析［J］. 中国科学 C 辑：生命科学，2007，37（6）：625－633.

［187］陶敏，钟欢，刘少军，等. 日本白鲫 IGF-1 基因全长 cDNA 克隆及组织表达分析［J］. 生命科学研究，2012，16（4）：295－300.

［188］田光娟. 鲫鱼鱼片绿色保鲜剂研制与配套保鲜技术研究［D］. 天津科技大学，2018.

［189］田光娟，李喜宏，韩聪聪，等. 不同贮藏温度下鲫鱼鱼片品质变化研究［J］. 食品研究与开发，2017a，38（10）：177－181.

［190］田光娟，李喜宏，韩聪聪，等. 茶多酚对冷藏鲫鱼鱼片品质的影响［J］. 中国食品添加剂，2017b（10）：112－116.

［191］田莉娟，许艳顺，姜启兴，等. 即食酥脆鲫鱼加工工艺的研究［J］. 科学养鱼，2015a（4）：15－17.

［192］田莉娟，许艳顺，姜启兴，等. 水分含量对即食酥脆鲫鱼质构及色泽的影响［J］. 食品工业科技，2015b，36（16）：104－107、113.

［193］田雪，王良炎，陈琳，等. SOST 基因在淇河鲫肌间骨骨化过程中的表达研究［J］. 水产学报，2016，40（5）：673－680.

［194］田雪，王良炎，刘洋洋，等. 淇河鲫肌肉生长抑制素基因的克隆与表达［J］. 动物营养学报. 2011，23（7）：1167－1175.

［195］田燚. 六个鲫品系 DNA 遗传多态性及其亲缘关系研究［D］. 西北农林科技大学，2004.

［196］涂永芹. 不同规格异育银鲫对饲料赖氨酸和精氨酸利用的比较研究［D］. 中国科学院水生生物研究所，2015.

［197］汪留全，胡王. 我国的鲫品种（系）资源及其生产性能的初步分析［J］. 安徽农业科学，1997，25（3）：287－289.

［198］王爱民，吕富，杨文平，等. 饲料脂肪水平对异育银鲫生长性能、体脂沉积、肌肉成分及消化酶活性的影响［J］. 动物营养学报，2010，22（3）：625－663.

［199］王长城，王春元. 金鱼肌浆蛋白和血清蛋白的研究［J］. 遗传，1991，13（5）：12－15.

［200］王崇，雷武，解绶启，等. 饲料中豆粕替代鱼粉蛋白对异育银鲫生长、代谢及免疫功能的影响［J］. 水生生物学报，2009，33（04）：740－747.

［201］王道尊，冷向军. 异育银鲫对维生素 C 需要量的研究［J］. 上海水产大学学报，1996，5（4）：240－245.

［202］王芳. 淡水鱼鱼油的制备及微胶囊化研究［D］. 华中农业大学，2009.

［203］王汉玲. 鲫鱼汤的加工工艺及风味物质研究［D］. 江西科技师范大学，2020.

［204］王洪涛. 异育银鲫对饲料中单体赖氨酸和蛋氨酸的利用研究［D］. 中国海洋大学，2009.

［205］王佳，罗琛. 鲫 Dmrt3 基因的克隆和表达分析［J］. 水生生物学报，2014，38（3）：548－555.

［206］王健，龚山明，陈志刚. 异育银鲫"中科 3 号"与普通异育银鲫生长对比试验［J］. 科学养鱼，2015（9）：21－22.

［207］王金龙，何志刚，伍远安，等. 饲料蛋白水平对芙蓉鲤鲫幼鱼生长和体组成的影响［J］. 饲料研究，2013（8）：

1 - 4.

[208] 王锦林.异育银鲫对维生素 B2、维生素 B6 和烟酸的需求量的研究[D].中国科学院水生生物研究所,2007.

[209] 王锦林,朱晓鸣,雷武,等.异育银鲫幼鱼对饲料中维生素 B6 需求量的研究[J].水生生物学报,2011,35(1):98 - 104.

[210] 王军.异育银鲫的试养报告[J].湖南水产科技,1982(3):36 - 37.

[211] 王俊丽,郝光,雒燕婷,等.鲫 TLR9 基因克隆及生殖因素对其在肠道表达的影响[J].中国水产科学,2014,21(3):432 - 441.

[212] 王良炎,田雪,庞小磊,等.硬化蛋白基因在淇河鲫成鱼不同肌间骨相邻肌组织的表达差异分析[J].中国生物化学与分子生物学报,2016,32(12):1354 - 1359.

[213] 王娜,张小军,刘永杰,等.嗜水气单胞菌Ⅲ型分泌系统研究进展[J].河北科技师范学院学报,2011,25(01):21 - 24.

[214] 王巧巧.鲫鱼鱼鳞抗菌肽的制备、抑菌机理及应用研究[D].浙江工商大学,2017.

[215] 王胜林,何瑞国,王玉莲,等.彭泽鲫春片鱼种适宜生长的能量、蛋白质和磷水平的研究[J].饲料工业,2000,21(7):23 - 25.

[216] 王姝妍.古环境变化和人工选择对鲫属鱼类遗传结构的影响[D].中国科学技术大学,2013.

[217] 王双,罗莉,石亚庆,等.湘云鲫饲料中磷酸二氢钙的适宜添加量[J].动物营养学报,2018,30(10):3985 - 3992.

[218] 王鑫,薛敏,王嘉,等.养成期异育银鲫对饲料赖氨酸的需求量[J].动物营养学报,2014,26(7):1864 - 1872.

[219] 王彦波,宋达峰.不同来源硒对异育银鲫的生物学效应研究[J].饲料工业,2011,32(14):37 - 40.

[220] 王洋.中科 5 号鲫鱼和彭泽鲫肌肉营养成分比较[D].南昌大学,2021.

[221] 王银东,何吉祥,杨严鸥.牛磺酸与 L -肉碱对异育银鲫生长与抗氧化能力的影响[J].长江大学学报:自然科学版,2015,12(21):31 - 34.

[222] 王永杰,沈新玉,侯冠军,等.淮河鲤鱼的精子在银鲫雌核发育子代中的生物学效应[J].安徽农业大学学报,1997,24(3):274 - 277.

[223] 王永玲.四种植物蛋白源及其不同添加水平对异育银鲫肠道组织结构的影响[D].苏州大学,2011.

[224] 王煜恒.不同脂肪源对异育银鲫生长、体脂沉积和血液生化指标的影响[D].南京农业大学,2011.

[225] 王阅雯.淇河鲫形态学和 RAPD 标记遗传多样性研究[D].河南师范大学,2010.

[226] 王跃红.异育银鲫"中科 3 号"鱼种与南美白对虾混养技术[J].科学养鱼,2012(1):9.

[227] 魏永生,李维梅,廖洁,等.鲫鱼肌肉脂肪测定与脂肪酸组成分析[J].广东化工,2017,44(06):36 - 37,49.

[228] 魏钰娟,潘晓艺,蔺凌云,等.异育银鲫(Carassius auratus gibelio)脊髓组织细胞系的建立及对 CyHV - 2 的敏感性[J].海洋与湖沼,2020,51(5):1232 - 1238.

[229] 魏智清,杨涓,赵红雪,等.牛磺酸、γ -氨基丁酸对鲫抗缺氧能力的影响[J].淡水渔业,2006,36(1):7 - 10.

[230] 吴本丽,黄龙,何吉祥,等. 长期饥饿后异育银鲫对饲料蛋白质的需求[J]. 动物营养学报,2018,30(6):2215 - 2225.

[231] 吴会民,王健,戴媛媛,等.长丰鲫和彭泽鲫池塘养殖对比试验[J].科学养鱼,2020(3):80.

[232] 吴慧,侯利芬,黄嘉仪,等.三倍体湘云鲫 2 号 IFNa3 基因的克隆及功能初探[J].水产学报,2021,45(9):1478 - 1490.

[233] 吴滟,傅洪拓,龚永生,等.四种金鱼的遗传多样性研究[J].中国农学通报,2007,23(9):624 - 627.

[234] 伍琴,唐建洲,刘臻,等. 牛磺酸对鲫鱼(Carassius auratus)生长、肠道细胞增殖及蛋白消化吸收相关基因表达的影响[J].海洋与湖沼.2015,46(06):1516 - 1523.

[235] 伍献文,曹文宣,易伯鲁,等.中国鲤科鱼类志-下卷[M].上海:上海科学技术出版社,1982.

[236] 夏文水,罗永康,熊善柏,等.大宗淡水鱼贮运保鲜与加工技术[M].北京：中国农业出版社,2014.

[237] 萧培珍.日粮铁、锌补充量对异育银鲫生长、生理机能及器官中微量元素含量的影响[D].苏州大学,2007.

[238] 肖华根.山塘水库"中科3号"异育银鲫、草鱼高效混养试验[J].科学养鱼,2013(1)：20－21.

[239] 肖俊.洞庭湖水域不同倍性野生鲫生物学特性及进化关系研究[D].湖南师范大学,2010.

[240] 谢东东.不同规格异育银鲫"中科3号"对饲料磷需求量及利用的研究[D].中国科学院大学,2016.

[241] 谢嘉华,陈朝阳,伍兴国.维生素C对金鲫头肾和脾脏免疫细胞的影响[J].泉州师范学院学报：自然科学版,2009,27(6)：89－93.

[242] 谢秀芳."中科3号"异育银鲫池塘主养试验[J].科学养鱼,2014(12)：83－84.

[243] 谢亚君,税典章,吴萍,等.基于不同PCR方法的Ⅱ型鲤疱疹病毒检测技术研究[J].基因组学与应用生物学,2019,38(3)：1018－1025.

[244] 谢义元,段中华,黄志明,等.异育银鲫"中科3号"成鱼池塘80∶20精养模式试验[J].中国水产,2014(11)：67－68.

[245] 熊关庆,段靖,冯杨,等.鲫CyHV－2病毒病的诊断及组织病理损伤研究[J].四川农业大学学报,2019,37(3)：397－403.

[246] 徐进,曾令兵,杨德国,等.鲤疱疹病毒2型武汉株的分离与鉴定[J].中国水产科学,2013,20(6)：1303－1309.

[247] 徐康,段巍,肖军,等.鱼类遗传育种中生物学方法的应用及研究进展[J].中国科学：生命科学,2014,44(12)：1272－1288.

[248] 徐丽,高宝德.利用盐碱水进行异育银鲫"中科5号"鱼种培育试验[J].科学养鱼,2020(2)：80－81.

[249] 徐维娜,刘文斌,邵仙萍,等.维生素C对异育银鲫原代肝脏细胞活性及抗敌百虫氧化胁迫的影响[J].水产学报,2011,35(12)：1849－1856.

[250] 徐文彪,蔡敬国,刘铁钢,等.北方地区池塘主养长丰鲫试验[J].现代农业科技,2019(9)：198、201.

[251] 徐云强,孙卫青,熊光权,等.低盐鲫鱼鱼露发酵过程中的氨基酸分析[J].中国调味品,2018,43(10)：85－90.

[252] 许文婕.不同品系鲫对不同饲料蛋白源利用的比较研究[D].中国科学院大学,2017.

[253] 薛凌展,樊海平,邓志武,等.池塘网箱气提循环水培育异育银鲫"中科3号"夏花初探[J].科学养鱼,2017(6)：81－82.

[254] 闫华超,高岚,付崇罗,等.鱼类遗传多样性研究的分子学方法及应用进展[J].水产科学,2004,23(12)：44－48.

[255] 杨锋.鲫鱼肝胰脏中胰蛋白酶和胰凝蛋白酶的分离纯化及性质研究[D].集美大学,2009.

[256] 杨洁,杨锦英,赵斌.异育银鲫"长丰鲫"成鱼混养试验[J].科学养鱼,2018(6)：81－82.

[257] 杨京梅,夏文水.大宗淡水鱼类原料特性比较分析[J].食品科学,2012,33(07)：51－54.

[258] 杨坤,高志鹏,习丙文,等.洪湖碘泡虫单管半巢式PCR检测方法的建立及应用[J].中国水产科学,2020,27(8)：927－933.

[259] 杨坤,翟凯旋,习丙文,等.洪湖碘泡虫在发病和隐性感染异育银鲫组织器官中的分布[J].水产学报,2022,46(6)：1085－1093.

[260] 杨坤,翟凯旋,习丙文,等.异育银鲫寄生洪湖碘泡虫的鱼卵传播途径[J].中国水产科学,2021,28(12)：1612－1620.

[261] 杨林,桂建芳.银鲫生殖方式多样性的转铁蛋白和同工酶标记的遗传分析[J].实验生物学报,2002,35(4)：263－270.

[262] 杨林.银鲫转铁蛋白及其相关分子标记的遗传多样性研究[D].中国科学院水生生物研究所,2002.

[263] 杨敏璇,朱焯安,陈嘉俊,等.鲫肌间刺形成基因SOST的克隆表达研究[J].仲恺农业工程学院学报,2019,

32(2)：58－63.

[264] 杨希,白海锋,张星朗,等.培育密度对四倍体异育银鲫新品种"长丰鲫"苗种生长及成活的影响[J].河北渔业, 2017(11)：29－32.

[265] 杨兴棋,陈敏容,俞小牧,等.江西彭泽鲫生殖方式的初步研究[J].水生生物学报,1992,16(3)：277－280.

[266] 杨勇.肉骨粉和家禽副产品粉替代鱼粉饲养不同水生动物的差异及其机制的比较研究[D].中国科学院研究生 院,2004.

[267] 姚峰,甄恕綦,杨严鸥,等.养殖密度对异育银鲫氮和能量收支的影响[J].安徽农业大学学报,2009,36(3)： 451－455.

[268] 姚桂桂,冯晓宇,刘新轶,等.异育银鲫"中科3号"和黄颡鱼的高效混养试验[J].科学养鱼,2014(6)：83－85.

[269] 姚磊,罗永康,沈慧星,等.鲫肌原纤维蛋白加热过程中理化特性变化规律[J].水产学报,2010,34(08)： 1303－1308.

[270] 姚磊.添加迷迭香提取物及植酸的鱼鳞明胶可食膜对鲫鱼保鲜效果的影响[J].中国食品添加剂,2019, 30(07)：180－186.

[271] 叶军,贺锡勤.异育银鲫对鱼粉等11种饲料中磷的利用率[J].海洋与湖沼,1991,22(3)：233－236.

[272] 叶文娟.不同规格异育银鲫饲料蛋白需求的比较研究[D].中国科学院水生生物研究所,2013.

[273] 余达威.壳聚糖涂膜对冷藏草鱼片的品质影响研究[D].江南大学,2019.

[274] 余丰年,王道尊.植酸酶对异育银鲫生长及饲料中磷利用率的影响[J].中国水产科学,2000,7(2)：106－109.

[275] 余琳,吕利群,王浩.Ⅱ型鲤疱疹病毒ORF121蛋白的多克隆抗体制备及鉴定[J].水产学报,2019,43(6)： 1463－1471.

[276] 於叶兵,江世贵,林黑着,等.不同脂肪源对异育银鲫形体与血液生化指标的影响[J].湖南农业大学学报:自然 科学版,2012,38(2)：192－197.

[277] 俞豪祥.银鲫雌核发育的细胞学观察[J].水生生物学报,1982,7(4)：481－487.

[278] 俞豪祥,张海明,林连英.广东雌核发育鲫的生物学及养殖试验的初步研究[J].水生生物学报,1987,11(3)： 287－288.

[279] 袁锐,陈静,刘训猛,等.鲤疱疹病毒2型研究进展[J].水产学杂志,2019,32(1)：38－45.

[280] 袁喜,涂志英,韩京成,等.流速对鲫游泳行为和能量消耗影响的研究[J].水生态学杂志,2011,32(4)： 103－109.

[281] 昝瑞光,宋峥.鲤、鲫、鲢、鳙染色体组型的分析比较[J].遗传学报,1980,7(1)：72－77.

[282] 曾名勇,黄海,李玉环,等.鲫鱼(Carassius auratus)在微冻保鲜过程中的质量变化[J].青岛海洋大学学报(自 然科学版),2001,31(3)：351－355.

[283] 曾名湧.几种主要淡水经济鱼类肌肉蛋白质冻结变性机理的研究[D].中国海洋大学,2005.

[284] 张大中,黄爱华.鲫种类及各自的特点[J].渔业致富指南,2012(7)：29－31.

[285] 张辉,董新红,叶玉珍,等.三个三倍体鲫品系及野鲫mtDNA的比较研究[J].遗传学报,1998,25(4)： 330－336.

[286] 张南海.不同冻结方式、贮藏温度和解冻方式对彭泽鲫品质的影响[D].南昌大学,2018.

[287] 张配瑜.饲料中三种免疫增强剂对异育银鲫生长和抗逆性的影响[D].中国科学院大学,2019.

[288] 张芹,杨兴丽,杨文巩.异育银鲫"中科3号"高产高收益养殖模式[J].科学养鱼,2015(2)：81.

[289] 张瑞雪.优良养殖品种——彭泽鲫[J].农村百事通,1995(5)：40.

[290] 张为.彭泽鲫[J].质量探索,2012(3)：17.

[291] 张晓华,杨严鸥,岳鼎鼎,等.低蛋白饲料对异育银鲫肠道抗氧化指标的影响[J].长江大学学报:自然科学版, 2016,13(27)：33－37.

［292］张一江,黄海.不同冻藏温度下鲫鱼肌肉胶原蛋白变性的研究［J］.食品科技,2008,33(12)：103－106.

［293］张颖.异育银鲫可量性状相关性从及 MSTN 基因的多态性与生长性状的关联分析［D］.南京农业大学,2014.

［294］张玉平.饲料添加剂对缓解异育银鲫运输应激效果的研究［D］.中国科学院大学,2018.

［295］张芸,汪兰,章蔚,等.基于戊糖片球菌发酵酶解鲫鱼基料的工艺研究［J］.中国调味品,2019,44(10)：95－100.

［296］章倩,张木子,黎明,等.牛磺酸对急性氨中毒的鲫和草鱼抗氧化及炎症相关基因表达影响的比较［J］.水产学报,2020,44(2)：289－299.

［297］赵红月,薛敏,韩冬,等.氨基酸等化学刺激物对异育银鲫摄食行为的影响［J］.水生生物学报,2010,34(5)：956－965.

［298］赵红月.异育银鲫促摄食物质研究［D］.中国科学院研究生院,2003.

［299］赵帅兵.投喂频率和饲料蛋白配方对异育银鲫生长、饲料利用和血液氨基酸动态的影响［D］.中国科学院大学,2014.

［300］赵小锋,王治业,周剑平,等.牛磺酸对鲫鱼脂肪消化吸收的影响［J］.水产科学,2007,26(8)：453－454.

［301］种香玉,周立志,韩冬,等.饲料中铜浓度对异育银鲫和斑点叉尾的影响［J］.水生生物学报,2014,38(4)：751－763.

［302］周慧.异育银鲫"中科 5 号"冬片鱼种池塘培育技术［J］.科学养鱼,2018(10)：11－12.

［303］周嘉申,沈俊宝,刘明华.黑龙江方正银鲫雌核发育的细胞学初步探讨［J］.动物学报,1983,29(1)：11－16.

［304］周建成.不同规格异育银鲫饲料脂肪需求及脂肪代谢研究［D］.中国科学院水生生物研究所,2014.

［305］周莉,桂建芳.银鲫两个雌核发育克隆间两性生殖子代的遗传多样性分析［J］.实验生物学报,2001,34(3)：169－176.

［306］周莉,刘静霞,桂建芳.应用微卫星标记对雌核发育银鲫的遗传多样性初探［J］.动物学研究,2001,22(4)：257－264.

［307］周萌,崔奕波,朱晓鸣,等.豆粕和土豆蛋白替代饲料中鱼粉对异育银鲫生长及能量收支的影响［J］.水生生物学报,2002,26(4)：370－377.

［308］周秋白,郑宇,周莉,等.新疆伊犁河鲫遗传多样性初步研究［J］.水生生物学报,2009,33(4)：690－695.

［309］周贤君,解绶启,谢从新,等.异育银鲫幼鱼对饲料中赖氨酸的利用及需要量研究［J］.水生生物学报,2006,30(3)：247－255.

［310］周贤君.异育银鲫对晶体赖氨酸和蛋氨酸的利用及需求量研究［D］.华中农业大学,2005.

［311］周瑶佳,田思璐,许佳雪,等.四川地区养殖鲫鲤疱疹病毒 II 型的鉴定及病理学研究［J］.水产学报,2020,44(9)：1397－1407.

［312］周勇,范玉顶,徐进,等.鲤疱疹病毒 II 型 ORF4 基因的克隆、表达与免疫学检测方法［J］.淡水渔业,2017,47(1)：61－65.

［313］周志刚,解绶启,崔奕波.鱼类投喂系统的研究［J］.中国畜牧兽医,2003,30(5)：15－17.

［314］朱传忠,邹桂伟.鱼类多倍体育种技术及其在水产养殖中的应用［J］.淡水渔业,2004,34(3)：53－56.

［315］朱蓝菲,蒋一珪.银鲫不同雌核发育系的生物学特性比较研究［J］.水生生物学报,1993,17(2)：112－120.

［316］朱蓝菲,蒋一珪.银鲫种内的遗传标记及其在选种中的应用［J］.水生生物学报,1987,11(2)：9.

［317］朱蓝菲.组织移植对银鲫不同雌核发育系的遗传监测［J］.水生生物学报,1990,14(1)：16－21.

［318］朱玲.异育银鲫对饲料中硒利用的研究［D］.中国科学院大学,2016.

［319］诸永志,卞欢,吴海虹,等.提高鲫鱼汤原料蛋白溶出率的工艺优化［J］.江苏农业科学,2018,46(08)：189－192.

［320］庄怡.浙江地区三倍体鲫对野生鲫种质资源影响的初步研究［D］.宁波大学,2012.

［321］邹菊红,邹剑伟,申玉建,等. 基因编辑技术在家畜育种中的研究进展［J］. 中国畜牧杂志,2021,57(11)：45－50.

［322］邹中菊,崔奕波,朱晓鸣. 银鲫能量收支同步测定方法［J］. 水生生物学报,2000,24(2)：190－192.

［323］Alama-Bermejo G, Bron J E, Raga J A, et al. Myxozoan adhesion and virulence：*Ceratonova shasta* on the move ［J］. Microorganisms, 2019, 7(10)：397.

［324］Becker J A, Tweedie A, Rimmer A, et al. Incursions of *cyprinid herpesvirus 2* in goldfish populations in Australia despite quarantine practices［J］. Aquaculture, 2014, 432：53－59.

［325］Beveridge T J, Pouwels P H, Sara M, et al. Functions of S-layers［J］. FEMS Microbiology Reviews, 1997, 20(1－2)：99－149.

［326］Bjork S J, Bartholomew J L. Invasion of *Ceratomyxa shasta* (Myxoza) and comparison of migration to the intestine between susceptible and resistant fish hosts［J］. International Journal for Parasitology, 2010, 40(9)：1087－1095.

［327］Boitard P M, Baud M, Labrut S, et al. First detection of cyprinid herpesvirus 2 (CyHV－2) in goldfish (*Carassius auratus*) in France［J］. Journal of Fish Diseases, 2016, 39(6)：673－680.

［328］Bo J N, Howard S P. Mutagenesis and isolation of *Aeromonas hydrophila* genes which are required for extracellular secretion［J］. Journal of Bacteriology, 1991, 173(3)：1241－1249.

［329］Chacón M R, Figueras M J, Castro-Escarpulli G, et al. Distribution of virulence genes in clinical and environmental isolates of *Aeromonas SPP*［J］. Antonie Van Leeuwenhoek, 2003, 84(4)：269－278.

［330］Chen F, Li X Y, Zhou L, et al. Stable genome incorporation of sperm-derived dna fragments in gynogenetic clone of gibel carp ［J］. Mar Biotechnol (NY), 2020, 22(1)：54－66.

［331］Chu W H, Lu C P. In vivo fish models for visualizing *Aeromonas hydrophila* invasion pathway using GFP as a biomarker［J］. Aquaculture, 2008, 277(3－4)：152－155.

［332］Cohen J. The immunopathogenesis of sepsis［J］. Nature, 2002, 420(6917)：885－891.

［333］Danek T, Kalous L, Vesel T, et al. Massive mortality of Prussian carp *Carassius gibelio* in the upper Elbe basin associated with herpesviral hematopoietic necrosis (CyHV－2) ［J］. Diseases of Aquatic Organisms, 2012, 102(2)：87－95.

［334］Dharmaratnam A, Kumar R, Valaparambil B S, et al. Establishment and characterization of fantail goldfish fin (FtGF) cell line from goldfish, *Carassius auratus* for in vitro propagation of Cyprinid herpes virus－2 (CyHV－2) ［J］. Peer J, 2020, 8：e9373.

［335］Ding M, Li X Y, Zhu Z X, et al. Genomic anatomy of male-specific microchromosomes in a gynogenetic fish. PLoS Genet, 2021, 17(9)：e1009760.

［336］Duan Y, Zhu X, Han D, et al. Dietary choline requirement in slight methionine-deficient diet for juvenile gibel carp (*Carassius auratus gibelio*) ［J］. Aquaculture Nutrition, 2012, 18(6)：620－627.

［337］El-Matbouli M, Hoffmann R W, Mandok C. Light and electron microscopic observations on the route of the triactinomyxon-sporoplasm of *Myxobolus cerebralis* from epidermis into rainbow trout cartilage［J］. Journal of Fish Biology, 1995, 46(6)：919－935.

［338］Eszterbauer E, Sipos D, Szakály Á, et al. Distinctive site preference of the fish parasite *Myxobolus cerebralis* (Cnidaria, Myxozoa) during host invasion［J］. Acta Veterinaria Hungarica, 2019, 67(2)：212－223.

［339］Fichi G, Cardeti G, Cocumelli C, et al. Detection of cyprinid herpesvirus 2 in association with an *Aeromonas sobria* infection of *Carassius carassius* (L.), in Italy［J］. Journal of Fish Diseases, 2013, 36(10)：823－830.

［340］Fu Y, Liang X, Li D, et al. Effect of dietary tryptophan on growth, intestinal microbiota, and intestinal gene expression in an improved triploid crucian carp ［J］. Frontiers in Nutrition, 2021, 8：676035.

［341］Gan R H, Wang Y, Li Z, et al. Functional divergence of multiple duplicated foxl2 homeologs and alleles in a recurrent polyploid fish［J］. Molecular Biology and Evolution, 2021, 38(5)：1995－2013.

[342] Gao F X, Wang Y, Zhang Q Y, et al. Distinct herpesvirus resistances and immune responses of three gynogenetic clones of gibel carp revealed by comprehensive transcriptomes[J]. BMC Genomics, 2017, 18(1): 561.

[343] Gao S, Han D, Zhu X, et al. Effects of gelatin or carboxymethyl cellulose supplementation during pelleting processing on feed quality, intestinal ultrastructure and growth performance in gibel carp (*Carassius gibelio*) [J]. Aquaculture Nutrition, 2020, 26(4): 1244 - 1254.

[344] Gao S, Jin J, Liu H, et al. Effects of pelleted and extruded feed of different ingredient particle sizes on feed quality and growth performance of gibel carp (*Carassius gibelio* var. CAS V) [J]. Aquaculture, 2019, 511: 734236.

[345] Gao W, Wen H, Wang H, et al. Identification of structure proteins of cyprinid herpesvirus 2[J]. Aquaculture, 2020(523): 735184.

[346] Gao W, Zhao L, Zheng Y, et al. Generation and application of a monoclonal antibody specific for the ORF121 of cyprinid herpesvirus 2[J]. Journal of Fish Diseases, 2022, 45(3): 387 - 394.

[347] Gong W, Lei W, Zhu X, et al. Dietary myo-inositol requirement for juvenile gibel carp (*Carassius auratus gibelio*) [J]. Aquaculture Nutrition, 2014, 20(5): 514 - 519.

[348] Goodwin A E, Khoo L, LaPatra S E, et al. Goldfish hematopoietic necrosis herpesvirus (Cyprinid Herpesvirus 2) in the USA: Molecular confirmation of isolates from diseased fish[J]. Journal of Aquatic Animal Health, 2006a, 18(1): 11 - 18.

[349] Goodwin A E, Merry G E, Sadler J. Detection of the herpesviral hematopoietic necrosis disease agent (Cyprinid herpesvirus 2) in moribund and healthy goldfish: Validation of a quantitative PCR diagnostic method[J]. Diseases of Aquatic Crganisms, 2006b, 69(2 - 3): 137 - 143.

[350] Gui D, Liu W, Shao X, et al. Effects of different dietary levels of cottonseed meal protein hydrolysate on growth, digestibility, body composition and serum biochemical indices in crucian carp (*Carassius auratus gibelio*) [J]. Animal Feed Science and Technology, 2010, 156(3 - 4): 112 - 120.

[351] Gui J F, Zhou L, Li X Y. Rethinking fish biology and biotechnologies in the challenge era for burgeoning genome resources and strengthening food security[J]. Water Biology and Security, 2022, 1(1): 4 - 21.

[352] Guo B, Wei C, Luan L, et al. Production and application of monoclonal antibodies against ORF66 of cyprinid herpesvirus 2[J]. Journal of Virological Methods, 2022(299): 114342.

[353] Han D, Liu H, Liu M, et al. Effect of dietary magnesium supplementation on the growth performance of juvenile gibel carp, *Carassius auratus gibelio* [J]. Aquaculture Nutrition, 2012, 18(5): 512 - 520.

[354] Han D, Xie S, Liu M, et al. The effects of dietary selenium on growth performances, oxidative stress and tissue selenium concentration of gibel carp (*Carassius auratus gibelio*) [J]. Aquaculture Nutrition, 2011, 17(3): 741 - 749.

[355] Hartigan A, Estensoro I, Vancová M, et al. New cell motility model observed in parasitic cnidarian *Sphaerospora molnari* (Myxozoa: Myxosporea) blood stages in fish[J]. Scientific Reports, 2016(6): 39093.

[356] He X, Jia L, Li Z, et al. Nutrient requirements of juvenile allogenetic crucian carp, *Carassius auratus gibelio* (C). Proceeding of an International Symposium, Guangzhou, P. R. C., Fish Physiology, fish toxicology and fisheries Management. Environmental Research Laboratory, Office of Research and Development, U. S. Environmental Protection Agency, Athens, Georgia, 30613, Athens, Georgia, 1988, pp. 73 - 87.

[357] Holzer A S, Hartigan A, Patra S, et al. Molecular fingerprinting of the myxozoan community in common carp suffering Swim Bladder Inflammation (SBI) identifies multiple etiological agents[J]. Parasites & Vectors, 2014, 7(1): 398.

[358] Howard S P, Gebhart C, Langen G R, et al. Interactions between peptidoglycan and the ExeAB complex during assembly of the type II secretin of *Aeromonas hydrophila* [J]. Molecular Microbiology, 2006, 59(3): 1062 - 1072.

[359] Hu M, Wang Y, Luo Z, et al. Evaluation of rendered animal protein ingredients for replacement of fish meal in

practical diets for gibel carp, *Carassius auratus gibelio* (Bloch) [J]. Aquaculture Research, 2008, 39(14): 1475 − 1482.

[360] Hu M, Wang Y, Wang Q, et al. Replacement of fish meal by rendered animal protein ingredients with lysine and methionine supplementation to practical diets for gibel carp, *Carassius auratus gibelio* [J]. Aquaculture, 2008,275 (1 − 4): 260 − 265.

[361] Ito T, Kurita J, Ozaki A, et al. Growth of cyprinid herpesvirus 2 (CyHV − 2) in cell culture and experimental infection of goldfish *Carassius auratus*[J]. Diseases of Aquatic Organisms, 2013, 105(3): 193 − 202.

[362] Janda J M, Abbott S L. Evolving concepts regarding the genus *Aeromonas*: An expanding panorama of species, disease presentations, and unanswered questions[J]. Clinical Infectious Diseases, 1998, 27(2): 332 − 344.

[363] Jeffery K R, Bateman K, Bayley A, et al. Isolation of a cyprinid herpesvirus 2 from goldfish, *Carassius auratus* (L.), in the UK[J]. Journal of Fish Diseases, 2007, 30(11): 649 − 656.

[364] Jiang B, Howard S P. The *Aeromonas hydrophila exe*E gene, required both for protein secretion and normal outer membrane biogenesis, is a member of a general secretion pathway[J]. Molecular Microbiology, 1992, 6(10): 1351 − 1361.

[365] Jiang F F, Wang Z W, Zhou L, et al. High male incidence and evolutionary implications of triploid form in northeast Asia *Carassius auratus* complex [J]. Molecular Phylogenetics and Evolution, 2013, 66(1): 350 − 359.

[366] Ji K, He J, Liang H, et al. Response of gibel carp (*Carassius auratus gibelio*) to increasing levels of dietary lysine in zero fish meal diets [J]. Aquaculture Nutrition, 2021, 27(1): 49 − 62.

[367] Kallert D M, Bauer W, Haas W, et al. Not shot in the dark: Myxozoans chemically detect fresh fish[J]. International Journal for Parasitology, 2011, 41(3 − 4): 271 − 276.

[368] Kay W W, Buckley J T, Ishiguro E E, et al. Purification and disposition of a surface protein associated with virulence of *Aeromonas salmonicida*[J]. Journal of Bacteriology, 1981, 147(3): 1077 − 1084.

[369] Lande R, Thompson R. Efficieacy of marker-assisted selectionin the improvement of quantitative traits [J]. Genetics,1990,124(3): 743 − 756.

[370] Liang L G, Xie J, Chen K, et al. Pathogenicity and biological characteristics of CyHV − 2[J]. Bulletin of the European Association of Fish Pathologists, 2015, 35(3): 85 − 93.

[371] Li G, Howard S P. ExeA binds to peptidoglycan and forms a multimer for assembly of the type II secretion apparatus in *Aeromonas hydrophila*[J]. Molecular Microbiology, 2010, 76(3): 772 − 781.

[372] Li H, Xu W, Jin J, et al. Effects of dietary carbohydrate and lipid concentrations on growth performance, feed utilization, glucose, and lipid metabolism in two strains of gibel carp [J]. Frontiers in Veterinary Science, 2019, 6: 1 − 14.

[373] Li K, Luo Y, Shen H. Postmortem changes of crucian carp (*Carassius auratus*) during storage in ice[J]. International Journal of Food Properties, 2014, 18(1): 205 − 212.

[374] Lin Y, Dengu J M, Miao L, et al. Effects of dietary supplementary leucine in a wheat meal-rich diet on the growth performance and immunity of juvenile gibel carp (*Carassius auratus gibelio* var. CAS III) [J]. Aquaculture Research, 2021, 52(4): 1501 − 1512.

[375] Liu H, Zhu X, Yang Y, et al. Effect of substitution of dietary fishmeal by soya bean meal on different sizes of gibel carp (*Carassius auratus gibelio*): Nutrient digestibility, growth performance, body composition and morphometry [J]. Aquaculture Nutrition, 2016, 22(1): 142 − 157.

[376] Liu X L, Jiang F F, Wang Z W, et al. Wider geographic distribution and higher diversity of hexaploids than tetraploids in *Carassius* species complex reveal recurrent polyploidy effects on adaptive evolution[J]. Scientific Reports, 2017, 7(1): 5395.

[377] Liu X L, Li X Y, Jiang F F, et al. Numerous mitochondrial DNA haplotypes reveal multiple independent polyploidy origins of hexaploids in *Carassius* species complex[J]. Ecology and Evolution, 2017,7(24): 10604 −

10615.

[378] Li X Y, Gui J F. Diverse and variable sex determination mechanisms in vertebrates[J]. Science China Life Science, 2018, 61(12): 1503 – 1514.

[379] Li X Y, Liu X L, Ding M, et al. A novel male-specific SET domain-containing gene setdm identified from extra microchromosomes of gibel carp males[J]. Science Bulletin, 2017, 62(8): 528 – 536.

[380] Li X Y, Liu X L, Zhu Y J, et al. Origin and transition of sex determination mechanisms in a gynogenetic hexaploid fish[J]. Heredity (Edinb), 2018, 121: 64 – 74.

[381] Li X, Zhu X, Han D, et al. Carbohydrate utilization by herbivorous and omnivorous freshwater fish species: A comparative study on gibel carp (*Carassius auratus gibelio*. var CAS III) and grass carp (*Ctenopharyngodon idellus*)[J]. Aquaculture Research, 2016, 47(1): 128 – 139.

[382] Li Z, Liang H W, Wang Z W, et al. A novel allotetraploid gibel carp strain with maternal body type and growth superiority [J]. Aquaculture, 2016, 458: 55 – 63.

[383] Lu J F, Jin T C, Zhou T, et al. Identification and characterization of a tumor necrosis factor receptor like protein encoded by cyprinid herpesvirus 2[J]. Developmental and Comparative immunology, 2021, 116: 103930.

[384] Lu J, Lu H D, Cao G P. Hematological and histological changes in prussian carp *Carassius gibelio* infected with cyprinid herpesvirus 2[J]. Journal of Aquatic Animal Health, 2016, 28(3): 150 – 160.

[385] Lu J, Shen Z, Lu L, et al. Cyprinid herpesvirus 2miR – C12 attenuates virus – mediated apoptosis and promotes virus propagation by targeting caspase 8[J]. Frontiers in Microbiology, 2019, 10: 2923.

[386] Lu J, Xu D, Lu L. A novel cell line established from caudal fin tissue of *Carassius auratus gibelio* is susceptible to cyprinid herpesvirus 2 infection with the induction of apoptosis[J]. Virus Research, 2018, 258: 19 – 27.

[387] Lu M, Li X Y, Li Z, et al. Regain of sex determination system and sexual reproduction ability in a synthetic octoploid male fish[J]. Science China Life Science, 2021, 64(1): 77 – 87.

[388] Lu M, Wang Z W, Hu C J, et al. Genetic identification of a newly synthetic allopolyploid strain with 206 chromosomes in polyploid gibel carp[J]. Aquaculture Research, 2018, 49(1): 1 – 10.

[389] Lu X Y, Zhang Q Y, Zhang J, et al. Extra microchromosomesplay male determination role in polyploid gibel carp [J]. Genetics, 2016, 203(3): 1415 – 1424.

[390] Ma J, Jiang N, LaPatra S E, et al. Establishment of a novel and highly permissive cell line for the efficient replication of cyprinid herpesvirus 2 (CyHV – 2) [J]. Veterinary Microbiology, 2015, 177(3 – 4): 315 – 325.

[391] Merino S, Aguilar A, Rubires X, et al. Mesophilic *Aeromonas* strains from different serogroups: the influence of growth temperature and osmolarity on lipopolysaccharide and virulence[J]. Research in Microbiology, 1998, 149(6): 407 – 416.

[392] Okamura B, Gruhl A, and Bartholomew J L. Myxozoan evolution, ecology and development[M]. Switzerland: Springer International Publishing, 2015.

[393] Pan L, Zhu X, Xie S, et al. Effects of dietary manganese on growth and tissue manganese concentrations of juvenile gibel carp, *Carassius auratus gibelio* [J]. Aquaculture Nutrition, 2008, 14(5): 459 – 463.

[394] Pan L, Zhu X, Xie S, et al. The effect of different dietary iron level on growth and hepatic iron concentration in juvenile gibel carp (*Carassius auratus gibelio*) [J]. Journal of Applied Ichthyology, 2009, 25(4): 428 – 431.

[395] Pei Z, Xie S, Lei W, et al. Comparative study on the effect of dietary lipid level on growth and feed utilization for gibel carp (*Carassius auratus gibelio*) and chinese longsnout catfish (*Leiocassis longirostris* Günther) [J]. Aquaculture Nutrition, 2004, 10(4): 209 – 216.

[396] Preena P G, Kumar T V A, Johny T K, et al. Quick hassle-free detection of cyprinid herpesvirus 2 (CyHV – 2) in goldfish using recombinase polymerase amplification-lateral flow dipstick (RPA-LFD) assay[J]. Aquaculture International, 2022, 30(3): 1211 – 1220.

［397］ Qian X, Cui Y, Xiong B, et al. Compensatory growth, feed utilization and activity in gibel carp, following feed deprivation ［J］. Journal of Fish Biology, 2000, 56(1): 228 – 232.

［398］ Qiao G, Zhang M, Li Y, et al. Biofloc technology (BFT): An alternative aquaculture system for prevention of Cyprinid herpesvirus 2 infection in gibel carp (*Carassius auratus gibelio*) ［J］. Fish & Shellfish Immunology, 2018, 83, 140 – 147.

［399］ Redondo M J, Palenzuela O, Álvarez-Pellitero P. Studies on transmission and life cycle of *Enteromyxum scophthalmi* (Myxozoa), an enteric parasite of turbot *Scophthalmus maximus* ［J］. Folia Parasitologica, 2004, 51(2 – 3): 188 – 198.

［400］ Ren Q, Li M, Yuan L, et al. Acute ammonia toxicity in crucian carp *Carassius auratus* and effects of taurine on hyperammonemia ［J］. Comparative Biochemistry and Physiology, Part C: Toxicology & Pharmacology, 2016, 190: 9 – 14.

［401］ Ross A G P, Sleigh A C, Li Y S, et al. Is there immunity to *Schistosoma japonicum*? ［J］. Parasitology Today, 2000, 16(4): 159 – 164.

［402］ Sarker S, Kallert D M, Hedrick R P, et al. Whirling disease revisited: Pathogenesis, parasite biology and disease intervention［J］. Diseases of Aquatic Organisms, 2015, 114(2): 155 – 175.

［403］ Schoenhofen I C, Li G, Strozen T G, et al. Purification and characterization of the N-terminal domain of ExeA: A novel ATPase involved in the type II secretion pathway of *Aeromonas hydrophila*［J］. Journal of Bacteriology, 2005, 187(18): 6370 – 6378.

［404］ Shao L, Han D, Yang Y, et al. Effects of dietary vitamin C on growth, gonad development and antioxidant ability of on-growing gibel carp (*Carassius auratus gibelio* var. CAS III) ［J］. Aquaculture Research, 2018, 49(3): 1242 – 1249.

［405］ Shao L, Zhu X, Yang Y, et al. Effects of dietary vitamin A on growth, hematology, digestion and lipometabolism of on-growing gibel carp (*Carassius auratus gibelio* var. CAS III) ［J］. Aquaculture, 2016, 460(S – 1): 83 – 89.

［406］ Shi Z, Li X, Chowdhury M A K, et al. Effects of protease supplementation in low fish meal pelleted and extruded diets on growth, nutrient retention and digestibility of gibel carp, *Carassius auratus gibelio*［J］. Aquaculture, 2016, 460: 37 – 44.

［407］ Sipos D, Ursu K, Dán Á, et al. Susceptibility-related differences in the quantity of developmental stages of *Myxobolus* spp. (Myxozoa) in fish blood［J］. Plos One, 2018, 13(9): e0204437.

［408］ Su M, Lu C, Tang R, et al. Downregulation of NF – κB signaling is involved in berberine-mediated protection of crucian carp (*Carassius auratus gibelio*) from cyprinid herpesvirus 2 infection ［J］. Aquaculture, 2022, 548: 737713.

［409］ Su M, Tang R, Wang H, et al. Suppression effect of plant-derived berberine on cyprinid herpesvirus 2 proliferation and its pharmacokinetics in Crucian carp (*Carassius auratus gibelio*) ［J］. Antiviral Research, 2021, 186: 105000.

［410］ Tang M Y, Xu X C, Li S, et al. The metabolic responses of crucian carp blood to cyprinid herpesvirus 2 infection ［J］. Aquaculture, 2019, 498: 72 – 82.

［411］ Tan Q, Wang F, Xie S, et al. Effect of high dietary starch levels on the growth performance, blood chemistry and body composition of gibel carp (*Carassius auratus* var. gibelio) ［J］. Aquaculture Research, 2009, 40(9): 1011 – 1018.

［412］ Tan Q, Xie S, Zhu X, et al. Effect of dietary carbohydrate sources on growth performance and utilization for gibel carp (*Carassius auratus gibelio*) and Chinese longsnout catfish (*Leiocassis longirostris* Günther)［J］. Aquaculture Nutrition, 2006, 12(1): 61 – 70.

［413］ Thangaraj R, Nithianantham S, Dharmaratnam A, et al. Cyprinid herpesvirus – 2 (CyHV – 2): A comprehensive review［J］. Reviews in Aquaculture, 2020, 13(2): 796 – 821.

［414］ Tomás J M. The main *Aeromonas* pathogenic factors［J］. ISRN Microbiology, 2012, 2012: 256261.

[415] Tu Y, Xie S, Han D, et al. Dietary arginine requirement for gibel carp (*Carassis auratus gibelio* var. CAS III) reduces with fish size from 50 g to 150 g associated with modulation of genes involved in TOR signaling pathway [J]. Aquaculture, 2015a(449): 37 - 47.

[416] Tu Y, Xie S, Han D, et al. Growth performance, digestive enzyme, transaminase and GH - IGF - I axis gene responsiveness to different dietary protein levels in broodstock allogenogynetic gibel carp (*Carassius auratus gibelio*) CAS III [J]. Aquaculture, 2015b(446): 290 - 297.

[417] Waltzek T B, Kurobe T, Goodwin A E, et al. Development of a polymerase chain reaction assay to detect cyprinid herpesvirus 2 in goldfish[J]. Journal of Aquatic Animal Health, 2009, 21(1): 60 - 67.

[418] Wang A, Han G, Lv F, et al. Effects of dietary lipid levels on growth performance, apparent digestibility coefficients of nutrients, and blood characteristics of juvenile crucian carp (*Carassius auratus gibelio*) [J]. Turkish Journal of Fisheries and Aquatic Sciences, 2014, 14(1): 1 - 10.

[419] Wang C, Zhu X, Han D, et al. Responses to fishmeal and soybean meal-based diets by three kinds of larval carps of different food habits [J]. Aquaculture Nutrition, 2015, 21(5): 552 - 568.

[420] Wang X, Xue M, Figueiredo-Silva C, et al. Dietary methionine requirement of the pre-adult gibel carp (*Carassius auratus gibeilo*) at a constant dietary cystine level [J]. Aquaculture Nutrition, 2016, 22(3): 509 - 516.

[421] Wang Y, Li X Y, Xu W J, et al. Comparative genome anatomy reveals evolutionary insights into a unique amphitriploid fish. Nature Ecology & Evolution, 2022, 6(9): 1354 - 1366.

[422] Wang Z W, Zhu H P, Wang D, et al. A novel nucleo-cytoplasmic hybrid clone formed via androgenesis in polyploid gibel carp [J]. BMC Res Notes, 2011(4): 82.

[423] Wu L, Xu W, Li H, et al. Vitamin C attenuates oxidative stress, inflammation, and apoptosis induced by acute hypoxia through the Nrf2/Keap1 signaling pathway in gibel carp (*Carassius gibelio*) [J]. Antioxidants, 2022, 11(5): 935.

[424] Wu R, Zhang Q, Li Y. Development, characterization of monoclonal antibodies specific for the ORF25 membrane protein of Cyprinid herpesvirus 2 and their applications in immunodiagnosis and neutralization of virus infection[J]. Aquaculture, 2020(519): 734904.

[425] Wu T, Ding Z, Ren M, et al. The histo- and ultra-pathological studies on a fatal disease of Prussian carp (*Carassius gibelio*) in mainland China associated with cyprinid herpesvirus 2 (CyHV - 2) [J]. Aquaculture, 2013, 412 - 413(1): 8 - 13.

[426] Xiao J, Zou T, Chen Y, et al. Coexistence of diploid, triploid and tetraploid crucian carp (*Carassius auratus*) in natural waters[J]. BMC Genetics, 2011(12): 20.

[427] Xi B, Peng L, Liu Q, et al. Description of a new Neoactinomyxum type actinosporean from the oligochaete *Branchiura sowerbyi* Beddard[J]. Systematic Parasitology, 2017(94): 73 - 80.

[428] Xi B, Xie J, Zhou Q, et al. Mass mortality of pond-reared *Carassius gibelio* (Bloch) caused by *Myxobolus ampullicapsulatus* in China[J]. Diseases of Aquatic Organisms, 2011, 93(3): 257 - 260.

[429] Xi B, Zhang J, Xie J, et al. Three actinosporean types (Myxozoa) from the oligochaete *Branchiura sowerbyi* in China[J]. Parasitology Research, 2013, 112(4): 1575 - 1582.

[430] Xi B, Zhou Z, Xie J, et al. Morphological and molecular characterization of actinosporeans infecting oligochaete *Branchiura sowerbyi* from Chinese carp ponds[J]. Diseases of Aquatic Organisms, 2015, 144(3): 217 - 228.

[431] Xie D, Han D, Zhu X, et al. Dietary available phosphorus requirement for on-growing gibel carp (*Carassius auratus gibelio* var. CAS III) [J]. Aquaculture Nutrition, 2017, 23(5): 1104 - 1112.

[432] Xie D, Zhu X, Yang Y, et al. Dietary available phosphorus requirement for juvenile gibel carp (*Carassius auratus gibelio* var. CAS III) [J]. Aquaculture Research, 2018, 49(3): 1284 - 1292.

[433] Xie S, Han D, Yang Y, et al. Feed developments in freshwater aquaculture [M]. Aquaculture in China, 2018: 431 - 450.

[434] Xie S, Zhu X, Cui Y, et al. Compensatory growth in the gibel carp following feed deprivation: temporal patterns in nutrient deposition, feed intake and body composition [J]. Journal of Fish Biology, 2001a, 58(4): 999 – 1009.

[435] Xie S, Zhu X, Cui Y, et al. Utilization of several plant proteins by gibel carp (*Carassius auratus gibelio*) [J]. Journal of Applied Ichthyology, 2001b, 17(2): 70 – 76.

[436] Xue M, Cui Y. Effects of several feeding stimulants on diet preference by juvenile gibel carp (*Carassius auratus gibelio*), fed diets with or without partial replacement of fish meal with meat and bone meal [J]. Aquaculture, 2001, 198(3 – 4): 281 – 292.

[437] Xue M, Xie S, Cui Y. Effect of a feeding stimulant on feeding adaptation of gibel carp *Carassius auratus gibelio* (Bloch), fed diets with replacement of fish meal by meat and bone meal [J]. Aquaculture Research, 2004, 35(5): 473 – 482.

[438] Xu J, Zeng L, Zhang H, et al. Cyprinid herpesvirus 2 infection emerged in cultured gibel carp, *Carassius auratus gibelio* in China[J]. Veterinary Microbiology, 2013, 166(1 – 2): 138 – 144.

[439] Yang L, Gui J F. Positive selection on multiple antique allelic lineages of transferrin in the polyploid *Carassius auratus*[J]. Molecular Biology and Evolution, 2004, 21(7): 1264 – 1277.

[440] Yang L, Yang S T, Wei X H, et al. Genetic diversity among different clones of the gynogenetic silver crucian carp, *Carassius auratus gibelio*, revealed by transferring and isozyme markers[J]. Biochemical Genetics, 2001, 39(5 – 6): 213 – 225.

[441] Yang L, Zhou L, Gui J F. Molecular basis of transferrin polymorphism in goldfish (*Carassius auratus*)[J]. Genetica, 2004, 121(3): 303 – 313.

[442] Ye W, Han D, Zhu X, et al. Comparative studies on dietary protein requirements of juvenile and on-growing gibel carp (*Carassius auratus gibelio*) based on fishmeal-free diets [J]. Aquaculture Nutrition, 2015, 21(3): 286 – 299.

[443] Yi M S, Li Y Q, Liu J D, et al. Molecular cytogenetic detection of paternal chromosome fragments in allogynogenetic gibel carp, *Carassius auratus gibelio* Bloch [J]. Chromosome Research, 2003, 11: 665 – 671.

[444] Yuan X, Shen J, Pan X, et al. Screening for protective antigens of Cyprinid herpesvirus 2 and construction of DNA vaccines[J]. Journal of Virological Methods, 2020, 280: 113877.

[445] Yu H B, Rao P S S, Lee H C, et al. A type III secretion system is required for *Aeromonas hydrophila* AH – 1 pathogenesis[J]. Infection and Immunity, 2004, 72(3): 1248 – 1256.

[446] Yu H B, Zhang Y L, Lau Y L, et al. Identification and characterization of putative virulence genes and gene clusters in *Aeromonas hydrophila* PPD134/91[J]. Applied and Environmental Microbiology, 2005, 71(8): 4469 – 4477.

[447] Yun B, Yu X, Xue M, et al. Effects of dietary protein levels on the long-term growth response and fitting growth models of gibel carp (*Carassius auratus gibelio*) [J]. Animal Nutrition, 2015, 1(2): 70 – 76.

[448] Zhai Y H, Zhou L, Wang Y, et al. Proliferation and resistance difference of a liver-parasitized myxosporean in two different gynogenetic clones of gibel carp[J]. Parasitology Research, 2014, 113(4): 1331 – 1341.

[449] Zhang L, Ma J, Fan Y, et al. Immune response and protection in gibel carp, *Carassius gibelio*, after vaccination with beta-propiolactone inactivated cyprinid herpesvirus 2[J]. Fish & Shellfish Immunology, 2016, 49: 344 – 350.

[450] Zhao D D, Zhai Y H, Liu Y, et al. Involvement of aurantiactinomyxon in the life cycle of *Thelohanellus testudineus* (Cnidaria: Myxosporea) from allogynogenetic gibel carp *Carassius auratus gibelio*, with morphological, ultrastructural and molecular analysis[J]. Parasitology Research, 2017, 116(9): 2449 – 2456.

[451] Zhao S, Han D, Zhu X, et al. Effects of feeding frequency and dietary protein levels on juvenile allogynogenetic gibel carp (*Carassius auratus gibelio*) var. CAS Ⅲ: Growth, feed utilization and serum free essential amino acids dynamics [J]. Aquaculture Research, 2016, 47(1): 290 – 303.

[452] Zhao X, Li Z, Ding M, et al. Genotypic males play an important role in the creation of genetic diversity in

gynogenetic gibel carp[J]. Frontiers in Genetics, 2021, 12: 691923.

[453] Zhou J, Han D, Jin J, et al. Compared to fish oil alone, a corn and fish oil mixture decreases the lipid requirement of a freshwater fish species, *Carassius auratus gibelio* [J]. Aquaculture, 2014, 428: 272 – 279.

[454] Zhou L, Wang Y, Gui J F. Analysis of genetic heterogeneity among five gynogenetic clones of silver crucian carp, *Carassius auratus gibelio* Bloch, based on detection of RAPD molecular markers [J]. Cytogenetics and Cell Genetics, 2000a, 88(1 – 2): 133 – 139.

[455] Zhou L, Wang Y, Gui J F. Genetic evidence for gonochoristic reproduction in gynogenetic silver crucian carp (*Carassius auratus gibelio* Bloch) as revealed by RAPD assays [J]. Journal of Molecular Evolution 2000b, 51(5): 498 – 506.

[456] Zhou L, Wang Y, Gui J F. Molecular analysis of silver crucian carp (*Carassius auratus gibelio* Bloch) clones by SCAR markers[J]. Aquaculture, 2001, 201(3 – 4): 219 – 228.

[457] Zhou Y, Jiang N, Ma J, et al. Protective immunity in gibel carp, *Carassius gibelio* of the truncated proteins of cyprinid herpesvirus 2 expressed in *Pichia pastoris*[J]. Fish & Shellfish Immunology, 2015, 47(2): 1024 – 1031.

[458] Zhou Z, Cui Y, Xie S, et al. Effect of feeding frequency on growth, feed utilization, and size variation of juvenile gibel carp (*Carassius auratus gibelio*) [J]. Journal of Applied Ichthyology, 2003, 19 (4): 244 – 249.

[459] Zhou Z, Xie S, Lei W, et al. A bioenergetic model to estimate feed requirement of gibel carp, *Carassius auratus gibelio* [J]. Aquaculture, 2005, 248(1 – 4): 287 – 297.

[460] Zhu L, Han D, Zhu X, et al. Dietary selenium requirement for on-growing gibel carp (*Carassius auratus gibelio* var. CAS III)[J]. Aquaculture Research, 2017, 48(6): 2841 – 2851.

[461] Zhu M, Liu B, Cao G, et al. Identification and rapid diagnosis of the pathogen responsible for haemorrhagic disease of the gill of Allogynogenetic crucian carp[J]. Journal of Virological Methods, 2015, 219: 67 – 74.